FORTSCHRITTE DER PHYSIKALISCHEN CHEMIE

HERAUSGEGEBEN VON

PROF. DR. W. JOST · GÖTTINGEN

BAND 2

AUSGEWÄHLTE MODERNE TRENNVERFAHREN MIT ANWENDUNGEN AUF ORGANISCHE STOFFE

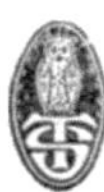

DR. DIETRICH STEINKOPFF VERLAG

DARMSTADT 1965

AUSGEWÄHLTE MODERNE TRENNVERFAHREN MIT ANWENDUNGEN AUF ORGANISCHE STOFFE

VON

DR. RER. NAT. HEINRICH RÖCK

Trostberg/Oberbayern

2., neubearbeitete Auflage von

DR. RER. NAT. WALDEMAR KÖHLER

Ludwigshafen/Rh.

Mit 148 Abbildungen in 172 Einzeldarstellungen
und 38 Tabellen

DR. DIETRICH STEINKOPFF VERLAG

DARMSTADT 1965

ISBN 978-3-642-85704-1   ISBN 978-3-642-85703-4 (eBook)
DOI 10.1007/978-3-642-85703-4

Herstellung: Universitätsdruckerei Mainz GmbH

Zweck und Ziel der Sammlung

Die vorliegende Monographienreihe verdankt ihre Entstehung noch einer Anregung H. ULICHS. Sie wird in sich abgeschlossenen Bänden die heutigen Kenntnisse aus verschiedenen Zweigen unseres Faches darstellen. Der in Industrie, Forschung oder Lehre tätige Wissenschaftler kann daraus den neuesten Stand eines Gebietes kennenlernen, der Studierende Ergänzungen über den knappen Rahmen vorhandener Lehrbücher hinaus finden. Auch mag diese Reihe in gewissem Sinne sich zu einem flexiblen Ersatz nicht existierender Handbücher entwickeln.

HERAUSGEBER UND VERLAG

Vorwort zur 1. Auflage

Das vorliegende Buch befaßt sich mit der Theorie und **Praxis** einiger moderner Trennverfahren. Die Auswahl der geschilderten Verfahren ist willkürlich und nicht mit einer Art Rangordnung verknüpft, die sie vor anderen Methoden hervorheben könnte. Die behandelten Verfahren werden im Institut für physikalische Chemie der Universität Göttingen im Rahmen eines Praktikums über Trenn- und Reinigungsmethoden als Praktikumsaufgabe von fortgeschrittenen Studenten bearbeitet. Der Leiter des Institutes, Prof. Dr. W. Jost, hat die Einrichtung dieses Trennpraktikums veranlaßt, um den Chemiker mit den modernen Methoden der Stofftrennung vertraut zu machen. Demselben Zweck dienen die Seiten dieses Büchleins.

Die einzelnen Verfahren werden jeweils in einem abgeschlossenen, für sich allein verständlichen Kapitel behandelt, wobei öfter auf die bestehenden, zahlreichen Querverbindungen hingewiesen wird. Am Schluß eines jeden Kapitels befindet sich das zugehörige Verzeichnis der Literatur, während die Formelzeichen am Anfang jedes Kapitels erklärt werden. Die Literatur wurde im wesentlichen bis zum Sommer 1956 berücksichtigt.

Herrn Prof. Dr. W. Jost gilt mein Dank für die Anregung zur Abfassung dieser Monographie und für die stete Förderung während der Arbeit. Den Herren Dr. L. Sieg, Dr. F. Langers, Dr. U. Onken danke ich für ihre Mitarbeit bei der Herstellung des Manuskriptes und bei dem Lesen der Korrekturen.

Trostberg, Obb., Juli 1957

Heinrich Röck

Vorwort zur 2. Auflage

Seit dem Erscheinen der 1. Auflage im Jahre 1957 sind zahlreiche Arbeiten über die hier behandelten Trennverfahren veröffentlicht und interessante Entwicklungen beschrieben worden. Das gilt besonders für das Zonenschmelzen und die Gaschromatographie. Die Auswahl bei der Neubearbeitung dieses Buches ist so getroffen worden, daß vorwiegend Methoden beschrieben werden, nach denen Substanzen im Laboratorium mit relativ einfachen Mitteln gereinigt werden können. Die Literatur wurde bis 1964 berücksichtigt.

Herrn Prof. Dr. W. Jost und Herrn Dr. H. Röck danke ich für wertvolle Ratschläge und Hinweise, letzterem auch für die vorbereitenden Arbeiten zur 2. Auflage. Den Herren Dr. St. Behrendt, Dr. R. Brunken und Dr. D. Frenzel bin ich für ihre kollegiale Hilfe verpflichtet.

Ludwigshafen/Rhein, März 1965

Waldemar Köhler

Inhaltsverzeichnis

1. Allgemeines über Trennverfahren zur Substanzreinigung und Bestimmung der Reinheit von Substanzen

1.1 Abkürzungen

x_i Molenbruch des Stoffes i

x_i', x_i'' Molenbruch des Stoffes i in zwei verschiedenen Phasen

$p_i{}^\bullet$ Dampfdruck des reinen Stoffes i

p_i Partialdruck des Stoffes i in einer Mischung

f_i Aktivitätskoeffizient des Stoffes i

α, β, γ spezielle Trennfaktoren

q Einzeltrenneffekt (S. 4)

ξ Ortskoordinate

HETP Höhenäquivalent eines theoretischen Bodens (height equivalent to a theoretical plate) (S. 7)

n Zahl der Höhenäquivalente HETP einer Kolonne (S. 7)

$\Delta H_i{}^\bullet$ molare Schmelzenthalpie des reinen Stoffes i

$T_i{}^\bullet$ Schmelztemperatur des reinen Stoffes i

T^* Schmelztemperatur einer Substanz 1 mit einem Molenbruch $x_2{}^*$ an Verunreinigung

$x_2{}^*$ Molenbruch der Verunreinigung in der Ausgangssubstanz

K Verteilungsquotient (S. 16)

c_p spezifische Wärme bei konstantem Druck

f Bruchteil der flüssigen Phase, bezogen auf die Gesamtmenge (S. 12)

k Wärmedurchgangszahl

F Fläche für den Wärmedurchgang

T_K Temperatur des Kühlbades

$\dot{Q}$ Geschwindigkeit des Wärmeentzugs

$\dot{Q}_R$ in der Zeiteinheit zugeführte Rührwärme

1.2 Allgemeines über Trennverfahren zur Substanzreinigung

1.21 *Theoretische Gesichtspunkte:*
Der Einzeltrenneffekt und seine Vervielfältigung in Kolonnen

Die Methoden der Reinigung von Substanzen sind Methoden der Substanztrennung. Jedes Trennverfahren läßt sich zur Substanzreinigung verwenden, wobei die experimentelle Anordnung eventuell dem speziellen Zweck der Abtrennung einer kleinen Menge von Verunreinigungen aus einer großen Menge des zu reinigenden Stoffes angepaßt werden muß.

Die Trennverfahren für Stoffgemische beruhen auf Phasengleichgewichten oder auf kinetischen Erscheinungen.

Im Fall der Phasengleichgewichte bestehen zwei isotherme, isobare Phasen nebeneinander. Betrachtet man ein binäres Gemisch der Substanzen 1 und 2, so wird im allgemeinen der Molenbruch x_1' der Komponente 1 in der einen Phase vom Molenbruch x_1'' der Komponente 1 in der anderen Phase verschieden sein. Die entsprechende Überlegung gilt wegen $x_2 = 1 - x_1$ für den zweiten Stoff. Ein geläufiges, konkretes Beispiel ist das Verdampfungsgleichgewicht einer binären Mischung. Weitere Beispiele von Phasengleichgewichten, die für die Stofftrennung benutzt werden können, sind Kristallisation (flüssig/fest), Sublimation (gasförmig/fest), Extraktion (flüssig/flüssig) und Adsorption (flüssige Phase/„adsorbierte Phase" und gasförmige Phase/„adsorbierte Phase").

Die für die Stofftrennung wichtige Eigenschaft aller dieser Phasengleichgewichte ist der Unterschied der Molenbrüche Δx_1 bzw. Δx_2 der beiden Phasen

$$\Delta x_1 = x_1'' - x_1'.$$

Der Zusammenhang zwischen den Gleichgewichtskonzentrationen der beiden Phasen läßt sich für das Verdampfungsgleichgewicht leicht ableiten.

Die flüssige Phase werde mit dem oberen Index $'$, die Dampfphase mit dem oberen Index $''$ gekennzeichnet. Der Partialdruck p_i des Stoffes i über einer flüssigen, binären Mischung der Zusammensetzung x_i' ist

$$p_1 = p_1^{\cdot} f_1 x_1' \qquad [1,1\,\mathrm{a}]$$

$$p_2 = p_2^{\cdot} f_2 x_2', \qquad [1,1\,\mathrm{b}]$$

wobei $p_1^{\cdot}$ der Dampfdruck der reinen Substanz i bei der Meßtemperatur und f_i der Aktivitätskoeffizient der Komponente i in der flüssigen Phase ist. Ist P der Totaldruck, so besagt das DALTONsche Gesetz (welches ideales Verhalten der gasförmigen Mischung voraussetzt)

$$p_1 = x_1'' P \qquad [1,2\,\mathrm{a}]$$

$$p_2 = x_2'' P. \qquad [1,2\,\mathrm{b}]$$

Für den Fall des eingestellten Phasengleichgewichts müssen die Partialdrucke in den Gln. [1,1] und [1,2] für jede Komponente identisch sein, also

$$x_1'' P = p_1^{\cdot} f_1 x_1'$$

$$x_2'' P = p_2^{\cdot} f_2 x_2'.$$

Durch Division der beiden letzten Gleichungen erhält man

$$\frac{x_1''}{x_2''} = \frac{p_1^{\cdot} f_1}{p_2^{\cdot} f_2} \frac{x_1'}{x_2'}. \qquad [1,3]$$

Der Trennfaktor ist definiert durch die Gleichung

$$\left(\frac{x_1}{x_2}\right)'' = a \left(\frac{x_1}{x_2}\right)'. \qquad [1,4]$$

Diese Definitionsgleichung ist die rationellste Form der mathematischen Darstellung der Beziehung zwischen den Gleichgewichtskonzentrationen x_i' und x_i''; sie wird nicht nur für die Beschreibung des Verdampfungsgleichgewichts benutzt, sondern auch für jedes andere Phasengleichgewicht einer binären Mischung. Der Trennfaktor hat dann natürlich eine jeweils andere Bedeutung; für das Verdampfungsgleichgewicht kann er mit Gl. [1,3] berechnet werden:

$$\alpha = \frac{p_1 \cdot f_1}{p_2 \cdot f_2}. \qquad [1,3\,a]$$

Im allgemeinen ist der Trennfaktor α eine Funktion der Temperatur und der Konzentration.

Die Konzentrationsdifferenz $\Delta x_1 = x_1'' - x_1'$ ermittelt man aus der Definitionsgleichung [1,4]:

$$\Delta x_1 = (\alpha - 1)\, x_1'\, x_2''. \qquad [1,5]$$

Sie ist eine Funktion der Konzentration und des Trennfaktors, und zwar ist sie proportional der Differenz des Trennfaktors gegenüber 1. Wenn der Trennfaktor gleich 1 ist, sind die Konzentrationen in beiden Phasen gleich, $\Delta x_1 = 0$. Im Falle des Verdampfungsgleichgewichts spricht man dann von einem azeotropen Gemisch. Die Verwendung eines Phasengleichgewichts zur Stofftrennung ist nur dann möglich, wenn $\alpha \neq 1$ ist.

Für den Fall sehr kleiner Konzentrationen x_1' wird $x_i' \approx 1$ und auch $x_2'' \approx 1$. Dann vereinfacht sich Gl. [1,4] zu

$$x_1'' = \alpha x_1'. \qquad [1,6]$$

Wendet man Gl. [1,6] auf die Verteilung einer gelösten Substanz zwischen zwei flüssigen Phasen an, so bedeutet α den Verteilungsquotienten. Grundsätzlich kann jedes Phasengleichgewicht als eine Verteilung der das System aufbauenden Substanzen zwischen den beteiligten Phasen betrachtet werden. Im Sprachgebrauch hat es sich aber eingebürgert, nur das Gleichgewicht flüssig/flüssig und flüssig/gasförmig bei kleinen Konzentrationen x_1 der „gelösten Substanz" als Verteilung im engeren Sinne zu bezeichnen.

Die oben betrachteten Phasengleichgewichte sind dadurch charakterisiert, daß in der Zeiteinheit aus der einen Phase ebensoviele Moleküle der Sorte i austreten wie aus der anderen Phase. Es findet ständig ein Stofftransport durch die Phasengrenzfläche in beiden Richtungen statt, aber der Gesamttransport ist gleich Null.

Betrachtet man nun die Molekular- oder Kurzwegdestillation als ein auf kinetischen Phänomenen beruhendes Trennverfahren, so ergibt sich folgendes Bild: Die Molekülsorte 1 verdampft schneller aus der heißen Flüssigkeit als die Molekülsorte 2. Die Moleküle 1 fliegen in der evakuierten Apparatur ohne weitere Zusammenstöße im Gasraum direkt auf eine Kühlfläche, werden dort zu einer kalten Flüssigkeit kondensiert und können nicht mehr in die heiße Flüssigkeit zurückgelangen. Der Stofftransport durch die Phasengrenze „heiße Flüssigkeit/Gas" erfolgt hier nur in einer Richtung; demzufolge ist die Grundlage des Verfahrens die verschieden große Verdampfungsgeschwindigkeit der Molekülsorten 1 und 2. Will man einen Trennfaktor β für dieses Verfahren definieren, so kann man schreiben

$$\left(\frac{x_1}{x_2}\right)_{\text{kalt}} = \beta \left(\frac{x_1}{x_2}\right)_{\text{heiß}}, \qquad [1,7]$$

wobei die Indizes „kalt" und „heiß" sich auf kalte und heiße Flüssigkeit beziehen.

In diesem Buch wird in Abschnitt 5 die Thermodiffusion in flüssiger Phase als Trennverfahren behandelt. Das zugrunde liegende kinetische Phänomen ist das folgende: Ein binäres, flüssiges Gemisch befindet sich in einem Gefäß, in dem zwischen zwei gegenüberliegenden Wänden ein Temperaturgradient aufrecht erhalten wird. Infolge der Thermodiffusion und der gewöhnlichen Diffusion stellt sich ein Endzustand ein, bei dem der Gesamttransport zwischen beiden Wänden gleich Null ist. An der heißen Wand herrscht die Konzentration $x_{1,\,\text{heiß}}$ und an der kalten Wand die Konzentration $x_{1,\,\text{kalt}}$; der Trennfaktor für diese Anordnung ist definiert durch

$$\left(\frac{x_1}{x_2}\right)_{\text{heiß}} = \gamma \left(\frac{x_1}{x_2}\right)_{\text{kalt}}. \qquad [1,8]$$

Ein anderes „kinetisches Trennverfahren", bei dem ebenso wie bei der Thermodiffusion nur eine Phase beteiligt ist, stellt die Diffusion durch Poren und Membranen dar.

Der Einzeltrenneffekt eines Trennverfahrens kann nun definiert werden durch sinngemäße Anwendung von Gl. [1,4], [1,7] oder [1,8].

$$q = \left(\frac{x_1}{x_2}\right)'' \Big/ \left(\frac{x_1}{x_2}\right)',$$

wobei q mit α identisch sein soll, wenn wir als Beispiel das Verdampfungsgleichgewicht wählen. Dieser Einzeltrenneffekt ist in den hier interessierenden Fällen sehr geringfügig. So gilt für das Gemisch n-Heptan/Methylzyklohexan bei 100 °C $q = \alpha = 1{,}07$. Nach Gl. [1,5] erhält man dann für ein Gemisch mit $x_1 \approx 0{,}5$ $\Delta x_1 = 0{,}0175$, also eine Konzentrationsverschiebung um 1,75 Mol-% zwischen dampfförmiger und flüssiger Phase, wobei n-Heptan (Index 1) in der Dampfphase angereichert wird. Die Herstellung von reinem n-Heptan ist nur durch eine große Vervielfältigung dieses Einzeltrenneffektes möglich. Für den Fall der Destillation in einer Kolonne bei konstantem Trennfaktor wird diese Vervielfältigung im folgenden behandelt. Die Kolonne befindet sich dabei schon im stationären Zustand, d. h. die Konzentrationsverteilung in der Kolonne ist nicht mehr eine Funktion der Zeit.

In der Kolonne begegnen sich Dampf und Flüssigkeit im Gegenstrom. Die Strömung von Dampf und Flüssigkeit wird durch den Verdampfer (Siedeblase) am unteren Ende und den Kondensator (Kolonnenkopf) am oberen Ende der Kolonne besorgt. An den Enden der Kolonne erfolgt eine Phasen- und Richtungsumkehr der Stoffströme: der aufsteigende Dampfstrom wird zum herabfließenden Flüssigkeitsstrom und umgekehrt, vgl. Abb. 1. Der Stoffaustausch durch die Phasengrenzfläche findet in der Kolonne im Gegenstrom statt.

Die Gleichung der Massenbilanz führt zu einer wichtigen Beziehung für den Kolonnenbetrieb (und für alle Gegenstromverfahren). Ist ξ die Ortskoordinate in Richtung der Kolonnenachse (vgl. Abb. 2) und denken wir uns zwei Querschnitte bei ξ und bei $\xi + d\xi$, so erfordert die Erhaltung der Masse bei stationärem Betrieb (meist wird auch Quasistationarität, mit der wir es bei absatzweisem Betrieb zu tun haben, ausreichend sein), daß in ein Volumenelement ebensoviel Substanz hinein- wie hinaustransportiert wird. Dies geschieht durch den Flüssigkeitsstrom F und den Dampfstrom D. Bei adiabatisch arbeitender Kolonne mit vernachlässigbarem Unterschied in den Verdampfungswärmen beider Komponenten ist dies automatisch erfüllt, indem sowohl F wie D für sich

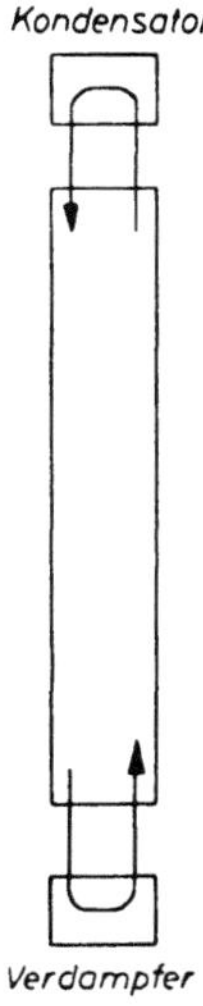

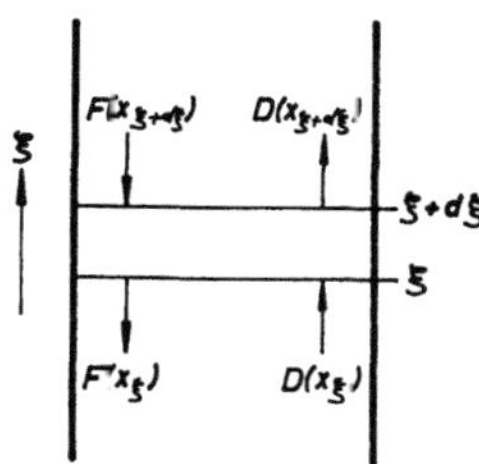

Abb. 2. Schema zur Aufstellung einer Massenbilanz in einer Destillationskolonne.

Abb. 1. Schema einer Destillationskolonne, ohne Entnahme.

konstant bleiben. Die Massenbilanz muß aber auch für jede Komponente erfüllt sein, was eine weitere Gleichung liefert (die zweite wäre nicht unabhängig). Bezeichnen wir die Konzentrationen in Flüssigkeit und Dampf, x' bzw. x'', durch die entsprechenden Ortskoordinaten als Indices, so muß offenbar gelten:

$$F x'_{\xi + d\xi} - F x'_{\xi} = - D x''_{\xi} + D x''_{\xi + d\xi}$$

und mit

$$x'_{\xi + d\xi} = x'_{\xi} + \frac{dx'}{d\xi} d\xi \; ; \quad x''_{\xi + d\xi} = x''_{\xi} + \frac{dx''}{d\xi} d\xi$$

$$F\left(x'_{\xi} + \frac{dx'}{d\xi} d\xi - x'_{\xi}\right) = - D\left(x''_{\xi} - x''_{\xi} - \frac{dx''}{d\xi} d\xi\right)$$

oder

$$F\, dx' = D\, dx''; \quad \frac{dx''}{dx'} = \frac{F}{D}, \qquad\qquad [1,9]$$

d. h. entlang der Kolonne erfolgt die Änderung der Dampfkonzentration mit der Flüssigkeitskonzentration wie das „Flüssigkeitsverhältnis" F/D; dieses ist bei einer normal betriebenen Kolonne immer $\leqq 1$. In der Abb. 3 sind zwei ent·sprechende Geraden eingezeichnet, die durch die Gleichung

$$\frac{x_e{}'' - x_a{}''}{x_e{}' - x_a{}'} = \frac{F}{D} \qquad [1,10]$$

beschrieben werden; ihre Steigung ist naturgemäß $\leqq 1$. Da am Kolonnenkopf der ganze aufsteigende Dampf kondensiert wird (wir nehmen den einfacher zu verwirklichenden Kondensatorbetrieb an, statt des ebenfalls möglichen Dephlegmatorbetriebes mit Teilkondensation), ist immer $x_e{}' = x_e{}''$, auch im idealisierten Grenzfall $x_e{}'' = 1$. Die Abb. 3 zeigt, daß von einem gegebenen Ausgangszustand aus bei vorgegebenem Flüssigkeitsverhältnis immer nur ein bestimmtes Endprodukt erreicht werden kann.

In der Praxis führt man meist noch die Größe $E = D - F$ als Entnahme ein, und nennt $F/E = F/(D - F)$ Rücklaufverhältnis v. Damit erhält man aus Gl. [1,10] die weniger durchsichtige Beziehung

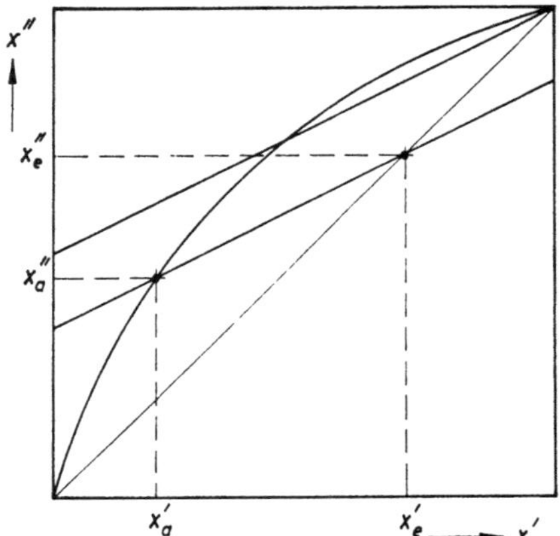

Abb. 3.   Gleichgewichtsdiagramm einer binären Mischung mit Rücklaufgeraden.

$$\frac{x_e{}'' - x_a{}''}{x_e{}' - x_a{}'} = \frac{v}{v + 1} \qquad [1,10\,\mathrm{a}]$$

als Gleichung der „Rücklaufgeraden". Die Bedeutung des Rücklaufverhältnisses zur Erzielung eines ausreichenden Trennverhaltens ist nach obigem klar. Bei Siedepunktsunterschieden zwischen 10 und 1 Grad in der Gegend von 400 °K sind Rücklaufverhältnisse zwischen 10 und evtl. über 100 angebracht [Nomogramme hierzu geben JOST und SCHNEIDER (43) an].

Wenn man bei einfacher Destillation eine Anreicherung entsprechend dem Trennfaktor α erhält:

$$\frac{x''}{1 - x''} = \alpha \frac{x'}{1 - x'} , \qquad [1,11]$$

so erhält man in einer Kolonne (und für Vergleichszwecke sei das Flüssigkeitsverhältnis 1 bzw. das Rücklaufverhältnis ∞, also keine Entnahme, vorausgesetzt) ein größeres Anreicherungsverhältnis, das wir gleich α^{n+1} setzen wollen *) (n ist nicht notwendig ganzzahlig), also

$$\frac{x_e{}''}{1 - x_e{}''} = \alpha^{n+1} \frac{x_a{}'}{1 - x_a{}'} . \qquad [1,12]$$

---

*) $n + 1$, weil schon die einfache Destillation aus einer Blase eine Anreicherung um den Faktor α ergibt.

Man nennt dann n die „Anzahl theoretischer Böden" der Kolonne. Unter sehr speziellen Bedingungen kann man beweisen, daß ein Trenneffekt entsprechend der Gl. [1,10] über eine bestimmte Höhe einer Kolonne erfolgt, die man dann „Höhenäquivalent eines theoretischen Bodens" nennt, HETP (height equivalent to a theoretical plate). Diese ist ein bequemes Maß für die Wirksamkeit einer Kolonne, kann aber von Stoffgemisch zu Stoffgemisch, und sogar schon beim gleichen Gemisch mit der Konzentration variieren. HETP-Werte guter Laboratoriumskolonnen liegen in der Größenordnung von 1 cm, vgl. GREIN (54).

Für den schon erwähnten Fall n-Heptan/Methylzyklohexan erhält man für verschiedene Werte von n die in Tab. 1 angeführten Werte.

Tab. 1. $\alpha = 1{,}07$; $x_1 = 0{,}5$

$n+1$	10	100	1000
α^{n+1}	2,04	630	10^{28}
$(x_1'')_{n+1}$	0,666	0,9984	$\simeq 1$
$(x_2'')_{n+1}$	0,334	0,0016	10^{-28}

Diese Zahlen belegen in eindrucksvoller Weise die enorme Vervielfältigung des Einzeltrenneffektes, der in einer Kolonnenanordnung erreicht werden kann.

In den folgenden Abschnitten des Buches werden Kolonnenprozesse beschrieben, die Ähnlichkeit mit der Destillation unter totalem Rückfluß aufweisen, nämlich die Kolonnenkristallisation, die Thermodiffusion, die Verdrängungs-Adsorptionschromatographie (flüssig und gasförmig) sowie die Entwicklungschromatographie im Temperaturgradienten. Die isotherme Entwicklungschromatographie ist dagegen kein Gegenstrom-, sondern ein Durchlaufprozeß [vgl. Definition von KEULEMANS (42)]. Hier bildet sich nie eine stationäre Konzentrationsverteilung aus, was bei einem echten Gegenstromprozeß stets der Fall ist.

Einzelheiten werden in den entsprechenden Abschnitten eingehender behandelt.

1.22 Praktische Gesichtspunkte: Auswahl der Verfahren

TIMMERMANS (1) empfiehlt bei der Reinigung von Substanzen die Beachtung folgender drei Punkte:

1. Als Ausgangsmaterial verwende man nach Möglichkeit das beste im Handel erhältliche Produkt.
2. Läßt sich eine eigene, synthetische Herstellung nicht vermeiden, so reinige man auch die Zwischenprodukte so gut wie möglich.
3. Chemische Reinigungsmethoden verwende man im Rahmen der Gegebenheiten; viele Verunreinigungen lassen sich mit chemischen Mitteln sehr leicht entfernen.

Eine ausgezeichnete Zusammenstellung von chemischen Darstellungs- und Reinigungsmethoden geben WEISSBERGER, PROSKAUER, RIDDICK und TOOPS (2). Eine sinnvolle Kombination verschiedener Reinigungsmethoden chemischer und physikalischer Natur beseitigt alle Verunreinigungen von anderer molekularer Struktur als der des zu reinigenden Stoffes, vgl. AMBROSE (3). Die übrigbleibenden Verunreinigungen (Isomere) können z. B. durch hochwirksame Destillationskolonnen oder durch Kristallisation abgetrennt werden. Isomere sind in einer Substanz durch Siedepunkt, Brechungsindex, Dichte, Dielektrizitätskonstante und dgl. nur schwer nachweisbar. Dagegen wird in den meisten Fällen der Schmelzpunkt stark beeinflußt, wodurch sich neben einer Nachweismethode auch die Möglichkeit zur Reinigung durch Kristallisation ergibt.

Die Kenntnis der Herkunft oder der Darstellungsmethode eines zu reinigenden Präparates gibt häufig nützliche Hinweise auf mögliche Verunreinigungen oder anzuwendende Reinigungsverfahren.

1.3 Bestimmung der Reinheit von Substanzen

1.31 *Allgemeine Betrachtungen*

Zur Reinigung einer Substanz gehört die Bestimmung der Reinheit; nur so kann der Erfolg der Trennoperation objektiv festgestellt werden. Aber was ist nun eigentlich eine „reine Substanz"? Der Begriff der Reinheit einer Substanz kann entweder „makroskopisch" oder „mikroskopisch" definiert werden. Reinheit im makroskopisch-thermodynamischen Sinn bedeutet, daß sich die Substanz in einem Mehrphasensystem bezüglich beliebiger Systemänderungen wie eine und nur eine unabhängige Komponente verhält. Diese Definition läßt sich für Racemate in der Regel nicht anwenden. Eine Definition vom mikroskopisch-molekularen Standpunkt aus wäre die Forderung, daß alle Moleküle eines reinen Stoffes identisch sein müssen. Damit kommt man aber sofort in Schwierigkeiten, wenn man bedenkt, daß die meisten Elemente, aus denen sich die zu reinigenden Stoffe aufbauen, in Form mehrerer Isotope vorkommen. Wasserstoff für atomphysikalische Zwecke ist nicht rein, wenn er seinen natürlichen Gehalt an D_2 neben der Hauptmenge von H_2 aufweist. Andererseits ist der D_2-Gehalt des Wasserstoffs für die meisten chemischen Verwendungen ohne Bedeutung. Der Begriff der Reinheit einer Substanz erfährt in dem Maße, in welchem die Anforderungen an Stoffe extremer Reinheit steigen und ihre Verwendungszwecke vielseitiger werden, eine Wandlung und kann in absoluter Form nur schwer gefaßt werden, vgl. (1; 4; 44; 45). Am besten bewährt sich eine relative, praktische Definition, wie sie von den Chemikern schon lange benutzt wird:

1. Eine Substanz ist rein, wenn die Messungen physikalischer Konstanten von Präparaten, die auf verschiedenen Wegen hergestellt und gereinigt wurden, übereinstimmende Werte liefern.

Eine noch weiter gefaßte Definition der Reinheit läßt sich im Hinblick auf die geplante Verwendung geben (Zweckreinheit):

2. Die Substanz darf keine Verunreinigungen enthalten, die bei der beabsichtigten Anwendung stören.

Diese zweite Definition ist für wissenschaftliche Zwecke viel zu weit. Sie hat Sinn als Vereinbarung zwischen Hersteller und Käufer einer Substanz.

Die Reinheitskriterien nach Definition 1 sollen im folgenden zusammengestellt werden. Sie lassen sich in chemische und physikalische Tests aufteilen.

Von den chemischen Tests darf man nicht viel erwarten. Elementaranalyse, Gruppenanalyse oder spezielle Reaktionen der Substanz sind als Reinheitskriterium unbrauchbar. Die relative Genauigkeit dieser Verfahren ist zu gering für die Entscheidung der Frage, ob die Substanz z. B. 99,95 oder 99,98% rein ist. Eine bessere Methode ist die quantitative Bestimmung der Verunreinigungen. Dann muß man aber die Zahl und die Art der Verunreinigungen kennen, ehe man sie quantitativ bestimmen kann. Dieses umständliche Verfahren empfiehlt sich nur dann, wenn physikalische Kriterien unzuverlässig oder noch umständlicher bzw. undurchführbar sind.

Unter den physikalischen Tests sind die Bestimmung des Schmelzpunktes bzw. die damit verwandten Verfahren die wichtigsten Methoden. Sie gestatten unter gewissen Voraussetzungen die quantitative Bestimmung der Summe aller Verunreinigungen, wodurch man die Reinheit mit großer Genauigkeit angeben kann. Diese Methode soll wegen ihrer überragenden Bedeutung eingehend geschildert werden. Bei dieser Art der Reinheitsbestimmung werden nur Messungen an der Originalprobe vorgenommen, sie ist ein „non comparative criterium" nach SKAU (5). Die „comparative criteria" bedienen sich zur Feststellung der Reinheit des Vergleichs von Meßdaten, z. B. werden die physikalischen Konstanten der Endprodukte verschiedener Herstellungswege und Hersteller miteinander verglichen. Solche Kriterien sind der Siedepunkt, die Dichte, der Brechungsindex, die Dielektrizitätskonstante und andere physikalische Konstanten. Beispiele für andere „non comparative criteria" sind das Differentialebulliometer nach SWIETOSLAWSKI (6), die Bestimmung des oberen kritischen Lösungspunktes, chromatographische und spektroskopische Methoden.

Eine ausführliche Zusammenstellung der physikalischen Tests, ihrer Empfindlichkeit und Genauigkeit geben TIMMERMANS (7) sowie WEISSBERGER, PROSKAUER, RIDDICK und TOOPS (2).

1.32 *Theorie der Reinheitsbestimmung durch thermische Analyse*

Es wurde schon hervorgehoben, daß die Messung des Schmelzgleichgewichts die wichtigste physikalische Methode zur Reinheitsbestimmung ist. Die Formulierung „Messung des Schmelzgleichgewichts" wurde hier mit Absicht gewählt, weil die alleinige Messung des Schmelzpunktes nach der im chemischen Laboratorium üblichen Methoden (Kapillarschmelzpunkt, KOFLER-Heizblock) als ein „Vergleichskriterium" anzusprechen ist. Eine quantitative Aussage über die Menge der Verunreinigungen kann mit Hilfe einer Messung des Schmelzpunktes allein nicht gemacht werden. Zu diesem Zweck muß die Schmelzpunktsmessung erweitert werden zur Messung des Phasengleichgewichts fest/flüssig.

Die bekannte, vereinfachte Gleichung für die Gefrierpunktserniedrigung lautet

$$\Delta {}^{*}T = \frac{R T_1^{{}^{\cdot}2}}{\Delta H_1^{{}^{\cdot}}} \cdot x_2^{*} = T_1^{{}^{\cdot}} - T^{*}. \qquad [1,13]$$

Hier bedeutet $T_1^{{}^{\cdot}}$ den Schmelzpunkt der reinen Substanz 1, T^{*} den Schmelzpunkt einer Mischung der Substanzen 1 und 2 mit dem Molenbruch x_2^{*} der Komponente 2 und $\Delta H_1^{{}^{\cdot}}$ die molare Schmelzenthalpie des reinen Stoffes 1. Im erweiterten Sinn ist unter x_2^{*} auch die Summe der Molenbrüche x_i^{*} ($i = 2, 3, \ldots, N$) aller anderen Komponenten zu verstehen.

Gl. [1,13] gilt nur für genügend kleine x_2^{*} ($\leqslant 2 \cdot 10^{-2}$)*) und für den Fall der Unmischbarkeit in der festen Phase. Es tritt also keine Mischkristallbildung, sondern Abscheidung des reinen festen Stoffes 1 ein. Zur Berechnung der Reinheit des Stoffes 1 $x_1^{*} = 1 - x_2^{*}$ nach Gl. [1,13] (Gefrierpunktsreinheit) werden die Größen T^{*}, $T_1^{{}^{\cdot}}$ und $\Delta H_1^{{}^{\cdot}}$ benötigt**). Die gewöhnliche Schmelzpunktsbestimmung ermittelt lediglich T^{*} als Punkt der primären Kristallisation; eine Angabe über x_2^{*} ist somit nicht möglich.

Wenn man Gl. [1,13] auf den allgemeinen Fall des Schmelzgleichgewichts einer binären Mischung mit Abscheidung des reinen festen Stoffes 1 anwendet, so gilt für genügend kleine Molenbrüche x_2

$$\Delta T = \frac{R T_1^{{}^{\cdot}2}}{\Delta H_1^{{}^{\cdot}}} \cdot x_2 = T_1^{{}^{\cdot}} - T. \qquad [1,13\,\text{a}]$$

T bedeutet hier die Gleichgewichtstemperatur, wenn die flüssige Phase den Molenbruch x_2 besitzt. Die Temperatur T muß höher sein als die Abscheidungstemperatur eventuell auftretender Eutektika.

WHITE (8) hat schon 1920 eine sehr einfache Methode zur Bestimmung von T^{*} und $T_1^{{}^{\cdot}}$ angegeben. Wenn $\Delta H_1^{{}^{\cdot}}$ bekannt ist oder abgeschätzt werden kann, so ist damit die Berechnung von x_2^{*} möglich. Zu diesem Zweck muß eine Abkühlungskurve bestimmt werden, wie sie Abb. 4 in idealisierter Form zeigt. Die zu untersuchende Substanz wird bei konstantem Wärmeentzug abgekühlt, wobei das Phasengleichgewicht nach Gl. [1,13 a] dauernd eingestellt sein soll. Wenn die flüssige Probe bis auf T^{*} abgekühlt wird, so werden die ersten Kristalle von reinem Stoff 1 abgeschieden. Bei weiterem Wärmeentzug wird immer mehr Substanz 1 in fester Form gebildet, so daß die übrigbleibende

---

*) In diesem Fall können bei der Ableitung der Gl. [1,13] Glieder höherer Ordnung in x_2^{*} und $\Delta {}^{*}T$ vernachlässigt und ideales Verhalten in flüssiger Phase vorausgesetzt werden [vgl. DENBIGH (22), HAASE (46)].

**) Eine Zusammenstellung der Schmelzenthalpien einer Reihe organischer Substanzen mit Schmelzpunkten über $-80\,°C$ gibt HERINGTON (55).

flüssige Phase sich mit der Verunreinigungskomponente 2 anreichert. Schließlich ist bei Punkt E die gesamte Probe fest geworden. Zur Verfestigung der gesamten Probe wird die Zeit t_0 benötigt. Nach $t_0/2$ ist somit die Hälfte des Stoffes 1 abgeschieden, und demgemäß ist zu diesem Zeitpunkt der Molen-

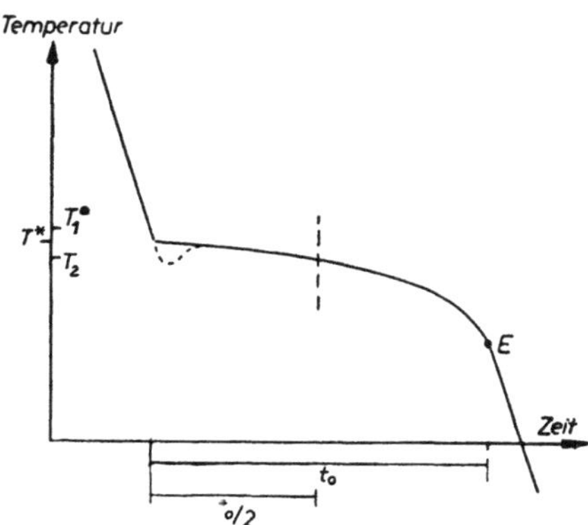

Abb. 4. Abkühlungskurve einer Substanz in einem Temperaturbereich nahe ihres Schmelzpunktes. $T_1^{\cdot}$ = Schmelzpunkt der reinen Substanz, T^* = Schmelzpunkt der vorliegenden Probe, T_2 = Gleichgewichtstemperatur nach Festwerden der Hälfte der Substanz; bei E ist die gesamte Probe fest geworden. Die gestrichelte Kurve gibt die meist auftretende Unterkühlung zu Beginn der Kristallisation wieder.

bruch der Verunreinigung in der restlichen flüssigen Phase $x_2 = 2 x_2{}^*$, wenn $x_2{}^*$ der Molenbruch der Verunreinigung in der Ausgangsprobe ist. Somit müssen folgende Gleichungen gelten

$$T_1^{\cdot} - T^* = \frac{R T_1^{\cdot 2}}{\varDelta H_1^{\cdot}} \cdot x_2{}^* = \varDelta^* T \, ,$$

$$T_1^{\cdot} - T_2 = \frac{R T_1^{\cdot 2}}{\varDelta H_1^{\cdot}} \cdot 2 x_2{}^* = 2 \varDelta^* T \, .$$

Nun ist $2\varDelta^* T = 2 (T^* - T_2)$, wobei T^* und T_2 gemessene Größen sind. Dann erhält man

$$x_2{}^* = \frac{(T^* - T_2) \cdot \varDelta H_1^{\cdot}}{R T_1^{\cdot 2}} \, , \qquad [1,14\,\mathrm{a}]$$

$$T_1^{\cdot} = T^* + (T^* - T_2) \, . \qquad [1,14\,\mathrm{b}]$$

In der Gl. [1,14a] ist nur noch $\varDelta H_1^{\cdot}$ unbekannt. Die Schmelzenthalpie der Substanz 1 kann unter Umständen abgeschätzt werden, wobei man aber leicht große Fehler begeht. Besser ist es, das experimentelle Verfahren so abzuändern, daß auch die kalorische Größe $\varDelta H_1^{\cdot}$ zusammen mit $\varDelta^* T$ und $T_1^{\cdot}$ bestimmt werden kann. Diese Forderung führt logischerweise zur Aufnahme von Abkühlungs- oder Aufheizkurven in einer kalorimeterähnlichen Anordnung. Die Abkühlungs- bzw. Aufheizgeschwindigkeit wird jetzt nicht nur konstant gehalten, sondern direkt gemessen.

Als Beispiel für diese Methode wird ein Verfahren von Tunnicliff und Stone (9) beschrieben. Dabei geht man so vor, daß eine Enthalpie/Temperatur-Kurve bestimmt wird, und zwar meistens als Aufheizkurve siehe Abb. 5. Hier ist die Temperatur der Probe als Funktion der zugeführten Wärmemenge bei konstantem Druck dargestellt; die experimentelle Ausführung dieses Vorgangs wird später behandelt. Die Probe erwärmt sich längs der Kurve $AECD$. Bei A ist noch alles fest; der Anstieg der Kurve bei A steht im Zusammenhang mit der spezifischen Wärme $c_{p,\,\text{fest}}$ des festen Stoffes 1. Dann beginnt die Substanz zu schmelzen, bis bei C alles flüssig ist. Von C bis D wird die flüssige Substanz erhitzt, wobei der Anstieg von CD nun mit der spezifischen Wärme $c_{p,\,\text{flüss.}}$ der Flüssigkeit zusammenhängt.

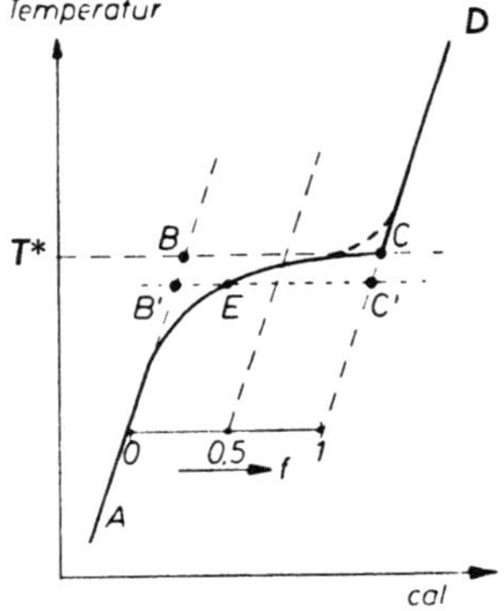

Abb. 5. Aufheizkurve einer Substanz in der Umgebung ihrer Schmelztemperatur als Temperatur/Enthalpiekurve; Erläuterung im Text.

Wäre die Substanz rein, so würde die Aufheizkurve längs $ABCD$ verlaufen. Dann könnte man sofort die Schmelzenthalpie der Substanz angeben, nämlich $\Delta H_1{}^{\cdot} \sim \overline{BC}$ in cal/Mol. Für den Fall der unreinen Substanz hilft man sich durch Extrapolation der Aufheizkurven des festen und flüssigen Stoffes (gestrichelte Linien in Abb. 5) und Ausmessung des Abstandes zwischen den beiden extrapolierten Geraden. Wenn $\Delta c_p = c_{p,\,\text{flüss.}} - c_{p,\,\text{fest}}$ nicht sehr groß ist, spielt es keine entscheidende Rolle, an welche Stelle man die Strecke $\overline{B'C'} \sim \Delta H_1{}^{\cdot}$ in das Diagramm einzeichnet. In dieser Weise wird also $\Delta H_1{}^{\cdot}$ bestimmt.

Die Werte von $T_1{}^{\cdot}$ und T^* haben TUNNICLIFF und STONE (9) folgendermaßen aus der Temperatur/Enthalpie-Kurve entnommen. Definiert man f als den Bruchteil der flüssigen Substanz, bezogen auf die Gesamtmenge der Probe, so kann man aus Abb. 5 ablesen

$$f = \frac{\overline{B'E}}{\overline{B'C'}}.$$

Das Phasengleichgewicht fest/flüssig soll wieder durch Gl. [1,13] beschrieben werden; die dort gemachten Voraussetzungen sollen auch hier zutreffen. Dann gilt für den Molenbruch der Verunreinigung in der flüssigen Phase

$$x_2 = \frac{x_2{}^*}{f}, \qquad [1,15]$$

wobei wieder $x_2{}^*$ der Molenbruch der Verunreinigung in der Ausgangsprobe ist. Nach Gl. [1,13] gilt

$$x_2{}^* = \frac{\Delta H_1{}^{\cdot}}{R\,T_1{}^{\cdot 2}}\,(T_1{}^{\cdot} - T^*)$$

$$x_2 = \frac{\Delta H_1{}^{\cdot}}{R\,T_1{}^{\cdot 2}}\,(T_1{}^{\cdot} - T),$$

so daß für Gl. [1,15] geschrieben werden kann

$$T_1{}^{\cdot} - T = \frac{T_1{}^{\cdot} - T^*}{f}$$

oder

$$T = T_1{}^{\cdot} - \frac{T_1{}^{\cdot} - T^*}{f} = T_1{}^{\cdot} - \frac{R\,T_1{}^{\cdot 2}}{\Delta H_1{}^{\cdot}}\,\frac{x_2{}^*}{f}. \qquad [1,15\,a]$$

Vgl. hierzu MATHIEU (10), CARLETON (11), MALOTAUX und STRAUB (12; 13).

Im Experiment wird nun T als Funktion von f gemessen. Trägt man T gegen $1/f$ auf, so resultiert eine Gerade; extrapoliert man auf $1/f = 0$, so erhält man gemäß Gl. [1,15a] den Wert für $T_1^{\cdot}$, das ist der Schmelzpunkt des reinen Stoffes 1. Für $1/f = 1$ erhält man T^* und aus der Neigung der Geraden ergibt sich $\Delta^*T = T_1^{\cdot} - T^*$, vgl. Abb. 6. Eine derartige Analyse der Enthalpie/

Temperatur-Kurve liefert alle benötigten Daten zur Berechnung der Reinheit $x_1^* = 1 - x_2^*$ aus Gl. [1,13]. Es sei noch einmal darauf hingewiesen, daß die Voraussetzungen für die Gültigkeit der Gl. [1,13] erfüllt sein müssen; vor allem muß x_2^* genügend klein sein (etwa $\leqslant 2 \cdot 10^{-2}$), es dürfen keine Mischkristalle auftreten und das thermodynamische Gleichgewicht muß eingestellt sein.

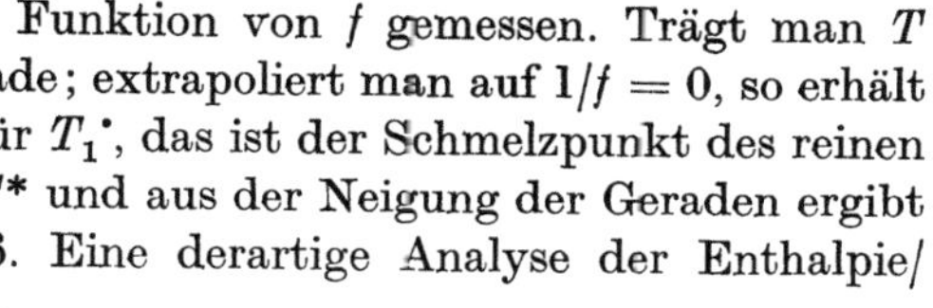

Abb. 6. T, $1/f$-Diagramm zur Ermittlung von Δ^*T und $T_1^{\cdot}$.

Bei dem vorstehend geschilderten Verfahren wird eine Enthalpie/Temperatur-Kurve in einer kalorimeterähnlichen Anordnung aufgenommen, um $\Delta H_1^{\cdot}$ zu ermitteln. Apparativ einfacher ist es natürlich, wie bei der anfangs beschriebenen Methode von WHITE (8) eine Temperatur/Zeit-Kurve aufzunehmen. Hierbei wird mit konstanter Wärmezufuhr gearbeitet, ohne daß diese in ihrem numerischen Wert bekannt ist. Aus solchen Temperatur/Zeit-Kurven (analog Abb. 5, mit der Zeit als Abszisse) kann zwar nicht mehr $\Delta H_1^{\cdot}$ entnommen werden, doch gelten die Gln. [1,15] und [1,15a] und es kann T als Funktion von $1/f$ genau so bestimmt werden wie vorher. Durch einen Kunstgriff gelingt es nun, die Größe $\Delta H_1^{\cdot}$ zu eliminieren.

Das Experiment wird einmal mit der Originalprobe (Molenbruch der Verunreinigung: x_2^*) und mit einer Probe ausgeführt, der man eine bekannte Menge einer geeigneten Verunreinigungskomponente zugesetzt hat (Molenbruch der Gesamtverunreinigung: $x_2^* + x_2^z$). Dann gilt Gl. [1,15a] für die Originalprobe

$$T = T_1^{\cdot} - \frac{R\,T_1^{\cdot 2}}{\Delta H_1^{\cdot}} \cdot \frac{x_2^*}{f} \qquad [1,16\,\text{a}]$$

und für die Probe mit dem Zusatz

$$T = T_1^{\cdot} - \frac{R\,T_1^{\cdot 2}}{\Delta H_1^{\cdot}} \frac{x_2^* + x_2^z}{f} \ . \qquad [1,16\,\text{b}]$$

Beide Experimente ergeben im T, $1/f$-Diagramm Geraden mit verschiedener Neigung, die sich für $1/f = 0$ und $T = T_1^{\cdot}$ schneiden (vgl. Abb. 7). Für $1/f = 1$ erhält man

$$T_1^{\cdot} - T^* = \Delta^*T = \frac{R\,T_1^{\cdot 2}}{\Delta H_1^{\cdot}} \cdot x_2^* \qquad\qquad\qquad [1,17\,\text{a}]$$

$$\left. \begin{array}{c} \\ \\ \end{array} \right\} 1/f = 1$$

$$T_1^{\cdot} - T^z = \Delta^z T = \frac{R\,T_1^{\cdot 2}}{\Delta H_1^{\cdot}} \cdot (x_2^* + x_2^z) \qquad [1,17\,\text{b}]$$

Dividiert man Gl. [1,17b] durch Gl. [1,17a] und löst dann nach x_2^* auf, so resultiert ein Ausdruck, der die kryoskopische Konstante $RT_1^{\cdot 2}/\Delta H_1^{\cdot}$ nicht mehr enthält.

$$x_2^* = \frac{x_2^z}{\dfrac{\Delta^z T}{\Delta^* T} - 1} \cdot \qquad [1,18]$$

Hier wird die Bestimmung von $\Delta H_1^{\cdot}$ sozusagen durch „Eichung" mit einer bekannten, kleinen Menge eines Zusatzes umgangen, vgl. hierzu SCHWAB und WICHERS (20) sowie SMIT (21).

Selbstverständlich können die Gln. [1,17a], [1,17b] und [1,18] auch in analoger Weise für andere Werte von f formuliert werden, z. B. für $f = 0,5$.

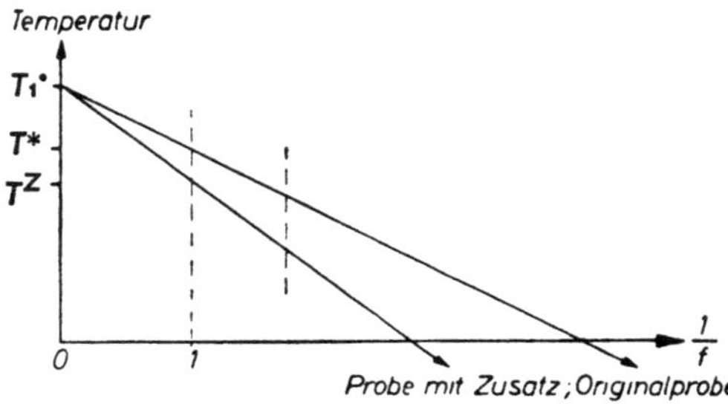

Abb. 7. $T,1/f$-Diagramm für eine Substanz und dieselbe Substanz mit zugesetzter, bekannter Menge von Verunreinigung.

Bei der Wahl der Zusatzkomponente muß darauf geachtet werden, daß für die Probe mit Zusatz die Voraussetzungen für die Gültigkeit der Gl. [1,13] erhalten bleiben. Der Molenbruch der Gesamtverunreinigung $x_2^* + x_2^z$ muß immer noch klein sein (etwa $\leqslant 2 \cdot 10^{-2}$), damit ideales Verhalten der flüssigen Phase angenommen werden kann, und es darf keine Mischkristallbildung zwischen der Hauptkomponente 1 und der Zusatzkomponente eintreten.

Eine genauere Form der Gl. [1,13a] ist nach SCHWAB und WICHERS (20) [vgl. auch ROSSINI (16)]:

$$x_2 = \frac{\Delta H_1^{\cdot}}{RT_1^{\cdot 2}} \cdot [(T_1^{\cdot} - T) - A(T_1^{\cdot} - T)^2], \qquad [1,13b]$$

wobei

$$A = \frac{\Delta H_1^{\cdot}}{RT_1^{\cdot 2}} - \frac{1}{T_1^{\cdot}} + \frac{\Delta c_p}{2\Delta H_1^{\cdot}}$$

ist. Δc_p ist der Unterschied der spezifischen Wärme von flüssiger und fester Phase. Bei hohen Ansprüchen an die Genauigkeit und bei großen Werten von x_2 müssen Gl. [1,13b] oder noch genauere Gleichungen für die Beschreibung des Phasengleichgewichts benutzt werden.

Für Benzoesäure lautet Gl. [1,13b] in numerischer Form, vgl. (20):

$$x_2 = 0,0133\,(T_1^{\cdot} - T) - 0,000089\,(T_1^{\cdot} - T)^2.$$

Der zweite Term spielt also erst bei großem ΔT eine Rolle.

Die mathematische Beziehung für das Phasengleichgewicht fest/flüssig bei hohen Konzentrationen an Verunreinigung und bei Berücksichtigung der Nichtidealität der flüssigen Phase lautet [vgl. z. B. DENBIGH (22)]:

$$\ln x_1 + \ln f_1 = -\frac{\Delta H_1^{\cdot}}{RT_1^{\cdot 2}} \cdot \Delta T + \frac{\Delta c_p}{2RT_1^{\cdot}T} \cdot (\Delta T)^2 + \frac{\partial \ln f_1}{\partial T} \Delta T. \qquad [1,13c]$$

Aus dieser Gleichung geht Gl. [1,13] durch entsprechende Vereinfachungen hervor. Zur Theorie und zum Vergleich verschiedener Berechnungsmethoden siehe BADLEY (23).

Die Frage der Mischkristallbildung im Zusammenhang mit der Reinheitskontrolle durch thermische Analyse wurde von verschiedenen Autoren an· geschnitten; dieses Problem verdient von Fall zu Fall besondere Aufmerksam· keit. SMITTENBERG, HOOG und HENKES (14) äußern die Meinung, daß Mischungen von Kohlenwasserstoffen in der Regel keine Mischkristalle bilden. Als Ausnahme führen sie die binären Systeme n-Oktan/n-Nonan und 2,2,3-Trimethylbutan/2,2,3,3-Tetramethylbutan an. KROUSKOP, PILCHER und STREIFF (15) weisen durch Zusatz bekannter Mengen von Verunreinigungen zu i-Butan, n-Butan, i-Buten und n-Oktan nach, daß keine Mischkristalle auftreten. ROSSINI (16) glaubt, daß die Mischkristallbildung genügend selten vorkommt, so daß die Gln. [1,13 a, b, c] eine brauchbare Grundlage für die Reinheitskontrolle darstellen. Andererseits zeigen FINK, CINES, FREY und ASTON (17), daß die binären Systeme 2,2-Dimethylbutan/2,3-Dimethylbutan und 2,2-Dimethylbutan/Zyklopentan lückenlose Mischbarkeit in der festen Phase aufweisen.

Generell kann die Frage nach dem Auftreten der Mischkristallbildung nicht entschieden werden. Ist die Art der Verunreinigung bekannt, so kann man bei der Anwendung der Gl. [1,13] in Zweifelsfällen durch Zusatz bekannter Mengen der gleichen Verunreinigung zur Originalprobe ihre Gültigkeit kontrollieren.

MASTRANGELO und DORNTE (18) geben eine Methode zur Bestimmung von $T_1^\cdot$ und x_2^* für den Fall der Mischkristallbildung an; sie exemplifizieren diese Methode an den binären Systemen 2,2-Dimethylbutan/2,3-Dimethylbutan (18) und Naphthalin/Thionaphthalin (19). Die T, f, x_2-Beziehung von MASTRANGELO und DORNTE (18) setzt aber vollständiges Gleichgewicht zwischen der flüssigen und der *ganzen* festen Phase während der Messung des Schmelzgleichgewichts voraus. Angesichts der sehr kleinen Diffusionskonstanten von etwa 10^{-10} bis $10^{-12} cm^2 sek^{-1}$ in der festen Phase (in der Schmelze etwa 10^{-4} bis $10^{-5} cm^2 sek^{-1}$) ist der Stofftransport in den Kristallen während der Meßzeit vernachlässigbar klein; er kann durch äußere Eingriffe (wie etwa Rühren in der Schmelze) nicht wesentlich beeinflußt werden.

Die Annahme, daß Phasengleichgewicht zwischen der Schmelze und der ganzen festen Phase besteht, kann bei Mischkristallbildung zu völlig falschen Ergebnissen führen. Das zeigen besonders eindrucksvoll Untersuchungen von BADLEY (23) an den binären Systemen Benzol/Thiophen, 1-Brom-4-Chlorbenzol/1,4-Dibrombenzol und Dibenzyl/trans-Stilben, die alle Mischkristalle bilden. So wurden teilweise nur 6% der zugesetzten Verunreinigungskomponente wiedergefunden, bestenfalls jedoch nur 56%.

SMIT und VAN WIJK (47) behandeln den Fall der Mischkristallbildung unter der Annahme, daß sich der Stofftransport durch Diffusion in der festen Phase lediglich auf eine Oberflächenschicht an der Phasengrenzfläche zwischen Festkörper und Schmelze beschränkt; die flüssige Phase kann immer als homogen angesehen werden. Die Oberflächenschicht ist so definiert, daß der Molenbruch x_n' einer Verunreinigungskomponente n in der Oberflächenschicht den durch den Molenbruch x_n'' der gleichen Komponente in der Schmelze und den Verteilungsquotienten $K_n = x_n'/x_n''$ gegebenen Gleichgewichtswert hat. Das Innere der festen Substanz ist an der Gleichgewichtseinstellung nicht beteiligt. SMIT (49) nennt diesen Zustand „partielles Phasengleichgewicht". Wenn die x_n'' hinreichend klein sind, kann ideales Verhalten in der flüssigen Phase vorausgesetzt werden.

Für ein N-Komponentensystem, d. h. ein Gemisch aus der Substanz 1 und $N - 1$ Verunreinigungskomponenten lautet die unter den obigen Annahmen abgeleitete T, f, x-Beziehung von SMIT (49)

$$\sum_{n=2}^{n=N} [(1 - K_n)f^{K_n-1} \cdot x_n{}^*] = \frac{\Delta H_1{}^{\bullet}}{R T_1{}^{\bullet 2}} (T_1{}^{\bullet} - T). \qquad [1,19]$$

Diese Gleichung enthält als Unbekannte die $N - 1$ Molenbrüche $x_n{}^*$ der Verunreinigungskomponenten 2, 3, 4, ..., N, deren $N - 1$ Verteilungsquotienten K_n und außerdem $T_1{}^{\bullet}$ und $\Delta H_1{}^{\bullet}$, das sind insgesamt $2N$. Sind von den $N - 1$ Verunreinigungskomponenten M in der festen Phase nicht mischbar, so reduziert sich diese Zahl um $2M - 1$. Sind alle $K_n = 0$, so geht Gl. [1,19] in die Gl. [1,13 a] über, wenn man $x_2{}^*$ stellvertretend für die Summe $\sum_{n=2}^{n=N} x_n{}^*$ der Molenbrüche aller Verunreinigungskomponenten in der Ausgangssubstanz setzt. Das ist nicht überraschend. Wenn keine Mischkristallbildung auftritt, hat die feste Substanz immer den gleichen Molenbruch $x_n' = 0$ und steht immer mit der Schmelze im Gleichgewicht; die oben definierte Oberflächenschicht und die gesamte feste Phase sind dann identisch.

Für eine vollständig bestimmte Schmelz- oder Gefrierkurve kann ein Satz von $2N$ unabhängigen T, f, x-Gleichungen aus $2N$ verschiedenen T, f-Wertepaaren erhalten werden. Die Berechnung von $x_2{}^*, x_3{}^*, ..., x_N{}^*$ aus einem solchen Satz von unabhängigen Gleichungen wird in der Literatur als „absolute Methode" bezeichnet. Für $N = 2$ bietet dieses Verfahren keine mathematischen Schwierigkeiten; sind mehr als eine Verunreinigungskomponente enthalten, von denen mindestens eine in der festen Phase des Stoffes 1 mischbar ist, so kann auf einfache Weise Gl. [1,19] nicht gelöst werden.

Grundsätzlich ist zur Lösung der Gl. [1,19] noch ein anderes Verfahren denkbar, das „vergleichende Methode" [vgl. hierzu SMIT (49)] genannt wird. Hierbei müssen neben der T, f-Kurve für die Originalprobe noch insgesamt $(N - 1)$ T, f-Kurven für die mit einem Zusatz einer bekannten Menge jeweils einer Verunreinigungskomponente n versehenen Originalprobe bestimmt werden. Das ist nur ausführbar, wenn alle Verunreinigungskomponenten bekannt und zugänglich sind, was in den seltensten Fällen vorausgesetzt werden kann.

Enthält eine Substanz nur eine Verunreinigungskomponente 2 mit einem Verteilungsquotienten K_2, so vereinfacht sich Gl. [1,19] zu

$$(1 - K_2)f^{K_2-1} \cdot x_2{}^* = \frac{\Delta H_1{}^{\bullet}}{R T_1{}^{\bullet 2}} (T_1{}^{\bullet} - T). \qquad [1,19a]$$

VAN WIJK und SMIT (47) haben Gl. [1,19a] an den binären Systemen Diphenyl/Phenanthren und Zinn/Wismut geprüft und bestätigt. Gl. [1,19] für polynäre Systeme ist experimentell noch nicht überprüft.

Eine weitere Konsequenz des praktisch fehlenden Stofftransports in der festen Phase ist der Einfluß der Vorbehandlung der Probe auf die Schmelzkurve.

Geht man von einer flüssigen Probe aus, so ist man geneigt, sie schnell einzufrieren, um eine Sedimentation von Kriställchen in der Schmelze zu vermeiden. Wird aber eine Probe sehr schnell eingefroren, so ist nicht nur vollständiges Phasengleichgewicht der ganzen festen Phase mit der Schmelze ausgeschlossen, es ist sogar unwahrscheinlich, daß sich partielles Phasengleichgewicht einstellt. Häufig tritt eine homogene feste Mischung auf, wobei beobachtet worden ist, daß auch Systeme ohne Mischkristallbildung übersättigte Lösungen in der festen Phase ergeben können. Der wirkliche Zustand einer abgeschreckten Probe wird zwischen dem des partiellen Gleichgewichts und dem der homogenen Mischung liegen und außer von anderen Faktoren [vgl. VAN WIJK und SMIT (48)] im wesentlichen von der unkontrollierten Abkühlungsgeschwindigkeit abhängen. Solche Zustände sind aber schlecht reproduzierbar und einer mathematischen Behandlung nicht zugänglich (48).

Auch wenn keine Mischkristallbildung auftritt, ist das Abschrecken einer Probe nicht zu empfehlen. Zu extrem falschen Ergebnissen kann dieses Vorgehen jedoch führen, wenn die Probe Verunreinigungen enthält, die mit der Substanz 1 Mischkristalle bilden; das zeigen auch die Reinheitsbestimmungen von BADLEY (23). SMIT (49) empfiehlt daher, die Probe folgendermaßen vorzubehandeln:

Bei der Aufnahme von Schmelzkurven friere man die Probe in der Apparatur langsam mit möglichst der gleichen Geschwindigkeit ein, mit der sie bei der Messung des Schmelzgleichgewichts wieder aufgeschmolzen wird. Weitere Versuchsbedingungen wie etwa das Rühren sollen bei der Vorbehandlung ebenfalls denen bei der Messung gleich sein.

Die eingefrorene Substanz soll nicht zu lange (etwa nicht länger als 12 Stunden) dicht unterhalb der Schmelztemperatur gehalten werden, bevor der Aufschmelzvorgang beginnt.

Nur bei Beachtung dieser Regeln ist es möglich, die Proben in reproduzierbaren Zuständen vorzugeben.

Es ist nicht unwichtig, zu erwähnen, daß für den Fall einer Übereinstimmung der Schmelzkurven von langsam und schnell eingefrorenen Proben die Wahrscheinlichkeit für Mischkristallbildung sehr klein ist.

1.33 Experimentelle Methoden der thermischen Analyse zur Reinheitsbestimmung

1.331 Statische Methode; Adiabatisches Kalorimeter

Die beste Methode zur Messung des Phasengleichgewichts flüssig/fest bzw. zur Ermittlung von T^*, $T_1^{\bullet}$ und $\Delta H_1^{\bullet}$ besteht darin, die Substanz in einem adiabatischen Kalorimeter zu schmelzen. Abb. 8 zeigt schematisch ein adiabatisches Kalorimeter. Die Substanz befindet sich in einem Gefäß, das aus einem Material mit guter Wärmeleitfähigkeit, z. B. Cu, Al, gefertigt ist. Eingebaute perforierte Cu-Scheiben sorgen für einen schnellen Temperaturausgleich im Probegefäß. Die Temperatur wird mit einem Thermoelement oder Widerstandsthermometer gemessen, das in eine metallene Hülse eingeführt wird (Abb. 8). Mit einer außen auf das Gefäß aufgebrachten Heizwicklung können ihm definierte, diskrete, leicht meßbare Wärmemengen zugeführt werden. Dann wird bis zur Einstellung des thermischen Gleichgewichts gewartet und danach die Temperatur gemessen. Damit diese Wärmemengen nur von dem Gefäß aufgenommen werden und nicht zur Umgebung abfließen, muß die Umgebung immer auf der gleichen Temperatur wie das Gefäß mit der Substanz

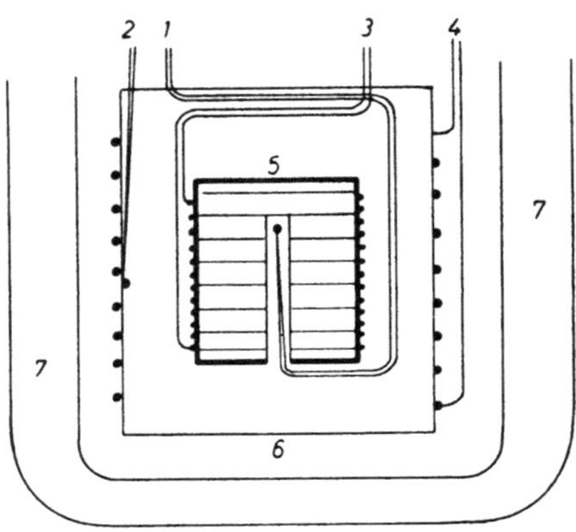

Abb. 8. Schema eines adiabtischen Kalorimeters.

1 Thermoelement zur Messung der Temperatur der Substanz
2 Thermoelement zur Messung der Temperatur des Strahlungsschutzes
3 Heizwicklung zur Zuführung definierter Wärmebeträge an das Kalorimetergefäß 5
4 Heizwicklung für Strahlungsschutz 6
5 Kalorimetergefäß
6 Strahlungsschutz
7 Wärmeisolation (Dewargefäß)

gehalten werden. Diese Einhaltung adiabatischer Verhältnisse wird durch automatische Regelung der Temperatur des Strahlungsschutzmantels (Abb. 8) erreicht; er wird also immer in demselben Tempo erwärmt wie das Gefäß mit der Substanz. Die Zuleitungsdrähte für die Heizwicklung des Gefäßes und für das Thermoelement bzw. Widerstandsthermometer werden in einer Schlaufe auf dem Strahlungsmantel befestigt, um die Verluste durch Wärmeleitung in diesen Drähten gering zu halten.

Derartige adiabatische Kalorimeter mit etwa 40 cm³ Inhalt und einem Wasserwert von 15 bis 20% der gesamten Wärmekapazität wurden zur Messung der spezifischen Wärme von flüssigen und festen organischen Stoffen benutzt (24). Für die Zwecke der Reinheitsbestimmung ist dies Verfahren aber zu langwierig und zu aufwendig. Die Kalorimeterkonstruktion und der Meßvorgang können für diesen Zweck wesentlich vereinfacht werden. Der erste Schritt in dieser Richtung wurde von Aston und Mitarb. (25) unternommen. Ihr Kalorimeter faßte 15 cm³ Substanz und wurde durch Einkondensieren gefüllt; für schwerflüchtige oder feste Stoffe war es nicht verwendbar.

Tunnicliff und Stone (9) beschreiben ein adiabatisches Kalorimeter zur Reinheitsbestimmung für Substanzmengen von 0,5 oder 5 cm³. Es eignet sich für feste und flüssige Substanzen mit Schmelzpunkten von -100 bis $+250$ °C. Die für Experiment und Auswertung benötigte Zeit beträgt weniger als 4 Stunden, und der absolute Fehler in der Bestimmung einer Reinheit von 99,8 Mol-% ist geringer als 0,05 Mol-%.

Zwei Kalorimetergefäße mit 5 und 0,5 cm³ Inhalt können je nach der vorhandenen Substanzmenge verwendet werden (Abb. 9 und 10). Ein Metall-

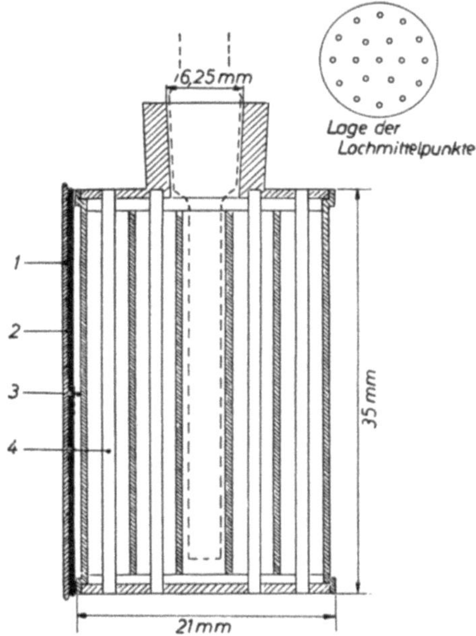

Abb. 9. Kalorimetergefäß nach TUNNICLIFF und STONE (9) mit 5 cm³ Inhalt.

1 Äußerer Blechmantel
2 Teflonmantel zur Isolierung
3 Raum für die Heizwicklung
4 eingelötete Metallstäbe

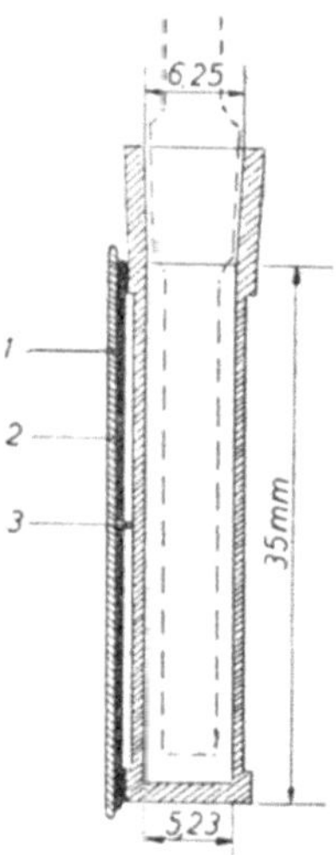

Abb. 10. Kalorimetergefäß nach TUNNICLIFF und STONE (9) mit 0,5 cm³ Inhalt. 1, 2 und 3 haben dieselbe Bedeutung wie in Abb. 9.

zylinder (Abb. 9) enthält parallel zur Zylinderachse mehrere Bohrungen. Die zentrale Bohrung nimmt den Temperaturfühler auf. In die übrigen Bohrungen ist zentral je ein Metallstab eingelötet, so daß ein 1,3 mm weiter Ringspalt gebildet wird, den die Substanz ausfüllt. Die Heizwicklung ist auf die Außenseite des Zylinders gewickelt. Das eine Ende der Heizwicklung wird an das Kalorimetergefäß angelötet, das andere auf einem Blechmantel befestigt, der gegen das Kalorimetergefäß durch einen Teflonmantel isoliert ist.

Das kleine Gefäß mit 0,5 cm³ Inhalt (Abb. 10) ist ähnlich konstruiert, besitzt aber nur eine Bohrung, und die Substanz befindet sich in dem 1 mm weiten Ringspalt zwischen Temperaturfühler und Wand der Bohrung.

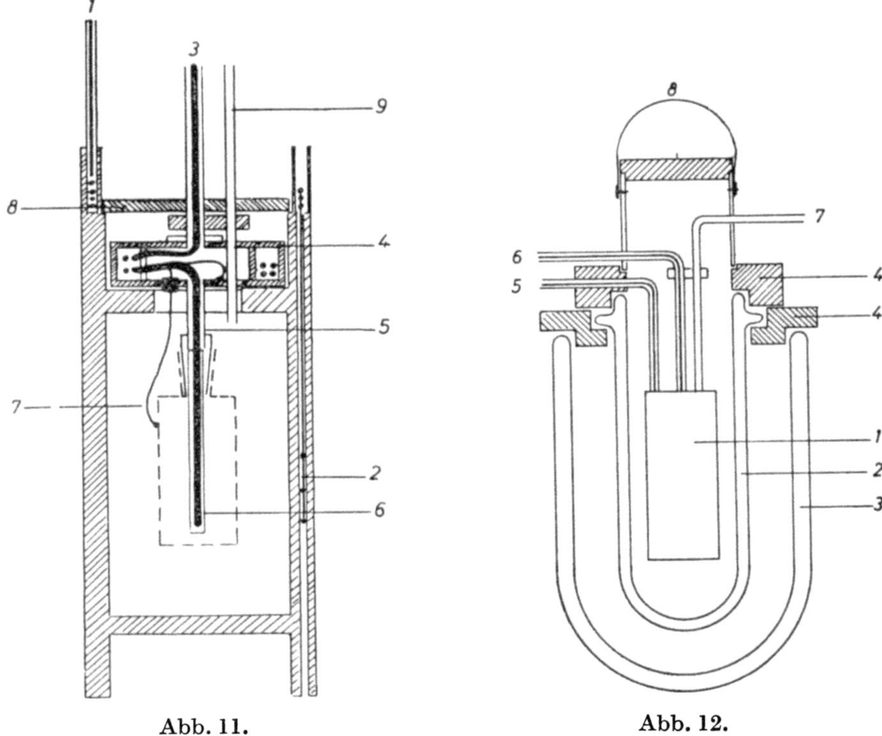

Abb. 11.   Abb. 12.

Abb. 11. Strahlungsschutz für das Kalorimetergefäß nach TUNNICLIFF und STONE (9).

1 Leitungen für Heizwicklung und Thermoelement des Strahlungsschutzes
2 Thermoelement für Strahlungsschutz
3 Leitungen für Heizwicklung und Thermoelement des Kalorimetergefäßes
4 Innerer Deckel
5 Rohr aus rostfreiem Stahl
6 Temperaturfühler
7 Federnder Kontakt
8 Äußerer Deckel
9 Rohr für die Einführung von flüssigem N_2 in den Strahlungsschutz

Abb. 12. Gesamtanordnung des Kalorimeters nach TUNNICLIFF und STONE (9).

1 Strahlungsschutz nach Abb. 11
2 Innerer Dewar, gefüllt mit Glaswolle
3 Äußerer Dewar, evtl. Kühlbad
4 Ringe aus Bakelit
5 Leitungen für Strahlungsschutz
6 Leitungen für Kalorimetergefäß
7 Rohr für flüssigen Stickstoff
8 Bügel zum Herausheben von Kalorimetergefäß mit innerem und äußerem Deckel

TUNNICLIFF und STONE (9) verwenden für die Kalorimetergefäße eine Legierung aus 90% Gold und 10% Kupfer. Für nichtkorrodierende Stoffe genügen auch billigere Materialien mit guter Wärmeleitfähigkeit, z. B. Kupfer oder Aluminium.

Der Strahlungsschutz (Abb. 11) ist aus einem Kupferrohr gefertigt. In der Wand befindet sich ein Thermoelement und auf der Wand eine Heizwicklung. Ein Dewar-Gefäß nimmt den Strahlungsschutz auf, und ein weiteres Dewar-Gefäß kann zur Aufnahme von flüssigen Kühl- oder Thermostatenbädern dienen. Der Strahlungsschutz wird an einem Bakelit-Ring, der auf dem inneren Dewar-Gefäß sitzt, befestigt, und zwar mit einem Rohr, in dem sich die Zuleitungsdrähte für das Thermoelement und die Heizung des Strahlungsschutzes befinden. Das Rohr für die Zuleitungen zum Kalorimetergefäß ist dagegen in einem Stück eines weiten Bakelit-Rohres angebracht. Dadurch kann das Kalorimetergefäß zusammen mit dem inneren und dem äußeren oberen Deckel nach oben aus dem Strahlungsschutz herausgezogen werden (Abb. 12).

Das Kalorimeter wird mit der Schliffhülse auf den Schliffkern des Temperaturfühlers gesetzt. Der Temperaturfühler besteht im unteren Teil aus Gold bzw. Kupfer, im oberen Teil zur Verminderung der Wärmeleitung aus Edelstahl. Dieses Edelstahlrohr ist am inneren Deckel befestigt. Die eine Zuleitung für die Heizwicklung des Kalorimetergefäßes ist an das Edelstahlrohr angeschlossen, die andere wird isoliert durch den inneren Deckel mit Hilfe einer dünnen Stahlkapillare nach unten geführt, die dann einen federnden Kontakt mit dem äußeren Blechmantel des Kalorimetergefäßes herstellt. Die Leitungen zum Kalorimeter sind zu einer 45 cm langen Wicklung im inneren Deckel angeordnet, um einen guten Wärmekontakt mit dem Strahlungsschutz zu sichern. Sie werden in einem Stahlrohr nach außen geführt, an dem auch der äußere Deckel befestigt ist (Abb. 12).

Zur schnellen Abkühlung des Kalorimeters kann durch ein Rohr, das durch den äußeren und inneren Deckel führt, flüssiger Stickstoff eingetropft werden.

Der Strahlungsschutz wird automatisch auf Kalorimetertemperatur gehalten mit einer Genauigkeit von $\pm$ 0,01 °C. In das äußere Dewar-Gefäß füllt man flüssigen Stickstoff bzw. Wasser für Substanzen mit Schmelzpunkten unter 75 °C bzw. zwischen 75 bis 150 °C. Für Stoffe, die zwischen 150 und 250 °C schmelzen, läßt man das äußere Dewar-Gefäß leer.

Das Experiment beginnt bei einer Temperatur 10 bis 20° unterhalb des Schmelzpunkts. Nach Einstellung der Heizung für den Strahlungsschutz wird das Kalorimeter durch aufeinanderfolgende, genau abgemessene Stromstöße aufgeheizt. Nach jedem Stromstoß wird die Einstellung des thermischen Gleichgewichts abgewartet und dann die

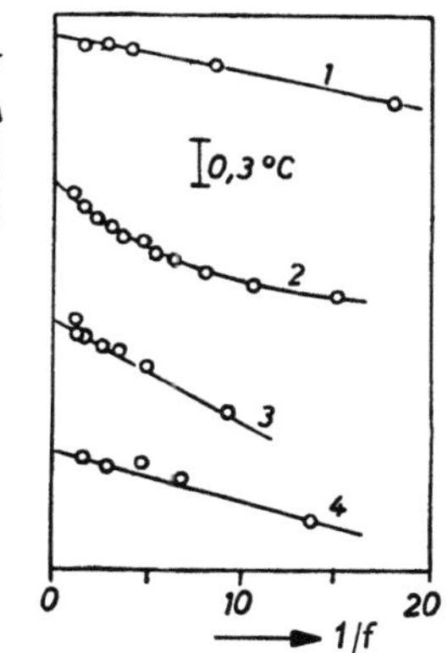

Abb. 13. Experimentelle $T, 1/f$-Kurven nach TUNNICLIFF und STONE (9), 5 cm³-Kalorimeter.
1 Naphthalin; 2 p-Xylol; 3 m-Xylol; 4 n-Oktan; vgl. Tab. 2

Temperatur mit Hilfe des Thermoelements gemessen. Danach kann das nächste Inkrement elektrischer Energie zugeführt werden. TUNNICLIFF und STONE (9) verwenden etwa 12 Inkremente und erhalten eine Schmelzkurve wie in Abb. 5, wobei auch direkt die EMK des Thermoelements gegen die Heizzeit aufgetragen werden kann. Die Auswertung erfolgt nach den Angaben auf S. 12 und Gl. [1,15a].

Typische Ergebnisse von TUNNICLIFF und STONE (9) zeigen Abb. 13 und Tab. 2.

Tab. 2. Ergebnisse der Reinheitsbestimmung nach TUNNICLIFF und STONE (9); vgl. Abb. 13

Nr.	Stoff	$\Delta H_1^{\bullet}$, kcal/Mol	Relative Fehler für $\Delta H_1^{\bullet}$, %	Verunreinigung in Mol-%
1	Naphthalin	4,63	+ 2,4	0,004
2	p-Xylol	4,18	+ 2,2	0,026
3	m-Xylol	2,79	+ 0,9	0,024
4	n-Oktan	5,02	+ 1,3	0,013

Wenn die Auftragung von T gegen $1/f$ keine Geraden ergibt, so kann dies einerseits damit begründet werden, daß die Voraussetzungen von Gl. [1,13] nicht erfüllt sind, andererseits können aber auch die Fehler der experimentellen Anordnung dafür verantwortlich sein. Vor allem ist folgender Umstand hier von Nachteil: Gegen Ende des Aufschmelzens, wenn nur noch wenige Kristalle vorhanden sind, können diese sich von den Wänden ablösen und nach unten fallen. Dann wird natürlich die Einstellung des thermischen Gleichgewichts beträchtlich erschwert. Die Meßpunkte mit f nahe 1 sollten daher nicht zu stark bewertet werden. Die Konstruktion der Geraden im T, $1/f$-Diagramm wird am besten mit Punkten zwischen $1/f = 2$ und $1/f = 10$ bzw. $f = 0,5$ und $f = 0,1$ ausgeführt. Dies ist aber nur dann sinnvoll, wenn x_2^* so klein ist, daß auch bei $f = 0,1$ (also bei zehnfacher Anreicherung der Verunreinigung in der Schmelze) die Voraussetzung der Idealität in der flüssigen Phase für die Gl. [1,13] noch erfüllt ist. Die Methode liefert um so genauere Werte, je geringer die Menge der Verunreinigungen ist.

Ein ähnliches Kalorimeter mit größerer Genauigkeit beschreibt PILCHER (26). Ein halbautomatisches, adiabatisches Kalorimeter von TUNNICLIFF und BADLEY (27) erlaubt Reinheitsbestimmungen mit Substanzmengen von 500 mg im Temperaturbereich von − 130 bis + 200 °C. Für den Temperaturbereich von − 175 bis + 140 °C eignet sich ein von MASTRANGELO (28) beschriebenes Präzisions-Kalorimeter. Die Konstruktion eines automatischen, adiabatischen Tieftemperatur-Kalorimeters (5 bis 330 °K) gibt STULL (26) an.

1.332 Dynamische Methoden

Bei den dynamischen Methoden erfolgt die Aufheizung der Substanz gemäß Abb. 5 nicht durch diskrete Wärmebeträge, sondern kontinuierlich durch ein

konstantes Temperaturgefälle zwischen Umgebung und Substanz, vgl. Abb. 14.
Dieses Vorgehen besitzt den großen Vorteil einer erheblich einfacheren Anordnung, zeigt aber auch zwei wesentliche Nachteile: 1. Die Bestimmung von
$\Delta H_1^{\cdot}$ ist nicht oder nur schwierig bzw. ungenau möglich. 2. Man ist nicht ohne
weiteres sicher, daß die bei kontinuierlichem Aufheizen
aufgenommene Temperatur/Zeit-Kurve eine Kurve
der Gleichgewichtstemperaturen T gemäß Gl. [1,13a]
darstellt.

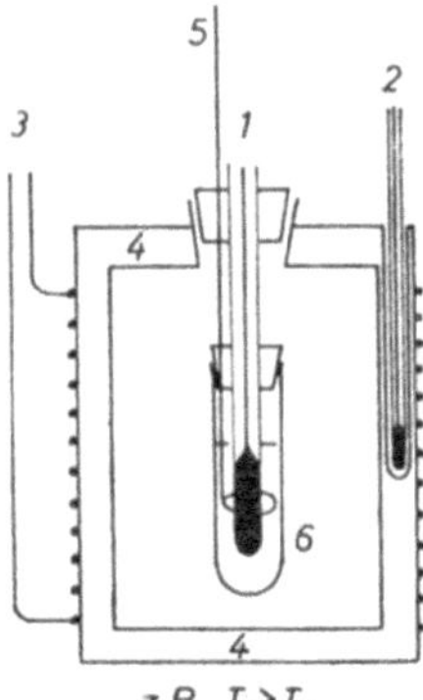

Abb. 14. Schema der dynamischen Methode.

1 Meßthermometer
2 Bezugsthermometer
3 Heizwicklung
4 Metallblock
5 Rührer

Die Temperaturdifferenz $T_2 - T_1$ wird konstant gehalten,
wodurch sich ein konstanter Wärmefluß zum Substanz-
gefäß 6 ergibt.

Der erste Nachteil ist nicht so tragisch. Entweder kann $\Delta H_1^{\cdot}$ abgeschätzt
werden [siehe NELSON (29)] oder die Bestimmung von $\Delta H_1^{\cdot}$ wird nach dem
auf S. 13 geschilderten Verfahren (Gl. [1,18]) umgangen.

Der zweite nachteilige Umstand aber erfordert besondere Beachtung bei der
experimentellen Ausführung. Wie kann man nun den Temperaturausgleich in
einem aufzuheizenden System aus fester, bzw. fester und flüssiger, bzw.
flüssiger Phase bewirken? Dazu haben sich zwei Methoden als gangbar erwiesen, nämlich 1. kräftiges Rühren oder Mischen der Probe und 2. Ausbreitung
der Substanz zu einem dünnen Film. Bei beiden Verfahren müssen folgende
Fehlermöglichkeiten der dynamischen Methoden beachtet werden:

1. Ungenügender Temperaturausgleich durch schlechten Wärmetransport,
2. Ungenügender Konzentrationsausgleich durch zu langsame Diffusion,
3. Zu kleine Kristallisationsgeschwindigkeiten bei Abkühlung,
4. Einfluß von Umwandlungspunkten der festen Phase in der Nähe des Schmelzpunktes.

SMIT (30) hat diese Effekte und ihre Auswirkung bzw. Berücksichtigung bei
Temperatur/Enthalpie-Kurven diskutiert.

Die Rührmethoden sind von SCHWAB und WICHERS (20) und von ROSSINI
und Mitarb. (16; 31; 32) bis zu einem hohen Grad der Vollkommenheit aus-
gearbeitet worden. Mit diesen Verfahren läßt sich das Phasengleichgewicht
fest/flüssig aber nur im Bereich $1 \geqslant f \geqslant 0,5$ messen, da bei weiterer Zunahme
des Anteils an fester Phase einfach der Rührer versagt. Dieser Umstand und die
Berücksichtigung der während des Experiments variablen Kristallisations-

geschwindigkeit erschweren die Auswertung bzw. machen sie ungenau. Für Reinheitsbestimmungen nach der Rührmethode braucht man Substanzmengen von 20 bis 60 cm³.

Demgegenüber besitzen die Filmmethoden naturgemäß den Vorteil eines sehr geringen Substanzbedarfs von etwa 0,3 bis 0,1 cm³. Das Phasengleichgewicht kann hier von $f = 0$ bis $f = 0,5$ gut gemessen werden, unsicherer dagegen in den Gebieten f nahe 1 (Herabfallen von Kristallen). Die Rührmethode gestattet dagegen eine präzise Messung von T^*, sie ist also gerade für $f \rightarrow 1$ am genauesten.

Im folgenden wird eine Filmmethode beschrieben, die von Smit (21; 33; 34) vorgeschlagen und erprobt worden ist.

1.3321 Filmmethode

Die Substanz wird in dünner Schicht auf der Oberfläche einer Thermometerkugel ausgebreitet. Demgemäß wird der zu untersuchende Stoff in ein zylindrisches, dünnwandiges Gefäß eingefüllt, das einer Thermometerkugel so angepaßt ist, daß zwischen der Innenwand des Gefäßes und der Außenwand der dünnwandigen Thermometerkugel ein schmaler Ringraum entsteht. Nach Rechnungen von Smit (33; 21; 34) sollen z. B. folgende Daten eingehalten werden, damit das thermische Gleichgewicht innerhalb der Meßgenauigkeit erreicht wird:

Thermometer:	0,05°-Teilung, 25°-Bereich
	$\pm$ 0,01 ° Ablesegenauigkeit
	$r =$ Radius der Thermometerkugel
Heizgeschwindigkeit:	maximal 0,3 °C/min
Innerer Radius des Gefäßes:	$1,2 \cdot r$
Wandstärke des Gefäßes:	$0,13 \cdot r$
Filmdicke:	$0,2 \cdot r$

Hat die Thermometer-„Kugel" einen äußeren Durchmesser von 6 mm und eine Höhe von 20 mm, und wird sie auf ihrer ganzen Länge von der Substanz bedeckt, so ergibt sich ein Filmvolumen von 0,25 cm³. Abb. 15 zeigt die Anordnung von Thermometerkugel und Gefäß gemäß den obigen Werten. Die Wärmekapazität dieser Anordnung wird wesentlich durch die Quecksilbermenge in der Thermometerkugel bestimmt; der Beitrag zur gesamten Wärmekapazität beträgt für das Quecksilber etwa 0,25 cal/Grad, für die Substanz etwa 0,04 cal/Grad und für die Glaswände ebenfalls rund 0,04 cal/Grad.

Die konstante Aufheizgeschwindigkeit von etwa 0,3 °C/min erzielt man mit der in Abb. 16 dargestellten Anordnung [nach Smit (21)]. Sie ist geeignet für Substanzen mit Schmelzpunkten über Raumtemperatur.

In einem Dewar-Gefäß befindet sich ein Aluminiumblock mit einer Heizwicklung und zwei Bohrungen. In der größeren befindet sich das Probegefäß mit dem Meßthermometer (Abb. 15), während in der kleineren Bohrung ein

Eisenrohr als Schutzhülle für das Bezugsthermometer eingesetzt wird. Das Bezugsthermometer mißt die „Umgebungstemperatur", d. h. die des Aluminiumblocks. Vom Aluminiumblock fließt Wärme zum Meßthermometer; der Wärmefluß ist konstant, wenn der Unterschied zwischen Umgebungs- und Meßtemperatur konstant gehalten wird.

Nimmt man eine Aufheizkurve in dieser Weise auf, so kann die Temperatur/Zeit-Kurve wegen der konstanten Aufheizgeschwindigkeit als Temperatur/Enthalpie-Kurve gedeutet werden. Die Auswertung des Experiments nach Gl. (1,15a) ist ohne weiteres möglich, aber die Schmelzenthalpie kann nicht

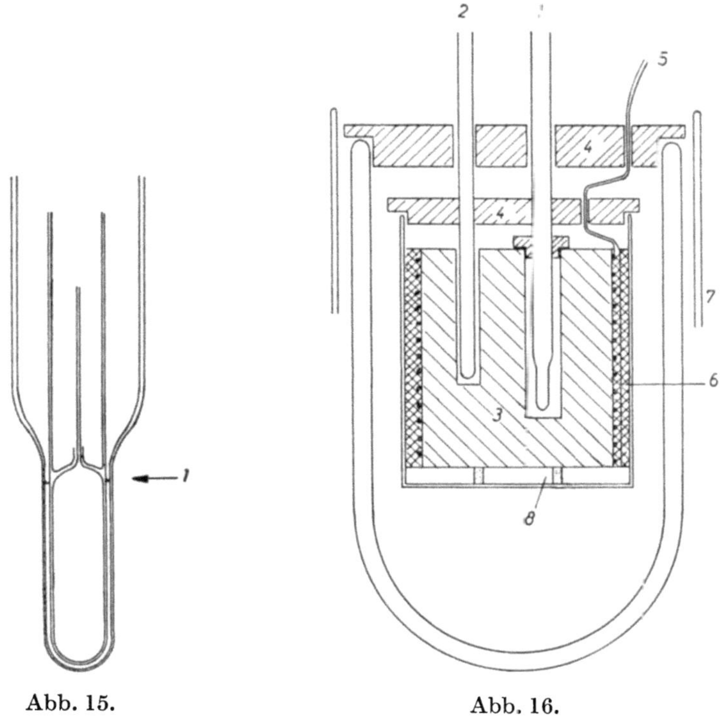

Abb. 15.   Abb. 16.

Abb. 15. Ausbreitung der Substanz zu einem dünnen Film auf der Oberfläche einer Thermometerkugel, nach Smit (21). 1 Füllhöhe

Abb. 16. Gesamtanordnung für die Filmmethode nach Smit (21).

1 Meßthermometer, vgl. Abb. 15
2 Bezugsthermometer
3 Al-Block
4 Isolierender Deckel
5 Heizung für Al-Block
6 Heizwicklung mit Asbestisolierung
7 Äußerer Schutzmantel
8 Porzellanring

direkt berechnet werden, es sei denn, man hätte mit einer Eichsubstanz oder durch genaue Rechnung die Wärmekapazität bestimmt; selbst dann ist $\Delta H_1^{\cdot}$ nur sehr ungenau zu ermitteln. Smit (21) empfiehlt die Umgehung der Bestimmung von $\Delta H_1^{\cdot}$ durch Zusatz einer bekannten Menge einer Verunreinigung, vgl. Gl. [1,18].

Auch bei der hier beschriebenen Methode sind die Meßpunkte für $f \to 1$ etwas unsicher, weil die letzten Kristalle sich leicht von der Wand ablösen und nach unten fallen. Das thermische Gleichgewicht kann sich dann nicht einstellen.

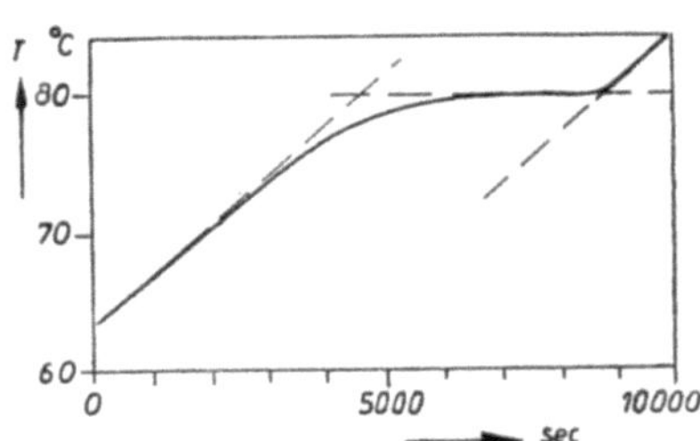

Abb. 18. Temperatur/Zeit-Kurve nach Carleton (11) für ein Naphthalinpräparat mit 0,34 Mol-% Verunreinigung.

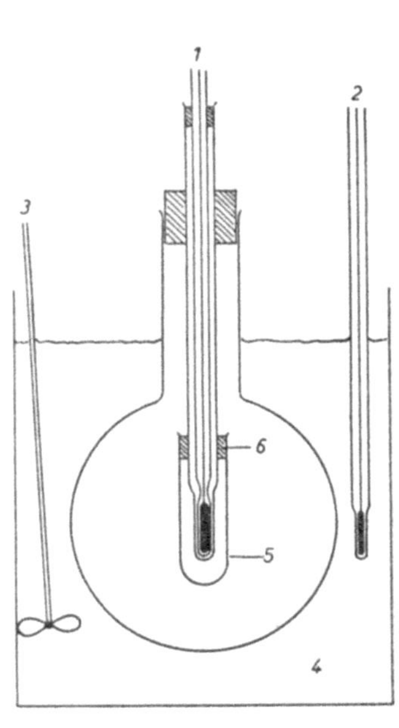

Abb. 17. Vereinfachte Smit-Apparatur nach Carleton (11).

1 Meßthermometer
2 Bezugsthermometer
3 Rührer für Heizbad
4 Heizbad
5 Gefäß für Temperaturausgleich
6 Ring aus Teflon

Die Apparatur von Smit (21) hat Carleton (11) weiter vereinfacht, vgl. Abb. 17. Carleton (11) wählte folgende Dimensionen:

Innerer Radius des Gefäßes:	3,5 mm
Wanddicke des Gefäßes:	0,4 mm
Dicke des Substanzfilmes:	0,7 mm
Ablesegenauigkeit des Thermometers:	$\pm$ 0,01 °C
Heizgeschwindigkeit:	0,3 °C/min

Abb. 18 zeigt die Temperatur/Zeit-Kurve für ein Naphthalin-Präparat. Die Menge der Verunreinigungen errechnete sich daraus zu $0,34 \pm 0,07$ Mol-%, also mit einer relativen Genauigkeit von etwa 20%. $\Delta H_1^{\cdot}$ wurde hier als bekannt vorausgesetzt. Diesem Präparat wurden bekannte Mengen an Anthracen und Diphenyl zugemischt. Die Experimente mit dieser künstlich verunreinigten Probe lieferten die in Tab. 3 aufgezeichneten Ergebnisse.

Trotz der sehr einfachen, ja primitiven Apparatur sind die Ergebnisse zufriedenstellend. Der Aufbau einer Apparatur nach CARLETON-SMIT ist in jedem chemischen Laboratorium leicht möglich. Es müssen lediglich die speziellen Thermometer mit 0,05°-Teilung und 25°-Meßbereich beschafft werden (z. B. in der Ausführungsform eines vergröberten BECKMANN-Thermometers). Die Aufgabe des Glasbläsers ist es dann, zu dem Thermometer ein Gefäß mit den oben angegebenen Dimensionen anzufertigen, was wohl weniger eine Sache des Geschicks als der Geduld ist. Jedenfalls kann festgestellt werden, daß der experimentelle Aufwand sowohl für die vereinfachte Anordnung nach CARLETON (11) als auch für die SMIT-Apparatur (21) selbst sehr gering ist, verglichen mit dem Wert der Informationen, den die Experimente nach dem Verfahren von SMIT liefern.

Tab. 3. Reinheitsbestimmungen nach CARLETON (11)

Zugesetzte Verunreinigung		Gefundene, zusätzliche Verunreinigung	Fehler
Stoff	Mol-%	Mol-%	%
Anthracen	0,24	0,15	− 38
,,	0,40	0,33	− 17
,,	0,89	0,83	− 7
Diphenyl	1,18	1,01	− 14
,,	1,32	1,19	− 10
,,	1,45	1,68	+ 16

Übrigens haben STRAUB und MALOTAUX (12; 13) schon 1933 eine ähnliche Apparatur wie CARLETON (11) beschrieben. Die Substanz wurde hier aber nicht als dünner Film auf die Thermometerkugel aufgebracht, sondern in ein zylindrisches Metallgefäß (2 cm Durchmesser und Höhe) eingefüllt, das am unteren Ende des Thermometers befestigt war. Der Temperaturausgleich im Gefäß wurde durch regelmäßig gefaltete Silbergaze erreicht, die das ganze Volumen erfüllte. Die Fältelung der Gaze entsprach etwa der Fältelung der Halskrausen, die die Personen auf den Porträts alter holländischer Meister tragen. Diese Anordnung besitzt den Vorteil, daß die letzten Kristalle nicht herabfallen, sondern in den feinen Maschen der Gaze hängen bleiben.

Durch Eichung mit Wasser haben STRAUB und MALOTAUX die Wärmekapazität des Gefäßes und die Aufheizgeschwindigkeit bestimmt, woraus sie $\Delta H_1^{\cdot}$ berechnen konnten.

Die von SMIT (21) angegebene Apparatur erlaubt es nicht, Reinheitsbestimmungen an Substanzen vorzunehmen, die unterhalb der Raumtemperatur schmelzen. Die Wärmezufuhr durch das Meßthermometer und den Schaft des Meßgefäßes ist dann so groß, daß es nicht mehr gelingt, die Substanz unter kontrollierten Bedingungen langsam genug aufzuschmelzen. Da nun aber sehr viele organische Substanzen unterhalb Raumtemperatur schmelzen, ist es für solche Fälle wünschenswert, die Apparatur nach SMIT geeignet abzuändern.

Das geschieht in einer Anordnung nach BRUNKEN (50), wie sie Abb. 19a zeigt. Die Substanz befindet sich in dem 0,5 mm weiten Ringspalt eines Kupfergefäßes (Abb. 19b), das axial einen hochohmigen Pt-Meßwiderstand als Temperaturfühler enthält. Gase und Flüssigkeiten mit genügend hohem Dampfdruck bei Raumtemperatur werden durch eine Neusilberkapillare in dieses Meßgefäß einkondensiert. Für Flüssigkeiten mit geringem Dampfdruck kann dieses Meßgefäß gegen ein zweites (Abb. 19c) ausgetauscht werden, das bei Raumtemperatur außerhalb der Apparatur gefüllt und verschlossen wird. Das Probegefäß ist von einem heizbaren Aluminiumblock umgeben, von dem Wärme durch Strahlung auf das Kupfergefäß mit der Probe übertragen wird. Die Temperaturdifferenz zwischen Kupfergefäß und Block wird mit einem

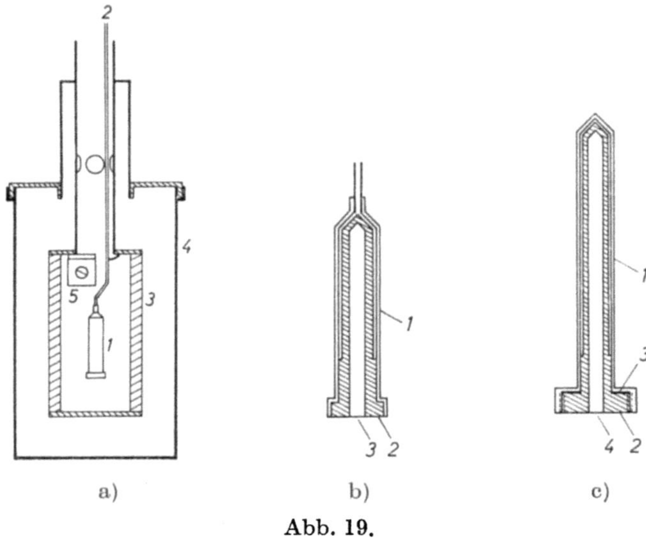

Abb. 19.

a). Innenteil der Anordnung nach BRUNKEN (50).
1 Kalorimetergefäß
2 Neusilberkapillare
3 heizbarer Al-Block
4 Vakuumkammer
5 Abschirmvorrichtung für die Wärmezufuhr durch die elektrischen Zuleitungen

b) Kalorimetergefäß zum Einkondensieren von Gasen
1 Außenteil
2 einlötbares Innenteil (schraffiert), Spaltweite: 0,5 mm, Spaltlänge: 20 mm
3 Bohrung für $100\,\Omega$-Pt-Meßwiderstand (Degussa, Hanau)

c) Kalorimetergefäß zum Einfüllen von tiefschmelzenden Flüssigkeiten
1 Außenteil
2 einschraubbares Innenteil (schraffiert), Spaltweite: 0,5 mm, Spaltlänge: 48 mm
3 Golddichtung
4 Bohrung für $500\,\Omega$-Pt-Meßwiderstand (Degussa, Hanau)

Differentialthermoelement gemessen und mit einem Photozellenregler konstant gehalten. Durch diese Temperaturdifferenz wird die Aufheizgeschwindigkeit der Probe vorgegeben.

Diese Anordnung befindet sich innerhalb einer Vakuumkammer in einem Kühlbad. Das Halsrohr der Vakuumkammer taucht selbst in das Kühlbad. Es bleibt noch der Wärmefluß durch die Neusilberkapillare und die elektrischen Zuleitungen zum Pt-Meßwiderstand, zu den Thermoelementen und zur Heizung. Die Neusilberkapillare ist mit einem starken Kupferdraht an den Deckel des Aluminiumblocks thermisch gekoppelt. Durch eine einfache Vorrichtung wird erreicht, daß auch der Wärmefluß durch die Zuleitungsdrähte für Pt-Meßwiderstand und Thermoelement an den Aluminiumblock mit seiner großen Wärmekapazität abgeleitet wird. Zu diesem Zweck werden die Drähte einzeln an 1 mm starke 12 × 12 mm-Kupferplättchen gelötet und diese, durch 0,1 mm starke Teflonfolien elektrisch voneinander isoliert, aufeinandergepreßt. Dieses Paket ist an den Deckel des Aluminiumblocks angeschraubt. Dank der großen Wärmeübergangsfläche der Kupferplättchen und der geringen Stärke der Teflonfolien ist der Wärmeübergang zwischen den Kupferplättchen, d. h. also von den Zuleitungsdrähten zum Aluminiumblock, hinreichend groß.

Bei belüfteter Kammer wird das Probegefäß mit dem Aluminiumblock schnell auf eine Temperatur abgekühlt, bei der die Substanz bequem einkondensiert werden kann. Während des Einkondensierens wird die Heizung des Aluminiumblocks so eingestellt, daß die Temperatur etwa konstant bleibt. Wenn das Probegefäß vollständig gefüllt ist, wird die Vakuumkammer evakuiert und die Probe langsam eingefroren, wobei die Temperaturdifferenz zwischen Block und Probe dem Betrage nach den gleichen Wert wie beim Aufschmelzen hat. Auf diese Weise wird erreicht, daß die Probe mit der gleichen Geschwindigkeit eingefroren wird, mit der sie auch wieder aufgeschmolzen wird (vgl. Regel von SMIT, S. 17). Je nach Schmelztemperatur kann ein geeignetes Kühlbad verwendet werden. Mit der Apparatur nach BRUNKEN können noch Schmelzkurven von Substanzen mit Schmelzpunkten von etwa 75 °K aufgenommen werden, wenn ein Kryostat nach JUSTI (51) verwendet wird. Mit diesem Thermostaten werden 50 °K erreicht, indem flüssige Luft, deren Zusammensetzung ziemlich genau dem Eutektikum $N_2 - O_2$ entspricht, abgepumpt wird; bei 1,2 Torr wird der Quadrupelpunkt mit 50,1 °K erreicht.

Ein weiterer Vorteil der Apparatur nach BRUNKEN (50) ist, daß die Wärmekapazität des Meßgefäßes durch Wägung bestimmt und somit die Schmelzenthalpie $\Delta H_1^{\cdot}$ auf etwa $\pm 10\ \%$ genau abgeschätzt werden kann.

Eine im Prinzip ähnliche Anordnung stammt von GUNN (52). Nur wird hier nicht die Temperaturdifferenz zwischen Probegefäß und Heizblock konstant gehalten, sondern eine konstante Aufheizgeschwindigkeit des Heizblocks vorgegeben. Sobald die Substanz im Probegefäß schmilzt, vergrößert sich ständig die Temperaturdifferenz zum Block. Dementsprechend ist der Wärmestrom zur Probe nicht konstant und die Auswertung der Schmelzkurve andersartig, vgl. (52).

Smit und Kateman (35) entwickelten eine automatische Apparatur für die Filmmethode mit einer Empfindlichkeit von 0,001 °C bei einem überstrichenen Temperaturbereich von 0,2 °C. An Substanz werden 500 mg benötigt. Die Apparatur eignet sich für Stoffe mit Schmelztemperaturen von 200 °C bis unterhalb 0 °C.

Handley (26) beschreibt eine statische Differentialmethode, die als Reinheitsprüfung im Industrie-Laboratorium sehr gut geeignet ist.

1.3322 Rührmethode

Den experimentellen Aufbau für die Rührmethode zeigt schematisch die Abb. 20. Die Substanzmengen sind hier unvermeidbar größer, man benötigt 30 bis 60 cm³. Die flüssige Substanz wird unter Rühren anfangs schnell, bei Erreichen der Schmelztemperatur langsam abgekühlt, indem man den Mantel des doppelwandigen Gefäßes zuerst mit dem gut wärmeleitenden Wasserstoff füllt, ihn dann aber auf 10^{-4} Torr evakuiert. Die Temperatur des Kühlbades soll möglichst tief liegen (flüssiger Stickstoff), damit die Temperaturänderungen der Substanz während des eigentlichen Experiments, verglichen mit der Temperaturdifferenz zum Kühlbad, möglichst gering sind. Trotzdem wird die Temperaturdifferenz zum Kühlbad während der Abkühlung der Substanz kleiner und dementsprechend verlangsamt sich die Abkühl- bzw. Kristallisationsgeschwindigkeit. In derselben Richtung wirkt die Verschlechterung des Wärmedurchgangs infolge des Anwachsens von fester Substanz auf der Gefäßwand und infolge der Volumenabnahme beim Kristallisieren. Roper (36) empfahl deshalb, das Probegefäß mit einem Kupfermantel zu versehen und dessen Temperatur in demselben Maß zu senken, wie sich die Substanz abkühlt. Dies ist aber bei Tieftemperaturbädern (flüssiger Stickstoff, Aceton/Trockeneis) nicht leicht ausführbar.

Die notwendige Umformung der Temperatur/Zeit-Kurve in eine Temperatur/Enthalpie-Kurve wird durch diese Umstände erschwert. Unangenehmer wirkt sich hier aber noch der Effekt der Rührwärme aus. Solange die Substanz flüssig ist, bleibt die Rührwärme praktisch konstant. Wenn aber mehr und mehr feste Substanz auskristallisiert, arbeitet der Rührer immer schwerer und verbraucht mehr Energie als vorher, was eine effektive Verkleinerung der Kristallisationsgeschwindigkeit bedeutet.

Bei der Aufnahme von Abkühlkurven beginnt die Substanz häufig erst nach einer Unterkühlung zu kristal-

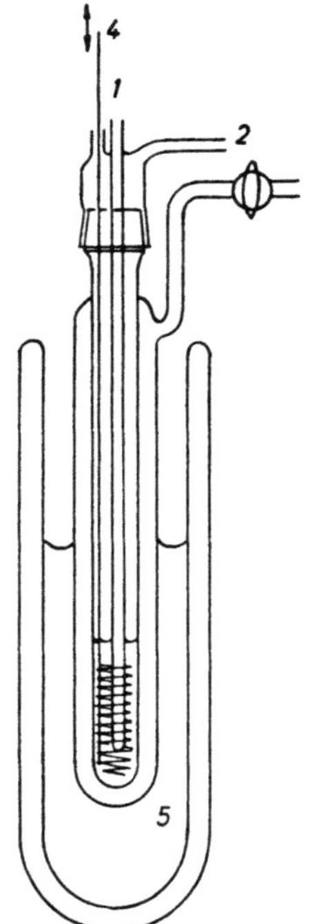

Abb. 20. Experimentelle Anordnung für die Rührmethode.
1 Schutzrohr für Temperaturfühler
2 Rohr zum Einleiten trockener Luft
3 Vakuumanschluß für das Doppelmantelgefäß
4 Hubrührer
5 Kühlbad

lisieren, vgl. Abb. 4. Dadurch kann T^* nur durch Extrapolation ermittelt werden. Man erreicht eine Verminderung der Unterkühlung durch Einführung eines mit flüssigem Stickstoff gekühlten Drahtes in die Substanz; die lokale, sehr starke Abkühlung löst dann die Kristallisation aus. Viele Stoffe haben die Tendenz, bei der Kristallisation als Schicht auf der Gefäßwand aufzuwachsen. Der Rührer muß so gebaut sein, daß er diese Schicht abkratzt und die Kristalle mit der Flüssigkeit in innige Berührung bringt. Durch diese Maßnahmen und durch eine genügend langsame Abkühlung erreicht man die Einstellung des thermischen Gleichgewichts innerhalb der Meßgenauigkeit.

In den meisten Fällen wird aber auch bei der Rührmethode die Aufheizkurve zur Auswertung mit herangezogen. Man kühlt ab, bis der Rührer im Kristallbrei stehen bleibt, wechselt das Kühlbad gegen ein Heizbad aus und verfolgt den Auftauvorgang. Vom thermodynamischen Standpunkt aus gesehen sollte es gleichgültig sein, ob man eine Heizkurve oder eine Kühlkurve für die Reinheitsbestimmung aufnimmt. Aus verständlichen Gründen ist die Einstellung des thermischen Gleichgewichts jedoch bei langsamem Aufheizen eher gegeben als bei langsamer Abkühlung. SMIT (21; 30) schlägt deshalb vor, Kühlkurven als Reinheitskriterium nicht mehr zu verwenden.

Wenn die Geschwindigkeit des Wärmeentzugs und die Schmelzenthalpie der Substanz unbekannt sind, muß die Kühlkurve bis zum Festwerden der gesamten Substanz und darüber hinaus gemessen werden. Dies ist notwendig, um die gesamte Zeit bzw. Wärmemenge für das Kristallisieren der Substanz bestimmen zu können. Der Rührer muß natürlich während des letzten Teils der Kühlkurve stillgesetzt werden; die Erfahrung zeigt, daß der Rührer bis $f \approx 0,6$ arbeiten kann. In günstigen Fällen kann man also bei Kühlkurven thermodynamisches Gleichgewicht erhalten von $f = 1$ bis $f \approx 0,6$. Der Rest der Kühlkurve bei stillgesetztem Rührer darf nicht zu einer Berechnung der Reinheit nach Gl. [1,13] benutzt werden, sondern nur zur Abschätzung von $\Delta H_1{}^\cdot$ und zur Bestimmung der Gesamtzeit für die Kristallisation. BARNARD-SMITH und WHITE (26) ermitteln die kryoskopische Konstante mit Hilfe einer Apparatur nach Abb. 20, die für den speziellen Zweck etwas abgeändert wurde.

Die einfachste Rührerkonstruktion ist eine Wendel aus starkem Stahldraht, die etwas kürzer als die Füllhöhe sein soll. Zur Ausübung einer schabenden Wirkung verwendet man Blechringe, die von der Wendel gehalten werden. Der äußere Durchmesser der Blechringe ist etwa 2 mm kleiner als der Innendurchmesser des Gefäßes. Normalerweise werden Hubrührer verwendet, wobei der Rührer nicht über die Flüssigkeitsoberfläche hinaus gehoben werden soll. Hubfrequenz: 60 bis 200 Hübe/min [Literatur über Hubrührer siehe (16; 31; 37; 38)]. In Sonderfällen erwiesen sich Hubrührer als ungeeignet und mußten durch rotierende Blattrührer ersetzt werden [siehe CRAWFORD und HARBOURN (39)]. HERINGTON und HANDLEY (40) beschreiben eine Apparatur, bei der sich die Substanz in einem U-Rohr befindet und durch einen pulsierenden Gasdruck hin- und herbewegt wird.

ROSSINI und Mitarb. (31; 32) gehen bei der Auswertung der Temperatur/Zeit-Kurve so vor, daß sie bestimmte Korrekturen an der Temperatur/Zeit-Kurve anbringen. Übersichtlicher ist es aber, die Temperatur/Zeit-Kurve in eine Temperatur/Enthalpie-Kurve umzuformen und diese dann in der schon erwähnten Weise zur Bestimmung der Reinheit auszuwerten; die Voraussetzungen sind beide Male dieselben. Im einzelnen wären folgende Effekte zu berücksichtigen [ROSSINI (31)]:

1. Änderung der Temperaturdifferenz zwischen Substanz und Kühlbad,
2. a) Rührwärme,
   b) Inkonstanz der Rührwärme,
3. Ungleichförmige Temperaturverteilung in der Substanz nach Stillsetzen des Rührers,
4. Volumenänderung bei der Kristallisation,
5. Anwachsen fester Substanz auf der Wand,
6. Unvollständige Kristallisation,
7. Unterschied der Schmelzenthalpien von Stoff 1 (reine Substanz) und Stoff 2 (Verunreinigung),
8. Einschluß der Verunreinigung beim Kristallisieren.

Die Effekte 1 und 2a lassen sich bei der Auswertung berücksichtigen. Die Auswirkungen von 2b, 3, 4, 5, 6 und 8 müssen durch geeignete experimentelle Anordnungen gering gehalten werden. Der Effekt 7 ist durch die Art der Substanz bedingt.

Zu 2b: Während der Kristallisation nimmt die Rührwärme zu. Eine Korrektur mit konstanter Rührwärme ist daher zu klein. Der Beitrag der Rührwärme zur gesamten Wärmeübertragung soll daher nicht mehr als einige Prozente betragen.

Zu 3: Nach Stillsetzen des Rührers kühlt sich die Wandpartie der Substanz schneller ab als das Innere; das Thermometer zeigt also eine zu hohe Temperatur an. Gegenmaßnahmen: a) Rührer mit radial wärmeleitenden Flächen versehen, b) Wärmedurchgangzahl des Doppelmantelgefäßes klein machen im Vergleich zur Wärmeleitzahl der Substanz.

Zu 4: Normalerweise nimmt das Volumen organischer Stoffe bei der Kristallisation ab. Dadurch wird die wärmeübertragende Fläche kleiner und dementsprechend die Abkühlungsgeschwindigkeit langsamer. Gegenmaßnahmen: a) Einbringen eines gut wärmeleitenden Stückes Rohr geringer Wandstärke auf der Innenwand des Gefäßes, dessen oberes Ende über dem Spiegel der flüssigen Substanz und unter dem Spiegel des Kühlbades steht, b) Wärmedurchgangzahl des Doppelmantelgefäßes klein machen im Vergleich zur Wärmeleitzahl in der inneren Glaswand.

Zu 5: Das Anwachsen fester Substanz auf der inneren Wand verkleinert den Wärmedurchgang vom Inneren des Gefäßes zum Kühlbad. Gegenmaßnahmen: Rührer mit schabenden Flächen versehen.

Zu 6: Unvollständige Kristallisation kann eintreten, wenn $x_2{}^*$ groß ist, wenn $\Delta H_1{}^\bullet$ klein ist, wenn die Verunreinigung einen sehr niedrigen Schmelzpunkt hat, oder wenn eine größere Zahl verschiedener Stoffe die Verunreinigung bildet. Gegenmaßnahmen: Messung der Kühlkurve bis zu 75° unter den Schmelzpunkt der Substanz.

Zu 8: Der Einschluß von Verunreinigung in den Kristallen bewirkt eine Verarmung der restlichen Flüssigkeit an Verunreinigung und liefert daher zu hohe Gleichgewichtstemperaturen und zu große Reinheiten.

Die im folgenden dargestellte Auswertungsmethode berücksichtigt die Effekte 1 und 2a. Die Temperatur der Substanz sei homogen und gleich der des Thermometers. Der Wärmeverlust der Substanz im Zeitelement dt ist

$$dQ = -kF(T - T_K)dt + \dot{Q}_R \cdot dt. \qquad [1,20]$$

Hierbei sind:

$\quad k$ = Wärmedurchgangszahl für den Wärmedurchgang vom Kühlbad zur Substanz [cal cm^{-2} sek^{-1} Grad^{-1}],

$\quad F$ = Fläche für den Wärmedurchgang [cm^2],

$\quad T$ = Gleichgewichtstemperatur der Substanz,

$\quad T_K$ = Temperatur des Kühlbades,

$\quad \dot{Q}_R$ = in der Zeiteinheit zugeführte Rührwärme [cal sek^{-1}].

Infolge des Wärmeverlustes dQ kühlt sich die Substanz um dT Grad ab

$$dQ = (c \cdot m + C)dT, \qquad [1.21]$$

wobei gelten soll:

$\quad c$ = spezifische Wärme der Substanz,

$\quad m$ = Masse der Substanz,

$\quad C$ = Wärmekapazität von Rührer und Gefäß.

Das Produkt $c \cdot m$ macht bei den normalen Anordnungen (40 bis 60 cm^3 Substanz) etwa 80% der gesamten Wärmekapazität aus. Die Kombination von Gl. [1,20] und Gl. [1,21] liefert eine Gleichung für die Abkühlung der Substanz als Funktion der Zeit:

$$\frac{dT}{dt} = \frac{-k \cdot FT(-T_K) + \dot{Q}_R}{c \cdot m + C} = -K(T - T_g). \qquad [1,22]$$

Hierbei ist

$$T_g = T_K + \frac{\dot{Q}_R}{kF}$$

diejenige Temperatur, bei der $\dfrac{dT}{dt} = 0$ wird, und es ist

$$K = \frac{k \cdot F}{c \cdot m + C}.$$

Die Integration der Gl. [1,22] liefert mit der Anfangsbedingung $T(t_0) = T_0$:

$$(T - T_g) = (T_0 - T_g) \exp[-K(t - t_0)], \qquad [1,22\,a]$$

oder für $\dot{Q}_R = 0$ bzw. $\dot{Q}_R \ll kF(T - T_K)$

$$(T - T_K) = (T_0 - T_K) \exp[-K(t - t_0)]. \qquad [1,22\,b]$$

Die gemessene Temperatur/Zeit-Kurve (Abb. 21) soll nun in eine Temperatur/ Enthalpie-Kurve umgewandelt werden. In Abb. 21 stellt AB den Abkühlungsast der flüssigen Substanz dar, bei C beginnt die Kristallisation nach vorheriger Unterkühlung, bei D sind feste und flüssige Phase im Gleichgewicht,

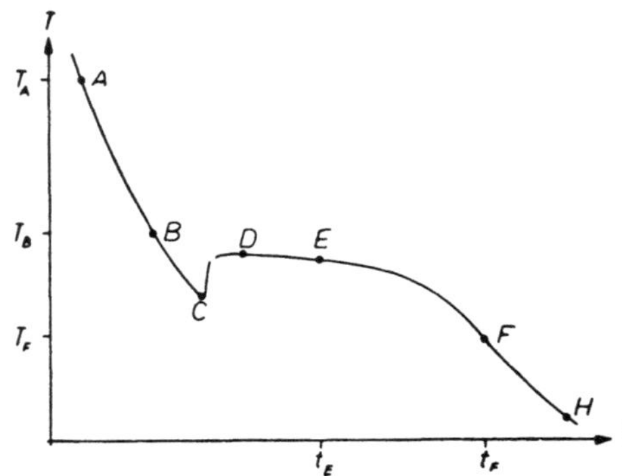

Abb. 21. Temperatur/Zeit-Kurve (Kühlkurve).

ABC ist der Abkühlungsast der Flüssigkeit, FH derjenige der festen Substanz. Bei C begann die Kristallisation nach vorheriger Unterkühlung, bei D hat sich die Substanz von der Unterkühlung erholt, und feste und flüssige Phase befinden sich im thermodynamischen Gleichgewicht. Punkt E markiert das Stillsetzen des Rührers, bei F ist die gesamte Substanz fest geworden.

bei E wird der Rührer stillgesetzt, bei F ist die gesamte Substanz fest geworden, und FH ist der Abkühlungsast der festen Substanz. Bei A ist die Geschwindigkeit des Wärmeentzugs gemäß [1,20]

$$\left(\frac{dQ}{dt}\right)_A = -kF(T_A - T_K) + \dot{Q}_R = \dot{Q}_A.$$

Für einen beliebigen Punkt der Temperatur/Zeit-Kurve gilt

$$\left(\frac{dQ}{dt}\right) = -kF(T - T_K) + \dot{Q}_R = \dot{Q}.$$

Damit erhält man für Zeiten kleiner als t_E und bei Berücksichtigung der Rührwärme

$$\dot{Q} = \dot{Q}_A \frac{T - T_g}{T_A - T_g} \qquad [1,23\,a]$$

und für Zeiten größer als t_E ($\dot{Q}_R = 0$) bzw. ohne Berücksichtigung der Rührwärme [$\dot{Q}_R \ll kF(T - T_K)$] ergibt sich

$$\dot{Q} = \dot{Q}_A \frac{T - T_K}{T_A - T_K}. \qquad [1,23\,b]$$

Der Wert von $\dot{Q}_A$ wird durch Eichung ermittelt, wobei darauf geachtet werden muß, daß im Eichexperiment und im eigentlichen Versuch die gleichen Verhältnisse bezüglich k, F und $\dot{Q}_R$ herrschen (Druck und Gasart im Vakuummantel, Füllhöhe, Temperatur, Viskosität und dgl.). Die Rührwärme ergibt sich aus der Differenz der Geschwindigkeiten des Wärmeentzugs mit und ohne Rührung, das Produkt $k \cdot F$ aus dem Experiment ohne Rührung. Nach Gl. [1,23] kann man dann für jeden Punkt der Temperatur/Zeit-Kurve die $\dot{Q}$-Werte angeben. Nun unterteilt man die Zeitachse in Zeitdifferenzen $\Delta t = t_2 - t_1$, die so zu wählen sind, daß innerhalb der zugehörigen Temperaturdifferenzen

$\Delta T = T_2 - T_1$ die Änderung von $\dot{Q}$ im Rahmen der Meßgenauigkeit vernachlässigt werden kann, z. B.

$$\frac{\Delta T}{T - T_g} \leqslant 0{,}01\,.$$

Die mittlere Temperatur in einem solchen Intervall (vgl. Abb. 22) ist

$$\bar{T} = \frac{1}{2}\,(T_2 + T_1)\,;$$

sie dient zur Berechnung eines mittleren $\dot{Q}$ nach Gl. [1,23]. Die so erhaltenen $\dot{Q}$-Werte werden mit den entsprechenden Zeitdifferenzen Δt multipliziert und liefern Enthalpiedifferenzen ΔQ,

$$\Delta Q = \dot{Q}\Delta t = \dot{Q}_A \frac{\bar{T} - T_g}{T_A - T_g} \cdot \Delta t\,. \tag{1,24}$$

Von Punkt A ausgehend kann so die Zeitachse in eine Enthalpieachse umgeformt werden; siehe Abb. 22. Die Auswertung des Temperatur/Enthalpie-

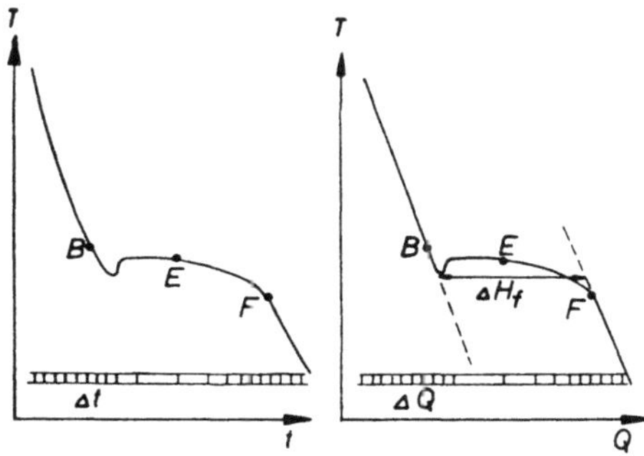

Abb. 22. Umformung der Temperatur/Zeit-Kurve in eine Temperatur/Enthalpie-Kurve zur Bestimmung von $\Delta H_1^{\cdot}$. – Zur Ermittlung des T-$1/f$-Diagramms wird der Kurventeil BE mit kleineren Δt- bzw. ΔQ-Werten gesondert umgeformt, so daß aus einem genügend großen T-Q-Diagramm Wertepaare von T und f entnommen werden können.

Diagramms erfolgt in der schon früher beschriebenen Weise (siehe S. 11 bis 13; Berechnung von $\Delta H_1^{\cdot}$, T^* und $T_1^{\cdot}$).

Wenn die Rührwärme vernachlässigt werden kann, genügt Gl. [1,23b] für die Auswertung. Kennt man in diesem Fall $\Delta H_1^{\cdot}$, so braucht $\dot{Q}_A$ nicht numerisch bekannt zu sein, um x_2^* zu berechnen. Die Werte der Enthalpieachse sind dann nur bis auf einen konstanten Faktor bekannt; dies genügt aber für die Ermittlung der f-Werte.

Schließlich kann der glückliche Umstand eintreten, daß $\dot{Q}_A$ und $\Delta H_1^{\cdot}$ bekannt sind. Dann braucht man die Kühl- oder besser die Aufheizkurve nur von $ABCD$ bis E oder von $EDCB$ bis A zu bestimmen. Zur Auswertung benutzt man jetzt nur den ersten Teil der Temperatur/Enthalpie-Kurve, der ja gerade bei dieser Methode am ehesten als Gleichgewichtskurve angesprochen werden kann.

Die Bestimmung des Endpunktes der Kristallisation F nimmt man entweder im Temperatur/Enthalpie-Diagramm oder nach ROSSINI (31) im log T/Zeit-Diagramm vor (siehe Abb. 23; vgl. Gl. [1,22]). Punkte zwischen E und F (Abb. 21) werden schwerlich Gleichgewichtswerte darstellen; sie sollen für eine

Auswertung gemäß Gl. (1,15a) nicht benutzt werden. Andererseits muß dann der Kurvenverlauf von $BCDE$ sehr genau gemessen werden. Rossini (31) erwähnt zur Illustration dieses Sachverhalts ein Beispiel, bei dem

$$\Delta H_1^{\cdot}/RT_1^{\cdot 2} = 0{,}0333 \quad \text{und} \quad f = 0{,}75$$

ist. Tab. 4 enthält zusammengehörige Werte von $T^* - T_{0,75}$ und x_2^*.

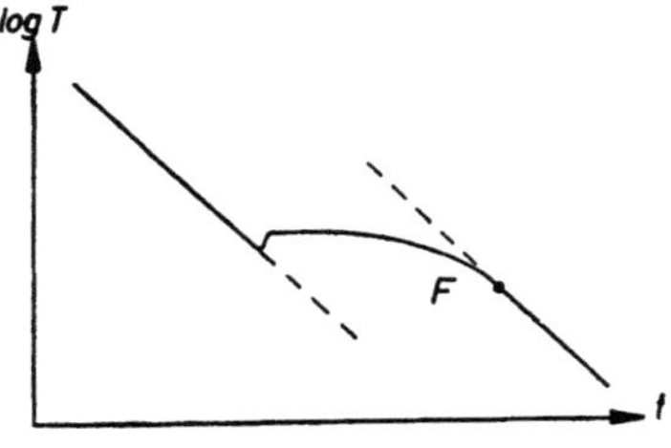

Abb. 23. Log T-Zeit-Diagramm einer Kühlkurve zur Ermittlung von F, vgl. Abb. 21.

Tab. 4.

$T^* - T_{0,75}$	x_2^*
0,01	0,001
0,001	0,0001
0,0001	0,00001

Die Bestimmung extrem großer Reinheiten hängt also wesentlich von der präzisen Temperaturmessung ab (Widerstandsthermometer). Dies gilt natürlich auch für die anderen kryoskopischen Reinheitsbestimmungen. Die Unsicherheit der Rossinischen Messungen (31) an Kohlenwasserstoffen mit Verunreinigungen von $x_2^* = 0{,}005$ bis 0,1 betrug etwa 10% von x_2^*. Tab. 5 enthält Ergebnisse von Experimenten zur Prüfung des Verfahrens nach Rossini (31). Abb. 24 und 25 zeigen eine typische Abkühl- und Aufheizkurve nach der Methode von Rossini (16).

Bei der Präzisionsbestimmung von Schmelzpunkten $(T_1^{\cdot})$ muß die Gaslöslichkeit (N_2 und O_2, oder He als Schutzgas) beachtet werden. Diese Schwierigkeit wird umgangen, wenn man die Methode als Tripelpunktsmessung ausführt (also $P = $ Sättigungsdampfdruck der Substanz); vgl. Rossini (16) und

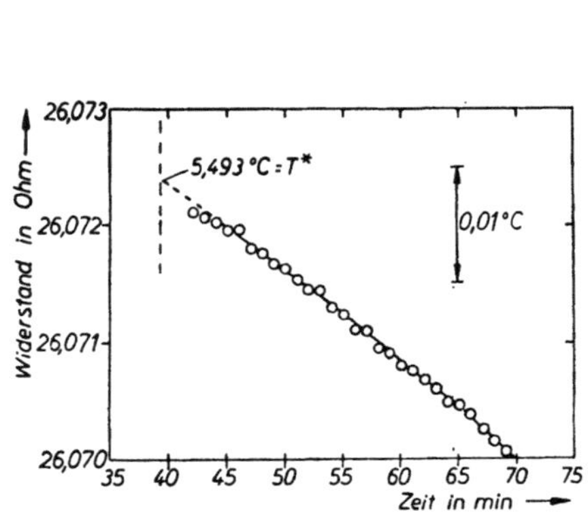

Abb. 24. Kühlkurve für Benzol nach Rossini (16). – Extrapolation von T^*.

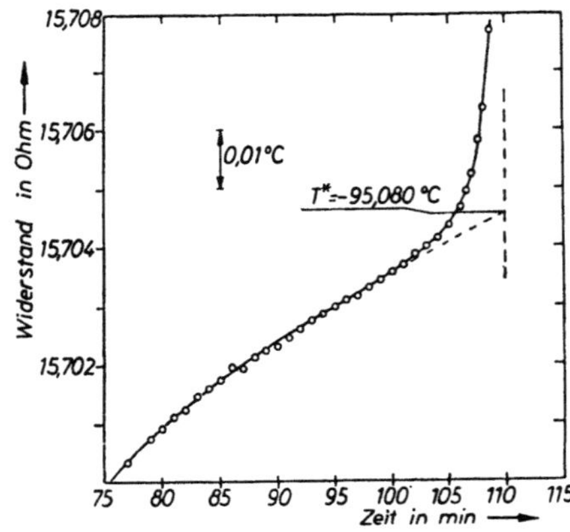

Abb. 25. Aufheizkurve für Äthylbenzol nach Rossini (16). – Extrapolation von T^*.

PILCHER (26). Eine kryoskopische Methode der Reinheitsbestimmung für leicht zersetzliche bzw. hoch reaktionsfähige Stoffe (z. B. $TiCl_4$) beschreiben GLASGOW und TENENBAUM (41).

Tab. 5. Prüfung des Verfahrens zur Reinheitsbestimmung nach ROSSINI (31)

Stoff	zugesetzter Stoff	x_2* eingewogen	x_1* gefunden	Fehler %
2-2-4-Trimetylpentan	—	—	(0,0018)	—
,,	n-Heptan	0,0113	0,0111	− 1,8
,,	,,	0,0113	0,0117	+ 1,5
,,	Methylzyklohexan	0,0266	0,0286	+ 7,0
,,	,,	0,0266	0,0261	− 1,9
,,	,,	0,0727	0,0726	− 0,1
,,	,,	0,1147	0,0935	− 14,1
Toluol	—	—	(0,0005)	—
,,	m-Xylol	0,0126	0,0121	− 4,0

1.4 Reinigung mit gleichzeitiger Reinheitsbestimmung

Eine interessante Weiterentwicklung des dynamischen Verfahrens der Rührmethode hat KIENITZ (38) angegeben. Die großen, benötigten Substanzmengen sind nun nicht mehr nachteilig, sondern ermöglichen eine Reinigung der Substanz bei gleichzeitiger Messung des Erfolges der Reinigungsoperationen. Abb. 26 zeigt die von KIENITZ verwendete Apparatur. Der wesentliche Unterschied gegenüber der normalen Anordnung für die Rührmethode liegt in der Anbringung einer Fritte als Filtrationsvorrichtung am Boden des Gefäßes. Nach KIENITZ läßt man die Substanz zu 50 bis 70% fest werden und saugt dann die restliche Flüssigkeit durch die vorgeheizte Fritte ab. Die Kristalle

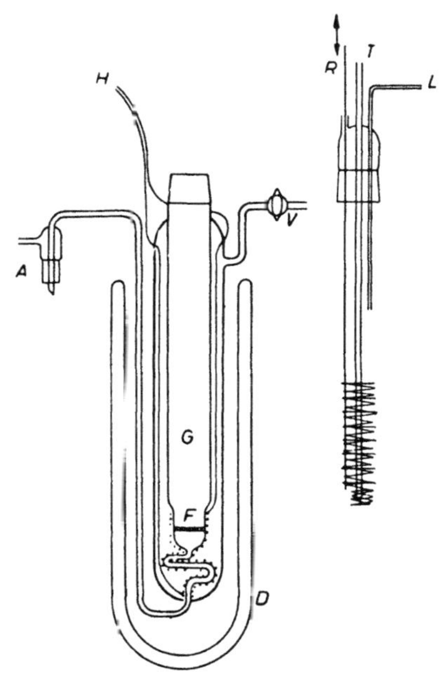

Abb. 26. Apparatur nach KIENITZ (38) zur Reinigung und gleichzeitigen Reinheitsbestimmung. − *G* Doppelmantelgefäß, *F* Fritte, *H* Heizung, *V* Anschluß an Vakuum bzw. H_2, N_2, *A* Absaugvorrichtung für Flüssigkeit (enges Rohr), *R* Hubrührer, *T* Schutzrohr für Widerstandsthermometer, *L* Rohr zum Einleiten trockener Luft, *D* Dewargefäß.

werden aufgeschmolzen und können nochmals diesem Reinigungsverfahren unterworfen werden *). Die jeweils gemessene Temperatur des Phasengleichgewichts gibt Aufschluß über den Fortgang der Reinigung und über den erreichten Reinheitsgrad. Durch drei bis viermalige Kristallisation (jeweils etwa 1 Stunde) läßt sich in kurzer Zeit eine Substanz mit Verunreinigungen von 10 bis 20 Mol-% auf eine Reinheit von über 99 Mol-% bringen.

Tab. 6 enthält Daten über die Reinigung von Pyridin nach dem Verfahren von KIENITZ (38).

Tab. 6. Reinigung von Pyridin, nach dem Verfahren von KIENITZ (38)

Substanz	$T\ °C$	$x_2{}^*$
Ausgangsprobe	− 42,54	0,0160
Kristalle, 1. Kristallisation	− 42,25	0,0108
„ 2. „	− 41,80	0,0026
„ 3. „	− 41,72	0,0010
Restflüssigkeit, 1. Kristallisation	− 43,46	0,0326

1.5 Literatur zu Abschnitt 1

1. TIMMERMANS, J., Chem. Species (New York, 1940).
2. WEISSBERGER, A., PROSKAUER, E. S., RIDDICK, J. A. und E. E. TOOPS, Technique of Organic Chemistry, Vol. 7 (New York, 1955).
3. AMBROSE, D., Nature 171, 902 (1953).
4. BARNES, R. B., EYRING, H., WEBB, T. J., MARK, H. und F. D. ROSSINI, Anal. Chem. 20, 96 (1948).
5. SKAU, E. L., Proc. Amer. Acad. Arts Sci. 67, 551 (1953).
6. SWIETOSLAWSKI, W., Ebulliometric Measurements (New York, 1945).
7. TIMMERMANS, J., Physico-Chemical Constants of Pure Organic Compounds (New York, 1950).
8. WHITE, W. P., J. Phys. Chem. 24, 393 (1920).
9. TUNNICLIFF, D. D. und H. STONE, Anal. Chem. 27, 73 (1955).
10. MATHIEU, M. P., Recherches Expérimentales sur quelques étalons météorologiques. — Mém. Acad. Royale Belg. 28, Nr. 1639 (1953).
11. CARLETON, T. L., Anal. Chem. 27, 845 (1955).
12. STRAUB, J. und R. N. M. A. MALOTAUX, Rec. Trav. Chim. 52, 275 (1933).
13. STRAUB, J. und R. N. M. A. MALOTAUX, Rec. Trav. Chim. 53, 128 (1934).
14. SMITTENBERG, J., HOOG, H. und R. A. HENKES, J. Amer. Chem. Soc. 60, 17 (1938).
15. KROUSKOP, N. C., PILCHER, G. und A. J. STREIFF, Anal. Chem. 27, 107 (1955).
16. ROSSINI, F. D., MAIR, B. J. und A. J. STREIFF, Hydrocarbons from Petroleum (New York, 1953).
17. FINK, H. L., CINES, M. R., FREY, F. E. und J. G. ASTON, J. Amer. Chem. Soc. 69, 1501 (1947).
18. MASTRANGELO, S. V. R. und R. W. DORNTE, J. Amer. Chem. Soc. 77, 6200 (1955).
19. MASTRANGELO, S. V. R. und R. W. DORNTE, Anal. Chem. 29, 794 (1957).

*) Vgl. auch das Verfahren des einfachen Erstarrens, S. 41.

20. Schwab, F. W. und E. Wichers, Kapitel 2.7 in: Temperature, its Measurement and Control in Science and Industry (New York, 1941).
21. Smit, W. M., IUPAC-Report „Melting Curves as Criteria for Purity" (Zürich, 1955). Siehe auch Zitat (34).
22. Denbigh, K., Prinzipien des chemischen Gleichgewichts (Darmstadt, 1959).
23. Badley, J. H., J. Phys. Chem. **63**, 1991 (1959).
24. Ruehrwein, R. A. und H. M. Huffman, J. Amer. Chem. Soc. **65**, 1620 (1943).
25. Aston, J. G., Fink, H. L., Tooke, J. W. und M. R. Cines, Anal. Chem. **19**, 218 (1947).
26. Smit, W. M., „Purity Control by Thermal Analysis", Proceedings of the International Symposium on Purity Control by Thermal Analysis, (Amsterdam, 1957).
27. Tunnicliff, D. D. und J. H. Badley, Rev. Sci. Instr. **31**, 953 (1960).
28. Mastrangelo, S. V. R., Anal. Chem. **29**, 841 (1957).
29. Nelson, K. L., Anal. Chem. **29**, 512 (1957).
30. Smit, W. M., Anal. Chim. Acta **17**, 23 (1957).
31. Mair, B. J., Streiff, A. J. und F. D. Rossini, J. Res. Nat. Bur. Std. **26**, 591 (1941).
32. Mair, B. J., Streiff, A. J. und F. D. Rossini, J. Res. Nat. Bur. Std. **32**, 197 (1944).
33. Smit, W. M., Dissertation (Amsterdam, 1946).
34. Smit, W. M., Rec. Trav. Chim. **75**, 1309 (1956).
35. Smit, W. M. und G. Kateman, Anal. Chim. Acta **17**, 161 (1957).
36. Roper, E. E., J. Amer. Chem. Soc. **60**, 1693 (1938).
37. Kienitz, H. in Houben-Weyl Bd. II, S. 807—812 (Stuttgart, 1953).
38. Kienitz, H., Z. Elektrochem. **59**, 168 (1955).
39. Crawford, W. und C. L. A. Harbourn, Anal. Chem. **27**, 1449 (1955).
40. Herington, E. F. G. und R. Handley, J. Chem. Soc. **1950**, 199.
41. Glasgow jr., A. R. und M. Tenenbaum, Anal. Chem. **27**, 1907 (1956).
42. Keulemans, A. I. M., Gaschromatographie (Weinheim/Bergstr., 1959), S. 3.
43. Jost, W. und G. Schneider, Z. Elektrochem., Ber. Bunsenges. physik. Chem. **63**, 51 (1959).
44. Rexer, E., Mittbl. Chem. Ges. DDR **7**, 113 (1961).
45. Eyring, H., Anal. Chem. **20**, 98 (1948).
46. Haase, R., Thermodynamik der Mischphasen (Berlin-Göttingen-Heidelberg, 1956).
47. Van Wijk, H. F. und W. M. Smit, Anal. Chim. Acta **23**, 545 (1960).
48. Van Wijk, H. F. und W. M. Smit, Anal. Chim. Acta **24**, 41 (1961).
49. Smit, W. M., Z. Elektrochem. **66**, 779 (1962).
50. Brunken, R., Z. Physik. Chem. N. F., **39**, 160 (1963).
51. Justi, E., Z. Naturforsch. **7a**, 692 (1952).
52. Gunn, S. R., Anal. Chem. **34**, 1292 (1962).
53. Weissberger, A., Technique of Organic Chemistry, Vol. 4, Distillation (New York, 1951), S. 52—55.
54. Grein, F., DECHEMA-Monographie, Bd. 32, 183 (1959).
55. Herington, E. F. G., Zone Melting of Organic Compounds (Oxford, 1963).

2. Zonenschmelzverfahren zur Reinigung organischer Substanzen

2.1 Abkürzungen

C'' = Konzentration der Verunreinigung in der festen Phase [Mol/cm³]
C' = Konzentration der Verunreinigung in der flüssigen Phase [Mol/cm³]
C_0 = Ausgangskonzentration der Verunreinigung [Mol/cm³]
s = Menge der Verunreinigung in der flüssigen Phase [Mol]
s_0 = Gesamtmenge der Verunreinigung [Mol]
K = Verteilungsquotient = C''/C'
x = Längenkoordinate
g = relative Längenkoordinate
l = Länge der flüssigen Zone
L = Länge der stabförmigen Substanz mit konstantem Querschnitt

2.2 Grundlagen des Verfahrens

2.21 *Allgemeines*

Das Phasengleichgewicht zwischen flüssiger und fester Phase hat man schon seit langer Zeit in der Form der Kristallisation aus einem geeigneten Lösungsmittel für die Reinigung von Stoffen verwendet. Seltener wurde das einfache Erstarrenlassen ohne Lösungsmittel (aus der Schmelze) als Reinigungsmethode für eine kristallisierbare Substanz benutzt.

Das von PFANN (1) 1952 eingeführte Zonenschmelzverfahren stellt eine elegante Erweiterung des Verfahrens des einfachen Erstarrens dar. Beim einfachen Erstarren befindet sich die Substanz in flüssiger Form in einem Rohr, das langsam von einem Ende her gekühlt wird. Von diesem Ende her beginnt dann die Kristallisation; nach und nach wird immer mehr Substanz fest, bis schließlich alles erstarrt ist (vgl. Abb. 27). Sind die Verunreinigungen in der flüssigen Phase leichter löslich als in der festen Phase, so scheidet sich, zumindest während der ersten Periode des Erstarrungsvorgangs, eine feste Phase ab, die eine höhere Reinheit besitzt als die Ausgangssubstanz. Nachdem zwei Drittel der Substanz fest geworden sind, wird das letzte Drittel Flüssigkeit entfernt. Durch mehrmalige Wiederholung der Prozedur kann man kleine Mengen reiner Substanz gewinnen. Sind die Verunreinigungen in der festen Phase leichter löslich als in der flüssigen Phase, so reichern sie sich in der festen Phase an, und die flüssige Phase besitzt eine höhere Reinheit als die Ausgangssubstanz.

Abb. 27. Schema des einfachen Erstarrens; der Pfeil gibt die Wanderungsrichtung der Phasengrenzfläche an.

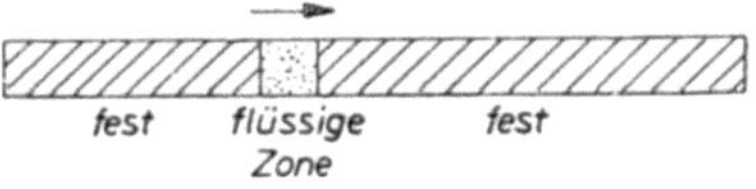

Abb. 28. Schema des Zonenschmelzens; der Pfeil gibt die Wanderungsrichtung der Zone an.

Zu Beginn des Zonenschmelzvorgangs liegt die gesamte Substanz in fester Form in einem Rohr oder Schiffchen vor. Durch eine geeignete Heizung erreicht man, daß die Substanz an einem Ende des Rohres flüssig wird. Diese flüssige „Zone" soll eine ganz bestimmte, durch die Art der Heizung definierte Länge besitzen. Durch Verschieben des Rohres oder der Heizung läßt man die Zone wandern (vgl. Abb. 28). Die Verunreinigungen sollen z. B. in der festen Phase weniger löslich sein als in der flüssigen Phase. Das hat zur Folge, daß mehrmaliges Durchziehen der Zone durch die Substanz die Verunreinigungen an das dem Beginn der Bewegung entgegengesetzte Ende des Rohres befördert.

Die Ausführung dieser Idee ist vor allem bei der Reinigung von Metallen und Halbleitern (z. B. Germanium für Transistoren) denkbar einfach. Festes Germanium befindet sich in einem Schiffchen; die flüssige Zone wird durch Beheizung mit einer schmalen HF-Induktionsspule erzeugt. Man setzt mehrere Spulen hintereinander und schiebt das Schiffchen mehrmals langsam durch die

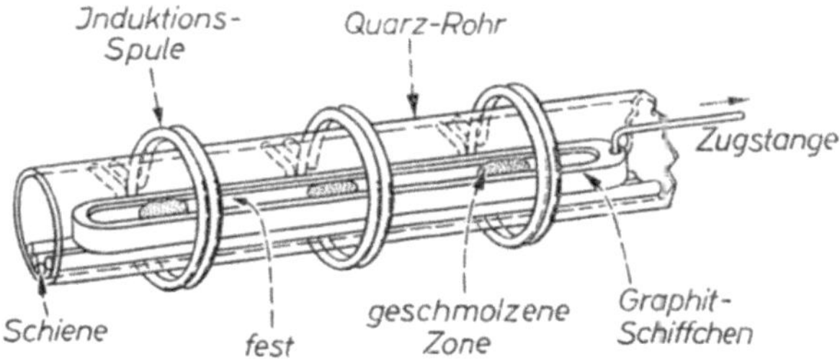

Abb. 29. Anordnung für das Zonenschmelzverfahren zur Reinigung von Germanium. [Nach HEYWANG und HENKER (35)]

Spulen (vgl. Abb. 29). In dieser Weise ist es möglich, die für Transistorwerkstoffe geforderten extrem hohen Reinheitsgrade von 1 Fremdatom auf 10^7 bis 10^9 Eigenatome zu erhalten.

Die Anwendung dieses Verfahrens auf organische Substanzen setzt nur voraus, daß diese kristallin erstarren und wiederholtes Schmelzen ohne Zersetzung vertragen. In vielen Fällen ist das Zonenschmelzen ein sehr schonendes Reinigungsverfahren (keine oder nur geringe Zersetzung) verglichen z. B. mit der Destillation.

Monographien über das Zonenschmelzen:

1. PFANN, W. G., Zone Melting (New York, 1958),
2. PARR, N. L., Zone Refining and Allied Techniques (Southampton, 1961),
3. HERINGTON, E. F. G., Zone Melting of Organic Compounds (Oxford, 1963),
4. SCHILDKNECHT, H., Zonenschmelzen (Weinheim, 1964).

2.22 Einfaches Erstarren

Das einfache Erstarren ist eine im Laboratorium nicht selten verwendete Reinigungsmethode. Man läßt die Flüssigkeit in einem Gefäß zu zwei Dritteln fest werden, entfernt die restliche Flüssigkeit und erhält in der erstarrten Substanz ein reineres Produkt als den Ausgangsstoff. Durch mehrmalige Wiederholung dieses Vorgangs wird die Reinigungswirkung sehr gesteigert.

Ob die Verunreinigung sich in der flüssigen oder festen Phase anreichert, hängt natürlich von den Gleichgewichtsverhältnissen ab (vgl. Abb. 30). Die Konzentration der Verunreinigung in der festen Phase sei C'', in der flüssigen Phase C'. Dann wird der Verteilungsquotient K definiert durch

$$C'' = K \cdot C'. \tag{2,1}$$

Gl. [2,1] gilt für eingestelltes Verteilungsgleichgewicht zwischen fester und flüssiger Phase. Der Verteilungsquotient K ist konzentrationsabhängig, kann aber für sehr kleine Konzentrationen an Verunreinigungen als konstant angesehen werden, vgl. Abb. 30.

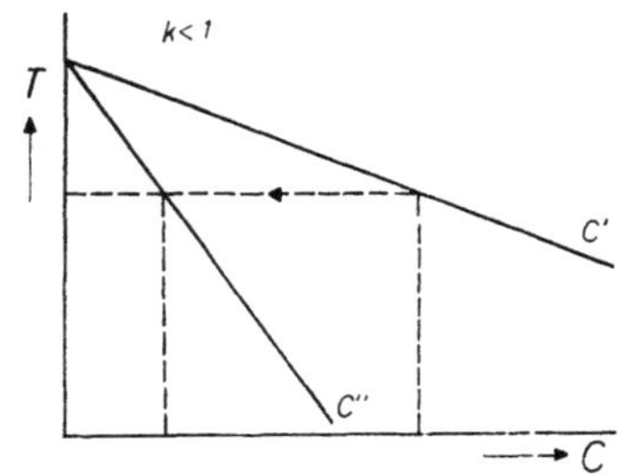

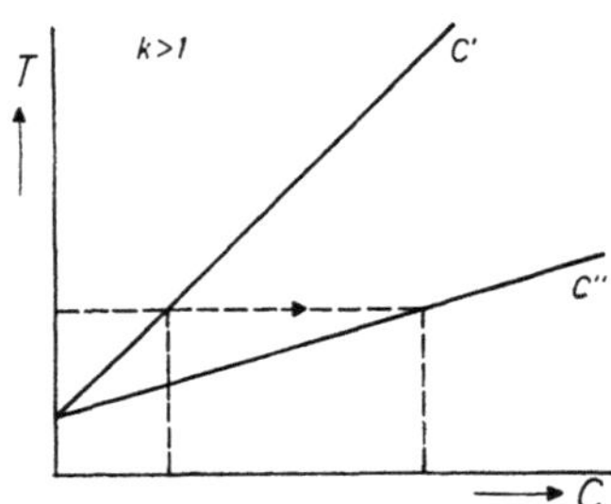

Abb. 30. Teil des Phasengleichgewichtsdiagramms für den Fall der Mischbarkeit in fester und flüssiger Phase.
$C' \triangleq$ Liquiduskurve; $C'' \triangleq$ Soliduskurve.

Im folgenden sollen die Konzentrationsverschiebungen beim einfachen Erstarren einer unreinen Substanz behandelt werden, wobei einige vereinfachende Annahmen gemacht werden müssen:

1. Keine Diffusion der Verunreinigungen in der festen Phase,
2. Innerhalb des noch flüssigen Anteils ist die Konzentration überall gleich (ideale Vermischung),
3. Kein Unterschied der spez. Volumina von fester und flüssiger Phase,
4. Es herrscht Verteilungsgleichgewicht an der Phasengrenzfläche,
5. Der Verteilungsquotient ist konstant.

Eine ausführliche Diskussion der Annahmen 1, 2, 4 und 5 findet sich bei PFANN (2) und HERINGTON (30).

Wenn g der Bruchteil der Substanz ist, die bereits fest geworden ist, so gilt

$$C' = \frac{s}{V(1-g)} \; ; \quad C'' = K \cdot \frac{s}{V(1-g)} . \tag{2,2}$$

Hier ist V das Gesamtvolumen der Substanz und s die Menge der Verunreinigung in der gesamten flüssigen Phase.

Nachdem nun ein Teil g der insgesamt vorhandenen Substanz fest geworden ist, wird ein differentieller Bruchteil dg ausgefroren. Die Konzentration in diesem frisch gefrorenen Teil ist

$$C'' = - \frac{ds}{V\,dg}$$

oder mit Gl. [2,2]

$$-\frac{ds}{s} = K\,\frac{dg}{1-g}\,. \tag{2,3}$$

Gl. [2,3] wird integriert zwischen den Grenzen $s_0 = $ Gesamtmenge der Verunreinigung und s bzw. zwischen 0 und g:

$$s = s_0(1-g)^K.$$

Setzt man dieses Ergebnis in die Gl. [2,2] ein und benutzt $C_0 = s_0/V = $ Ausgangskonzentration, so wird

$$\frac{C''}{C_0} = K \cdot (1-g)^{K-1}. \tag{2,4}$$

Gl. [2,4] gibt die Konzentration der Verunreinigung C'' in der frisch ausfrierenden Substanz als Funktion von K und g. Da in der festen Phase nach Annahme 1 kein Konzentrationsausgleich stattfindet, ist Gl. [2,4] die Konzentrationsverteilung in einem einfach erstarrten Stab, wenn g die relative Längenkoordinate darstellt.

In Abb. 31 ist die Konzentrationsverteilung für mehrere K-Werte graphisch dargestellt. Wenn $K < 1$ ist, reichern sich die Verunreinigungen in der flüssigen Phase an; das Umgekehrte gilt für $K > 1$.

Von den gemachten Voraussetzungen ist 2 nur dann erfüllt, wenn der Erstarrungsvorgang so langsam erfolgt, daß die an der Phasengrenzfläche angereicherte Verunreinigung in die Hauptmenge der flüssigen Phase wegdiffundieren kann. Im normalen Betrieb ist Voraussetzung 2 sicher nicht erfüllt, es sei denn, die flüssige Phase wird ständig intensiv gerührt. SLICHTER und KOLB (3) geben Formeln an, in denen der Einfluß der Erstarrungsgeschwindigkeit mit Hilfe eines effektiven Verteilungsquotienten beschrieben wird. Dabei wird berücksichtigt, daß bei zu großer Erstarrungsgeschwindigkeit sich vor der Phasengrenzfläche eine Grenzschicht ausbildet, in welcher der Stofftransport lediglich durch Diffusion erfolgt. Die Dicke dieser Diffusionsgrenz-

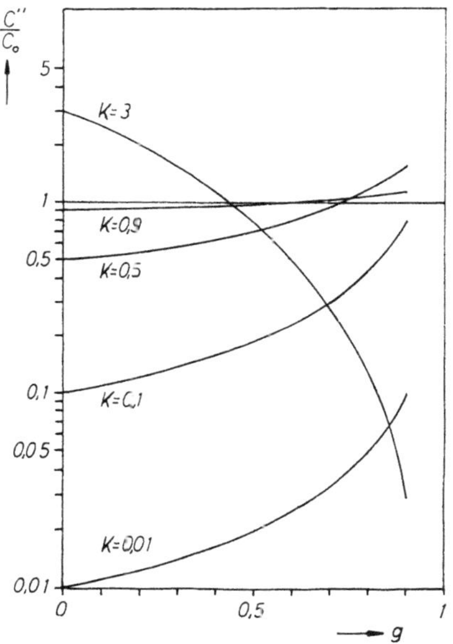

Abb. 31. Konzentrationsverteilung nach einfachem Erstarren.

schicht ist abhängig von den Strömungsverhältnissen in der vorgelagerten Flüssigkeit und von ihrer Viskosität. Die Konzentration der Verunreinigung an der Phasengrenze bestimmt den Wert des effektiven Verteilungsquotienten, der zwischen 1 und dem Gleichgewichtswert liegen kann [siehe auch BURTON, PRIM und SLICHTER (4)]. Untersuchungen von SORENSEN (5) über den Einfluß der Versuchsbedingungen auf den Trenneffekt an Phenol mit p-Nitrophenol als Verunreinigung zeigen, daß der Wert des effektiven Verteilungsquotienten um den Faktor 10 variieren kann.

Wenn K deutlich von 1 verschieden ist, etwa $|(1 - K)| \geqslant 0,5$, wenn also die Gleichgewichtsverhältnisse nicht zu ungünstig sind, ist das einfache Erstarren eine wirksame Reinigungsmethode. Bei mehrmaliger Wiederholung muß ein Teil der Kristalle bzw. die Restschmelze verworfen werden, bevor die Substanz wieder gänzlich aufgeschmolzen wird.

2.23 *Zonenschmelzen*

Die Substanz liegt am Anfang in fester stabförmiger Form vor; die Verunreinigung ist homogen über die gesamte Länge mit der Anfangskonzentration C_0 verteilt. Durch eine geeignete Heizung wird eine Schmelzzone der konstanten Länge l erzeugt. In dieser flüssigen Zone befindet sich die Menge s der Verunreinigung. Die Längenkoordinate sei x, und q sei der konstante Querschnitt des Stabes (vgl. Abb. 32). Die im vorhergehenden Abschnitt aufgeführten fünf Voraussetzungen sollen beibehalten werden*).

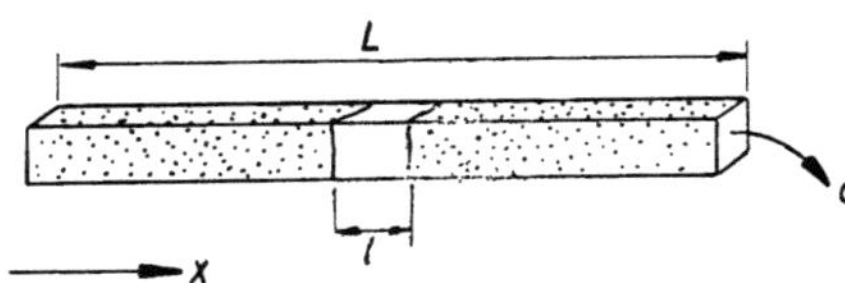

Abb. 32. Zonenschmelzverfahren; $x =$ Längenkoordinate; $l = $ Länge der Zone; $q = $ Querschnitt der Substanz.

Verschiebt man die Zone um ein differentielles Stück dx, so wird ein Volumen $q \cdot dx$ fest bzw. am anderen Ende der Zone flüssig. Die Menge an Verunreinigung, die mit der festen Phase ausfriert, ist

$$ds'' = K \cdot C' \cdot q \cdot dx$$

oder mit

$$C' = \frac{s}{l \cdot q}$$

$$ds'' = \frac{K \cdot s \cdot dx}{l} \, .$$

Durch das Vorrücken der Zone gelangt eine Menge ds' in die flüssige Phase

$$ds' = C_0 \cdot q \cdot dx \, .$$

---

*) Eine erweiterte Theorie des Zonenschmelzens für hohe Konzentrationen und inkonstante Trennfaktoren (bzw. Verteilungsquotienten) gibt MATZ (32) an.

Insgesamt ändert sich die Menge der Verunreinigung in der Zone bei dem Vorrücken um die Strecke dx um

$$ds = ds' - ds'' = \left(q \cdot C_0 - \frac{K \cdot s}{l} \right) dx \,.$$

Dies führt zu einer Differentialgleichung für s bzw. für $C'' = K \cdot C' = \dfrac{K}{l \cdot q} \cdot s$

$$\frac{l}{K} \cdot \frac{dC''}{dx} + C'' = C_0 \qquad\qquad [2,5]$$

mit der Lösung

$$\frac{C''}{C_0} = 1 - (1 - K)e^{-\frac{K}{l}x} \,. \qquad\qquad [2,6]$$

Führt man wieder die relative Länge $g = \dfrac{x}{L}$ ein ($L = $ Gesamtlänge des Stabes), so ist

$$\frac{C''}{C_0} = 1 - (1 - K)e^{-K\frac{L}{l}g} \,. \qquad\qquad [2,6\,\mathrm{a}]$$

Die Gln. [2,6] und [2,6a] geben die Konzentrationsverteilung in der festen Phase, nachdem eine flüssige Zone der Länge l den Stab mit der Gesamtlänge L einmal durchlaufen hat.

Übrigens können die Gln. [2,5] und [2,6] nicht für das letzte Stück des Stabes mit der Länge l $[(L - l) \leqslant x \leqslant L]$ gelten, da ja dort von Zonenschmelzen keine Rede mehr sein kann, sondern einfaches Erstarren eintritt, also Gl. [2,4] gilt.

Bei der Wiederholung des Verfahrens, d. h. erneutem Durchgang der Zone, ist eine ähnliche Differentialgleichung wie Gl. [2,5] gültig. Allerdings ist jetzt beim zweiten Durchgang einer Zone C_0 zu ersetzen durch $C_1''(x + l)$, das ist die Konzentrationsverteilung nach einmaligem Durchlaufen der Zone

$$\frac{l}{K} \frac{dC_2''(x)}{dx} + C_2''(x) = C_1''(x + l) \,. \qquad\qquad [2,5\,\mathrm{a}]$$

Entsprechend gilt für den n-ten Durchgang einer flüssigen Zone

$$\frac{l}{K} \frac{dC_n''(x)}{dx} + C_n''(x) = C_{n-1}''(x + l) \,. \qquad\qquad [2,5\,\mathrm{b}]$$

[Lösungsmethoden siehe bei PFANN (2), SCHREIBER und SCHUBERT (6), BURRIS, STOCKMAN und DILLON (7)]

Bei einmaligem Zonenschmelzen ergibt sich ein Konzentrationsverlauf, wie er in Abb. 33 schematisch dargestellt ist. Praktisch liegen bei der Reinigung eines Stoffes oft mehrere zu entfernende Verunreinigungen vor, deren Verteilungsquotienten kleiner und größer als 1 sein können. Dann werden Verunreinigungen an beiden Enden angereichert, und nur das Material in der Mitte ist rein.

Abb. 34 zeigt einen Vergleich zwischen der Konzentrationsverteilung nach einfachem Erstarren und einmaligem Zonenschmelzen für $K = 0,5$ und verschiedene Werte von L/l (für den Grenzfall $L = l$ geht das Zonenschmelzen in das einfache Erstarren über); man erkennt die vergleichsweise viel bessere Reinigungswirkung des einfachen Erstarrens, vgl. hierzu DICKINSON und EABORN (8) sowie SCHREIBER und SCHUBERT (6). Die Sachlage ändert sich aber zugunsten des Zonenschmelzens, wenn die Zonen mehrmals durch die Substanz wandern. Im Prinzip ist das mehrmalige Durchziehen der Zone analog dem Vorgang der zeitlichen Einstellung der Konzentrationsverteilung in einer Kolonne (Destillation, Adsorption). Hier wie dort ist der Einzeleffekt geringfügig und wird durch ein geschicktes experimentelles Verfahren vervielfacht.

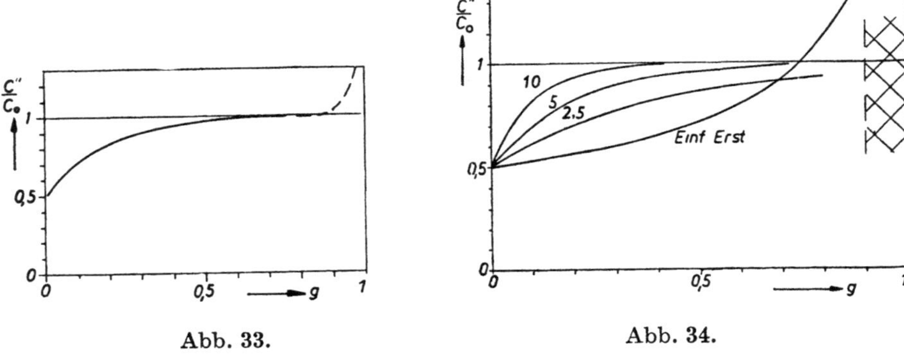

Abb. 33.   Abb. 34.

Abb. 33. Konzentrationsverteilung nach einmaligem Durchgang der Zone.

Abb. 34. Vergleich der Konzentrationsverteilung nach einfachem Erstarren und nach einmaligem Zonenschmelzen, $K = 0{,}5$. – Die Zahlen an den Kurven für das Zonenschmelzverfahren geben das Verhältnis L/l an.

Beim Durchgang mehrer Zonen durch die Substanz stellt sich schließlich eine stationäre Konzentrationsverteilung $C''*(x)$ ein. Alle weiteren Zonendurchgänge ändern die Konzentrationsverteilung nicht mehr und erzielen keine zusätzliche Reinigungswirkung. Die Konzentration $C'*(x)$ in der Zone ist dann

$$C'*(x) = \frac{1}{l} \int\limits_{x}^{x+l} C''*(x)\,\mathrm{d}x.$$

An jeder Stelle x hinter der Zone erstarrt Substanz mit der Konzentration $C''*(x) = K \cdot C'*(x)$,

$$C''*(x) = \frac{K}{l} \int\limits_{x}^{x+l} C''*(x)\,\mathrm{d}x. \qquad [2{,}7]$$

Gl. [2,7] gibt die stationäre Konzentrationsverteilung in der festen Phase nach einer hinreichend großen Anzahl von Zonendurchgängen; sie hat eine einfache Lösung

$$C''*(x) = A \cdot e^{B \cdot x}. \qquad [2{,}8]$$

Die Konstanten A und B sind dabei durch die Ausdrücke

$$A = \frac{C_0 \cdot B \cdot L}{e^{BL} - 1}, \quad K = \frac{B \cdot l}{e^{Bl} - 1}$$

gegeben [vgl. PFANN (2) und HERINGTON (30)].

Den maximalen Reinigungseffekt erzielt man, wenn L/l möglichst groß gemacht wird. Für $L/l = 10$ und $K = 0,1$ stellt sich bereits nach 20 Zonendurchgängen praktisch die stationäre Konzentrationsverteilung ein; für $K = 0,5$ braucht man mehrere hundert Durchgänge, vgl. Abb. 35.

Bei der Reinigung von Silizium, Germanium und dgl. ist das Zonenschmelzen wegen der extremen Reinheitsforderungen, der verlustlosen und einfachen Arbeitsweise unter erschwerten Versuchsbedingungen (hohe Schmelztemperaturen, Problem des Tiegelmaterials) dem einfachen Erstarren vorgezogen worden. Die Reinigung organischer Stoffe kann aber unter bestimmten Voraussetzungen ebenso gut oder besser durch mehrmaliges, einfaches Erstarren geschehen, wenn der Verlust eines gewissen Teils der Substanz und eine lange Dauer der Reinigung in Kauf genommen wird. SCHWAB und WICHERS (10) erhielten bei der Reinigung von Benzoesäure (Ausgangskonzentration 99,91 Mol-%) nach dem 1. Erstarren eine Reinheit von 99,986 Mol-%, nach dem 2. Erstarren eine Reinheit von 99,998 Mol-%; nach jedem Erstarrenlassen wurden etwa 60% der Substanz verworfen. Bei Acetanilid stieg die Reinheit nach einmaligem Erstarren von 99,80 Mol-% (Ausgangskonzentration) auf 99,98 Mol-% bei 50% Rückstand.

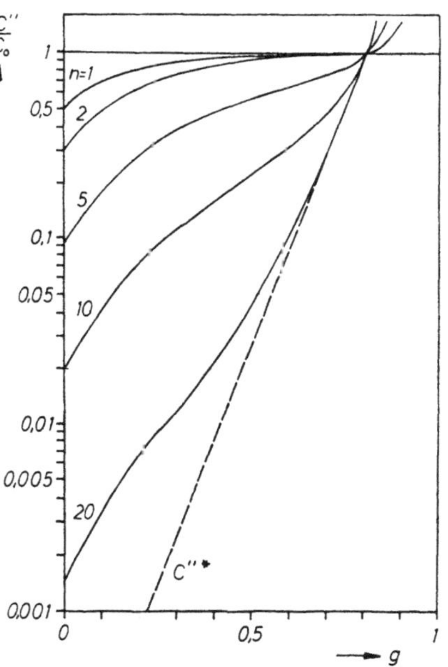

Abb. 35. Konzentrationsverteilung nach Durchgang mehrerer Zonen. $K = 0,5$; $L/l = 10$; $C^{a}* \triangleq$ stationäre Konzentrationsverteilung.

Kann oder will man aber keine Substanz verlieren, und wünscht man eine schnelle Reinigung, so ist das Zonenschmelzverfahren (unter Verwendung mehrerer heißer Zonen je Durchgang) die geeignete Methode, vgl. PFANN (9).

Bei dem Vergleich des einfachen Zonenschmelzens (1 Durchgang) mit dem einfachen Erstarren auf Grund der beiden Gln. [2,4] und [2,6a] ist zu berücksichtigen, daß im Experiment die Voraussetzungen der Ableitungen von Gl. [2,4] und Gl. [2,6a] meist nicht erfüllt sind. Der Vergleich beider Verfahren muß daher im Hinblick auf die praktische Ausführung angestellt werden.

2.3 Experimentelle Anordnung und Ergebnisse

Die Abb. 29 zeigt eine Anordnung für das Zonenschmelzen von Germanium. Die lokale Erhitzung zur Herstellung der flüssigen Zone erfolgt durch Induktionsheizung. Für organische Stoffe fällt diese elegante Heizmethode natürlich aus. Andererseits liegen die Schmelztemperaturen der meisten organischen Verbindungen*) in einem experimentell leicht zugänglichen Temperaturbereich (etwa 0 bis 350 °C). Ein wesentlicher und oft sehr unangenehmer Nachteil vieler organischer Substanzen ist ihre kleine Kristallisationsgeschwindigkeit; sie bestimmt in vielen Fällen die Geschwindigkeit, mit der man die Zone wandern lassen kann. Von Vorteil gegenüber den Metallen ist die geringe Wärmeleitfähigkeit organischer Stoffe, die zusammen mit der schlechten Wärmeleitfähigkeit von Glas die Anwendung eines Außenheizers zur Erzeugung der geschmolzenen Zone in einem Glasrohr ermöglicht.

Die einfachste Anordnung dieser Art besteht aus einem Glasrohr von 1 bis 3 cm Innendurchmesser und etwa 0,5 bis 1,5 m Länge. Der Außenheizer besteht aus einem zylindrischen Körper, dessen Innendurchmesser gerade etwas größer als der Außendurchmesser des Glasrohres ist. Der Heizer trägt eine je nach Schmelztemperatur passend dimensionierte Heizwicklung. Bei höheren Schmelztemperaturen empfiehlt sich die Verwendung eines Hilfsofens, der die Substanz auf eine Temperatur knapp unterhalb ihres Schmelzpunktes vorwärmt.

Das Wandern der Zone kann nun entweder durch Bewegung des Heizers bei feststehendem Rohr oder durch Bewegung des Rohres bei feststehendem Heizer erreicht werden, je nachdem, welche Anordnung im Einzelfall bequemer zu verwirklichen ist. Meistens ist es einfacher, den relativ leichten Heizer zu bewegen, wobei das Rohr dann senkrecht steht und die Stromzuführung gleichzeitig als Aufhängung dient (Litzendraht). Andererseits kann aber auch in einfacher Weise das Rohr bewegt werden, wie es z. B. Abb. 36 für eine Anordnung zum einfachen Erstarren nach Schwab und Wichers (10) zeigt.

Eine von Herington (11) beschriebene Apparatur benutzt ein senkrecht stehendes Rohr, 1,2 m lang, 2,5 cm Innendurchmesser. Der zylindrische Außenheizer erzeugt eine 5 cm lange Schmelzzone und läuft in einem Tag einmal von oben nach unten; er besitzt also eine Laufgeschwindigkeit von 5 cm/Stunde. Es empfiehlt sich, die Zone von oben nach unten laufen zu lassen. Beginnt man am unteren Ende, so kann infolge der eintretenden Volumenvergrößerung während des Aufschmelzens der Zone ein so hoher Druck entstehen, daß das Glasgefäß

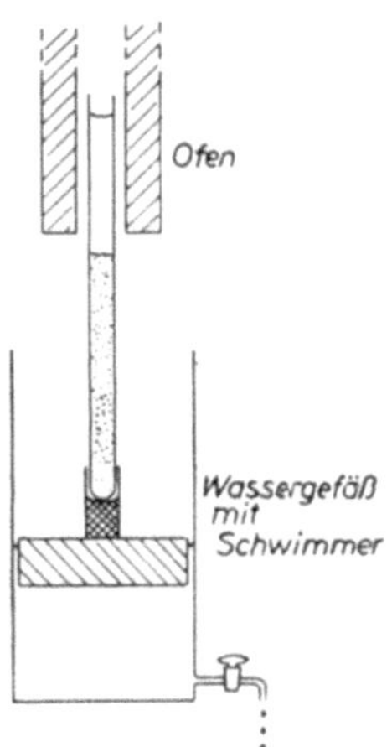

Abb. 36. Anordnung für das einfache Erstarren nach Schwab und Wichers (10).

---

*) Eine Zusammenstellung von organischen Substanzen, die durch Zonenschmelzen gereinigt worden sind, findet sich bei Herington (30) und Schildknecht (27).

platzt. In der einfachen Anordnung von HERINGTON (11) kann die Zone in einer Woche siebenmal die Gesamtlänge durchwandern. Zur schnellen Herstellung größerer Mengen reiner Substanz ist diese Methode natürlich etwas langwierig. Man soll sie hierzu auch gar nicht einsetzen und ihre Anwendung auf die Feinstreinigung kleiner Substanzmengen und auf die Herstellung von Standard-Präparaten für Analyse, physikalische Messungen usw. beschränken. HERINGTON (11) reinigte Naphthalin (Fp. 80 °C) mit 0,2 Mol-% Anthracen durch achtmaliges Zonenschmelzen so weit, daß die Substanz in der unteren Hälfte des Rohres nur noch $2 \cdot 10^{-5}$ Mol-% Anthracen enthielt.

Die Reinigung des Naphthalins von Anthracen nach dem Zonenschmelzverfahren haben außer MOTRORCIC (12) auch WOLF und DEUTSCH (13) beschrieben. Sie ließen ein Reagenzglas mit ungereinigtem Naphthalin (etwa 10^{-2} Mol-% Anthracen, Merck purissimum pro uso interno) langsam durch einen kurzen ringförmigen Ofen hindurchsinken (1 cm/Stunde); das Naphthalin wurde dabei wenig über seinen Schmelzpunkt erhitzt. Die durch das anfangs pulverförmige Material hindurchlaufende Schmelzzone schiebt den größten Teil des Anthracens vor sich her, so daß dieses im oberen Ende angereichert wird. Nachteilig ist, daß ein Teil des Anthracens an den Wänden längs der sich bildenden Kristalle abgeschieden wird, da die Flüssigkeit aus der Zone in die Hohlräume nachfließt, die infolge der Volumenverkleinerung beim Kristallisieren entstehen. Zweimaliges Zonenschmelzen in der beschriebenen Weise ergab ein Naphthalin mit weniger als 10^{-4} Mol-% Anthracen (Grenze der Nachweisbarkeit mit einer Fluoreszenzmethode).

HERINGTON und Mitarb. (14) beobachteten ebenfalls, daß im horizontalen Rohr Hohlräume zwischen Wand und festwerdender Substanz gebildet werden. In diese Hohlräume fließt Flüssigkeit aus der Zone nach, was sehr unerwünscht ist, da es einer partiellen Rückmischung gleichkommt. Im vertikalen Rohr trat dieser Effekt nicht auf. Abb. 37 zeigt den Apparat von HERINGTON und Mitarb. (14); das Rohr ist 1,20 m lang, Innendurchmesser 3,5 cm. Größere Innendurchmesser sind nicht empfehlenswert, da die Substanz dann nicht

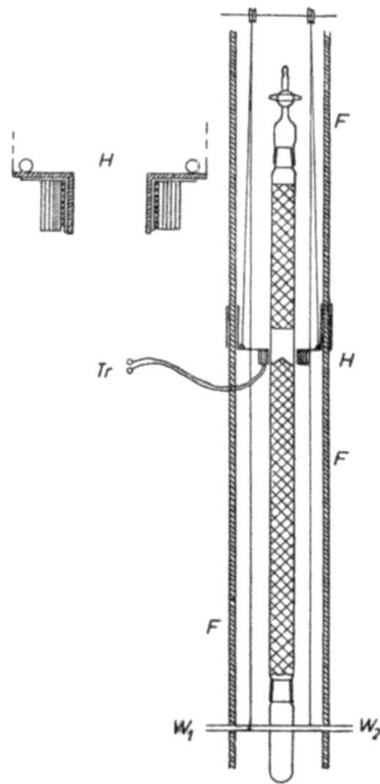

Abb. 37. Zonenschmelzapparatur nach HERINGTON und Mitarb. (14). *H* Heizer, Wicklung auf Asbestpapier und mit mehreren Lagen isoliert; *Tr* Transformator; *F* Führungsstangen; W_1 Antrieb für das Herablassen des Heizers; W_2 Antrieb für das Heben des Heizers.

mehr richtig aufschmilzt. Zum Erzielen einer maximalen Kristallisationsgeschwindigkeit muß eine genügend große Differenz zwischen Schmelztemperatur und Umgebungstemperatur bestehen. Die Autoren erhielten „gute" Zonen mit Substanzen vom Fp. 80 °C und einer Raumtemperatur von etwa 25 °C. Der Apparat versagte aber schon mit Substanzen vom Fp. 40 °C. Bei der Reinigung niedrig schmelzender Stoffe wurde die gesamte Vorrichtung mit Ausnahme der Motoren in einen Kühlmantel (− 25 °C) gesetzt. Der Heizer muß seinerseits eine Übertemperatur gegenüber dem Schmelzpunkt besitzen, damit 1. die Zone gut aufschmilzt und 2. die Konvektion in der flüssigen Zone ausreichend ist; die in der Ableitung von Gl. [2,5] geforderte gute Durchmischung in der Zone kann ja nur auf diesem Wege erzielt werden, vgl. PFANN (9). Die Länge der Zonen im Apparat der Autoren (14) lag zwischen 5 und 15 cm. Dickwandiges Glasrohr wird empfohlen, da bei dünnwandigem Rohr Brüche eintreten können, wenn die Menge der Flüssigkeit in der Zone während des Durchgangs nicht konstant bleibt. Zur Füllung wird der untere Schliffstutzen mit einem Stopfen verschlossen, die flüssige Substanz in das Rohr gegossen, nach dem Festwerden der Stopfen entfernt und durch den gezeichneten Behälter (Ab. 37) ersetzt. Die Zone soll nur so weit nach unten wandern, daß noch ein Pfropfen aus fester Substanz als Verschluß verbleibt. Wenn aber der Anfangsgehalt der Verunreinigung sehr hoch ist, dann kann etwas Flüssigkeit in den Behälter ablaufen. Dadurch verhindert man, daß die am Ende angereicherte Verunreinigung „auf das Rohr zurückwirkt".

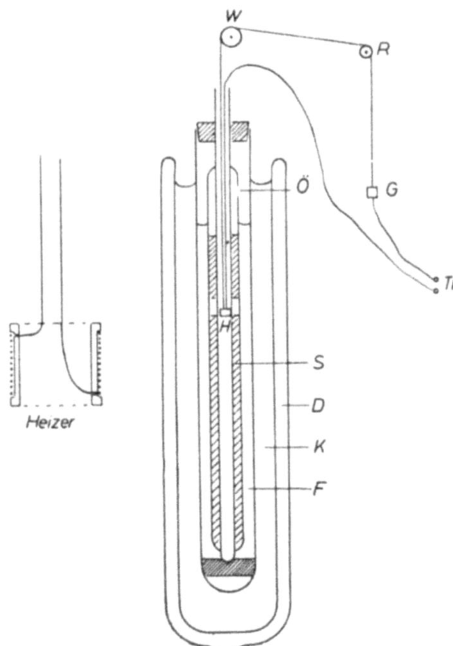

Nach dem Reinigungsprozeß gewinnt man die Substanz entweder durch geeignetes Zerschneiden des Rohres oder durch partielles Aufschmelzen der reinen Fraktionen. Der Apparat (14) gestattet die Reinigung von 1 bis 1,5 kg organischer Substanz.

Für Stoffe mit Schmelzpunkten unter Raumtemperatur hat RÖCK (15) ein Verfahren angegeben (Abb. 38), wobei die Substanz sich nicht mehr in

Abb. 38. Zonenschmelzapparatur für Betrieb unterhalb Raumtemperatur nach RÖCK (15). D Dewargefäß; H Heizer; W Antriebswelle, auf der Welle des großen Zeigers einer Küchenuhr befestigt; R Umlenkrolle; G Gegengewicht; Tr Transformator; $Ö$ Öffnung zum Einfüllen und Entleeren; K Kältebad; F Flüssigkeit als wärmeleitendes Medium; S Substanz im Ringspalt.

einem Rohr, sondern in einem Ringspalt befindet. Der zylindrische Heizer paßt gerade in das Innenrohr hinein. Die Aufhängung dient als Stromzuführung für die Heizwicklung (10 Ohm, 0,5 Amp.). Einer der Drähte wird auf einer Trommel auf- oder abgewickelt, die auf der Achse des Minutenzeigers einer etwas robusteren Uhr sitzt. Je nach Umfang der auswechselbaren Trommel passiert der Heizer mit verschiedener Geschwindigkeit das Rohr, z. B. mit 5 cm/Stunde. Das Ringspaltrohr mit der Substanz ist von einem weiteren Rohr umgeben, in dem sich Luft oder eine Flüssigkeit geeigneter Wärmeleitfähigkeit (z. B. Wasser) befindet. Das Dewar-Gefäß enthält ein Kühlbad, etwa Eis-Wasser-Gemisch. Mit dieser Apparatur wurden etwa 100 cm³ Benzol gereinigt. Die heiße Zone bewegte sich von oben nach unten. Nach jedem Durchwandern wurden vom oberen Ende des Ringspaltes etwa 10 cm³ Flüssigkeit abgegossen, der Rest aufgeschmolzen und vom Abguß und von der Restflüssigkeit der Schmelzpunkt als Reinheitskriterium bestimmt (BECKMANN-Thermometer). Die Gefrierpunktserniedrigungen ΔT wurden unter der Annahme berechnet, daß der höchste gemessene Schmelzpunkt derjenige des reinen Benzols ist. Nach ROSSINI (16) gilt dann für den Molenbruch der Verunreinigung

$$x_2 = 0,01523 \cdot \Delta T, \qquad\qquad [2,9]$$

wenn keine Mischkristalle auftreten (Gefrierpunktsreinheit), was nicht ausgeschlossen werden kann. In der Tab. 7 ist der Verlauf einer so ausgeführten Reinigung wiedergegeben. Ausgangsmaterial waren 110 cm³ technisches Benzol.

Tab. 7.

Nr.	ΔT, °C Hauptmenge	ΔT, °C Abguß	Menge des Abgusses, cm³	x_2 Hauptmenge
0	0,414	—	—	$630 \cdot 10^{-5}$
1	0,290	1,700	9	$440 \cdot 10^{-5}$
2	0,170	1,350	9	$260 \cdot 10^{-5}$
3	0,080	1,270	11	$120 \cdot 10^{-5}$
4	0,008	0,470	11	$12 \cdot 10^{-5}$
5	$< 5 \cdot 10^{-3}$	0,190	6	$< 8 \cdot 10^{-5}$
6 + 7	$< 5 \cdot 10^{-3}$	0,020	12	$< 8 \cdot 10^{-5}$

Natürlich ist dieses Verfahren kein exaktes Zonenschmelzverfahren, da 1. der Abguß vollkommen entfernt und 2. die eingetretene Konzentrationsverteilung im Rest durch das Aufschmelzen egalisiert wurde; immerhin konnte damit der Fortschritt der Reinigung in jeder Stufe kontrolliert werden.

Zu Vergleichszwecken wurde Benzol destillativ und adsorptiv gereinigt, wobei ebenfalls kein höherer Schmelzpunkt als bei Nr. 6 und 7 (Tab. 7) erzielt wurde. Interessehalber sei die nach derselben Methode (Gl. [2,9]) bestimmte Reinheit handelsüblicher Benzole angegeben: *Merck* p. A. $x_2 = 200 \cdot 10^{-5}$; *Riedel de Haen* p. A. $x_2 = 300 \cdot 10^{-5}$. Von diesen Produkten ausgehend müßte also dreimaliges Zonenschmelzen zu einer Reinheit $< 8 \cdot 10^{-5}$ führen.

Die in den p.A.-Substanzen vorhandenen relativ großen Mengen von Verunreinigungen machen ihre Verwendung als Meß- und Analysensubstanzen illusorisch, da viele physikalische Größen stark von der Konzentration der Verunreinigungen abhängen. Hier hilft das Zonenschmelzverfahren als eines der einfachsten und billigsten Feinstreinigungsverfahren weiter.

Bei einer von JONCICH und BAILEY (17) angegebenen mehrstufigen Zonenschmelzapparatur sind auf ein senkrecht stehendes Rohr (20 mm Außendurchmesser) aus Borosilikatglas insgesamt 18 Heiz- und 19 Kühlelemente in wechselnder Folge montiert. Die Heizer sind Aluminiumscheiben (40 mm Außendurchmesser, 20 mm Innenbohrung), auf deren Flächen spiralförmig Heizwicklungen angebracht sind. Diese Heizscheiben sind auf das Borosilikatglasrohr aufgeschoben; flankiert werden sie von wassergekühlten Kupferrohrschlangen als Kühlelementen. Das Substanzrohr aus Glas (7 mm Außendurchmesser, 15 cm lang) hängt über einen Glaszwirnfaden an der Motorwelle einer elektrischen Uhr und wird mit einer Geschwindigkeit von 2,5 cm/Stunde in das Borosilikatglasrohr gesenkt. Diese Anordnung bewirkt eine erhebliche Zeitersparnis, da bereits nach einem Durchgang 18 Schmelzzonen (etwa 14 mm lang mit einem Abstand von etwa 35 mm) die Substanz durchwandert haben. Für einen zweiten Durchgang von 18 Schmelzzonen wird das Substanzrohr schnell aus dem Borosilikatglasrohr gehoben und wieder langsam gesenkt.

Interessant ist eine im Prinzip gleichartige Apparatur nach SLOAN und McGOWAN (29), bei der zur Fortsetzung der Zonendurchgänge das in die Heizersäule getauchte Substanzrohr um je einen Zonenabstand schnell gehoben und wieder langsam gesenkt wird. Auf diese Weise wird jede Schmelzzone an den nächsten höhergelegenen Heizer übergeben und stetig im Substanzbarren nach oben geführt.

SCHILDKNECHT und HOPF (18) beschreiben ausführlich mehrstufige Apparaturen für das präparative Zonenschmelzen fester und flüssiger organischer

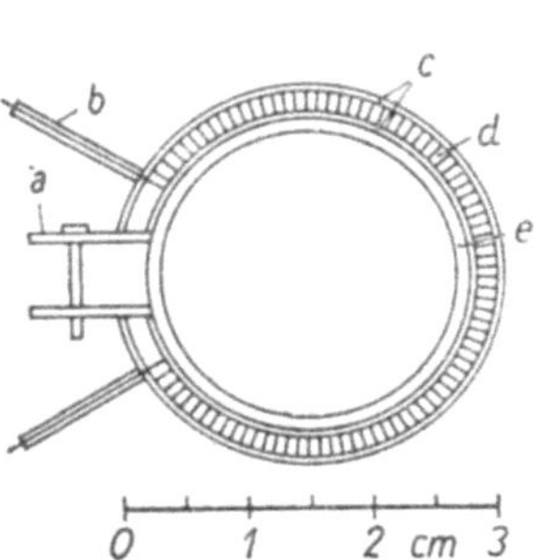

Abb. 39. Querschnitt durch einen Ringheizkörper. *a* Haltelasche; *b* Stromzuführung; *c* Messingrohr; *d* Heizwicklung; *e* Glasrohr.

[Nach SCHILDKNECHT und HOPF (18)]

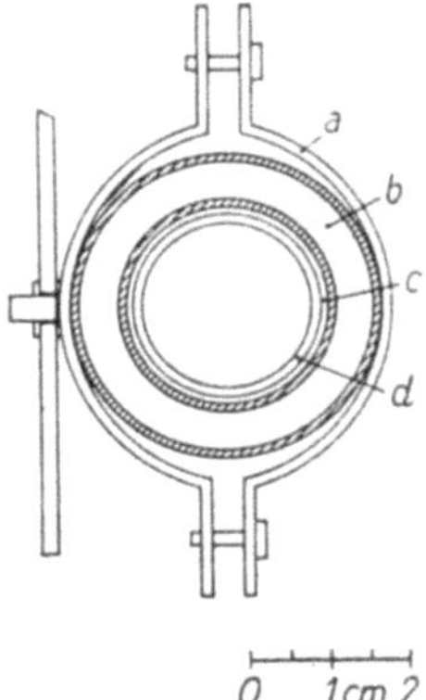

Abb. 40. Querschnitt durch ein Kühlelement. *a* Rohrschelle; *b* Kühlwindung; *c* Messingrohr; *d* Glasrohr.

[Nach SCHILDKNECHT und HOPF (18)]

Substanzen und geben allgemeine Konstruktionshinweise [siehe auch SCHILD-
KNECHT (27)]. Die Heizungen und Kühlungen sind wechselweise so angeordnet,
daß jede Heizung von zwei Kühlelementen flankiert wird; der Abstand zwischen den Kühlern soll dabei möglichst klein sein, um die Breite l der Schmelzzonen klein zu halten. Das hat folgende Vorteile: 1. Die Trennwirkung gemäß
Gl. (2,6a) wird erhöht, 2. Es lassen sich viele Zonen auch auf kurzen Apparaturen unterbringen, also wird die Laufzeit bei vorgegebener Zonendurchgangszahl
verringert.

In den Apparaturen für die präparative Reinigung von organischen Sub-
stanzen verwenden SCHILDKNECHT und HOPF (18) Ringheizkörper (Abb. 39)
aus zwei ineinander geschobenen, ringförmig gebogenen Blechstreifen von
1 cm Breite, zwischen denen sich drei Glimmerstreifen befinden. Die mittlere
Glimmerschicht trägt eine Widerstandsheizwicklung; die Heizleistung ist zur
Anpassung an die Schmelztemperatur der zu reinigenden Substanz regelbar.
Die Kühlelemente (Abb. 40) bestehen aus drei nebeneinander aufgewickelten
Windungen eines Bleirohres, das auf ein Stück Messingrohr (3 cm lang, 2,5 cm
Durchmesser) aufgelötet ist. Die Heiz- und Kühlelemente sind auf ein Glasrohr
geschoben; die Kühlelemente liegen gut am Glasrohr an und sorgen für eine
intensive, gleichmäßige Kühlung, also für eine scharfe Begrenzung der Heiz-
zonen. Die Bleirohrwicklungen der einzelnen Kühlelemente sind durch Schlau-
fen aus Bleirohr miteinander verbunden; nur die beiden äußeren Kühlelemente
besitzen Schlauchanschlüsse für das Zu- und Ableiten der Kühlflüssigkeit
(Leitungswasser oder Thermostatenflüssigkeit). Die Substanzrohre werden von
einem Synchronmotor mit Getriebe (1 U/Tag) durch das horizontal liegende
Heiz- und Kühlsystem gezogen. Durch Aufstecken von Rollen verschiedenen
Durchmessers kann die Laufgeschwindigkeit von etwa 1 bis 10 mm/Stunde
variiert werden.

Mit einer 16 stufigen Apparatur der beschriebenen Bauart konnten die
Autoren (18) maximal 100 g Substanz zonenschmelzen. Es lassen sich jedoch
nach der angegebenen Bauweise Apparaturen für kg-Mengen herstellen (Durchmesser der Substanzrohre bis zu 5 cm). Bei der Übertragung des Zonenschmelzverfahrens organischer Stoffe in einen noch größeren Maßstab stört die geringe
Wärmeleitfähigkeit dieser Stoffe; bei größeren Rohrdurchmessern als etwa 5 cm
werden die Phasengrenzen unregelmäßig und unkontrollierbar. In einer Anordnung nach CREMER und KRIBBE (34) lassen sich Substanzmengen bis zu 20 kg
bei Kolonnendurchmessern von 4 bis zu 10 cm reinigen. Die Schmelzzonen
werden durch Induktionsheizung erzeugt, wobei magnetisch gehaltene, mehr-
fach durchbohrte Eisenkörper die Wärme übertragen.

In einer anderen Zonenschmelzapparatur verwenden SCHILDKNECHT und
HOPF (18) als Heiz- und Kühlelemente Lamellen aus Messingblech. Diese sind
an Heiz- bzw. Kühlbehältern befestigt, die parallel zum Substanzrohr auf-
gestellt sind; Heiz- und Kühllamellen stehen sich abwechselnd gegenüber, vgl.
Abb. 41. Gleichartig geformte Abschirmlamellen übernehmen die gegenseitige
thermische Isolierung. Eine in alle Lamellen eingefräste Nut bildet eine 1,5 cm
tiefe Rinne; in ihr läuft das Substanzrohr über heiße und kalte Zonen, deren

Breite durch die Stärke der Lamellen vorgegeben wird. Diese Apparatur ist in einem weiten Temperaturbereich verwendbar, da sich sowohl die Temperatur der Heiz- als auch die der Kühllamellen bequem regeln läßt. Durch die Rohrschlange des Kühlbehälters wird z. B. Methanol geschickt, das in einem Tieftemperatur-Thermostaten gekühlt wird. Als Kontaktmittel kann ebenfalls Methanol in den Kühlbehälter gefüllt werden. Ganz analog wird für die Heizung gesorgt. Entweder durchströmt heißes Öl direkt den Behälter oder die darin liegende Kupferrohrschlange, wobei dann eine Ölfüllung den Wärmeübergang vermittelt.

Bei der Zonenschmelzreinigung tiefschmelzender organischer Substanzen ist es unerwünscht, daß Luftfeuchtigkeit an den Kühlelementen und den kalten

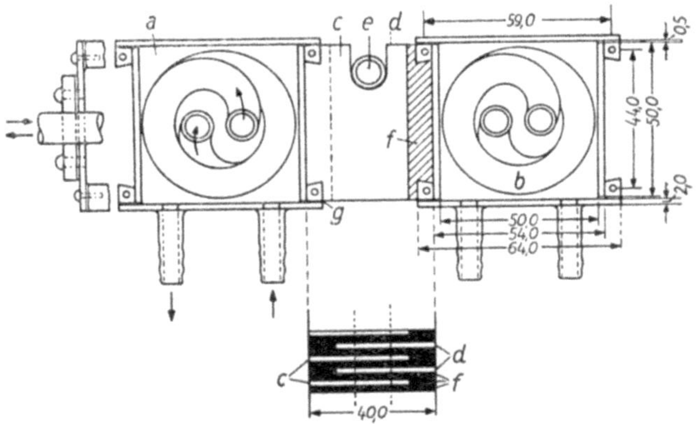

Abb. 41. Querschnitt der Lamellen-Zonenschmelzapparatur.
a Heiz-, b Kühlbehälter; c Heiz-, d Kühllamellen; e Substanzschiffchen; f Abschirm-
lamelle; g Dichtung (Maße in mm).
[Nach Schildknecht und Hopf (18)]

Stellen des Substanzrohres kondensiert, außerdem muß die Apparatur vor Wärmeeinfall geschützt werden. Schildknecht und Hopf (18) haben deshalb ihre Tieftemperatur-Apparatur in einen truheartigen Holzkasten mit luftdicht schließendem Deckel gebaut. Die Kastenwände sind mit starken Isolierplatten ausgelegt und schützen gegen Wärmedurchgang. Fenster aus mehreren übereinanderliegenden Glasscheiben erlauben auch während des Betriebes gute Einsicht in die Apparatur. Der Zugmotor ist außerhalb der Truhe angebracht; der Zugfaden für das Substanzrohr läuft durch ein in einem Korken angebrachtes, fein ausgezogenes Glasrohr ins nnere des Katenens.

Zur Testung ihrer Apparaturen reinigten die Autoren (18) 3,4-Dimethylphenol und Stilben durch Zonenschmelzen. Ausgangsmaterial waren 32 g eines als „rein" bezeichneten 3,4-Dimethylphenols vom Fp. 62,3 °C und 39 g eines rohen Stilbens, Fp. 119 bis 124 °C. Die Ergebnisse in Form der Schmelzpunktverteilung längs des Substanzbarrens mit den Versuchsbedingungen sind in den Tabellen 8 und 9 zusammengefaßt; in beiden Fällen findet sich die reine Substanz am vorderen Ende des Schmelzlings.

Tab. 8. Schmelzpunktverteilung entlang eines Schmelzlings aus 3,4-Dimethylphenol
nach 25 Zonendurchgängen
x = Abstand vom vorderen Ende des Schmelzlings

x [cm]	2,5	5,0	7,5	12,5	15,0	25,0	27,5	31,0
Fp. [°C]	62,5	62,5	62,6	62,6	62,5	62,5	62,3	62,2

Barrenlänge L:	43 cm
Laufgeschwindigkeit:	2 mm/Stunde
Schmelzzonenbreite l:	2 bis 3 cm

Tab. 9. Schmelzpunktverteilung entlang eines Schmelzlings aus Stilben
nach 12 Zonendurchgängen
x = Abstand vom vorderen Ende des Schmelzlings

x [cm]	1	3	18	21	27	39	42	45
Fp. [°C]	125,4	125	125	122,1	108,1	102,0	88,0	80,0

Barrenlänge L:	46 cm
Laufgeschwindigkeit:	3 mm/Stunde
Schmelzzonenbreite l:	2,0 cm

Die beschriebenen Apparaturen sind in jedem chemischen Laboratorium,
das über die Hilfsmittel einer feinmechanischen Werkstatt verfügt, anzufertigen. Lediglich für das Zonenschmelzen bei tieferen Temperaturen kann auf
einen Tieftemperatur-Thermostaten oder eine Kältemaschine nicht verzichtet
werden.

Für kleine Substanzmengen (0,15 bis 0,5 g) haben HANDLEY und HERINGTON
(19) ein Semi-micro-Zonenschmelzverfahren entwickelt (Abb. 42). Hierbei
befindet sich das Material in einem Glasrohr mit 2,5 bis 6,3 mm Innendurchmesser. Engere Rohre sind nicht verwendbar, da die immer auftretenden Luftblasen dann das freie Wandern der flüssigen Zone verhindern. Das 100 bis
150 mm lange Rohr ist auf
einer Schraubenwelle befestigt,
die in regulierbarer Weise durch
einen Synchronmotor mit Getriebe gehoben oder gesenkt
werden kann. Wegen der Licht-
empfindlichkeit vieler organischer Substanzen läuft das

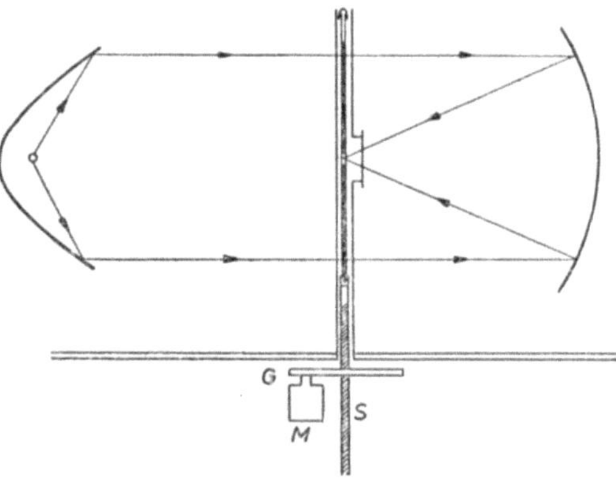

Abb. 42. Zonenschmelzapparatur für kleine Substanzmengen
nach HERINGTON und HANDLEY
(19). S Schubstange, die vom
Motor M über das Getriebe
G gehoben oder gesenkt wird.

Rohr in einer metallischen Abschirmhülse. Durch ein nur infrarotdurchlässiges Filterglas wird der möglichst kompakte Glühfaden einer Projektionslampe (100 Watt) mit Hilfe von Parabol- und sphärischen Konkavspiegeln (Abb. 42) oder eines einzigen elliptischen Spiegels (20) auf die Mittelachse des Rohres abgebildet. Dadurch wird ein Gebiet hoher Temperatur von etwa 3 mm Ausdehnung erzeugt, das beim Durchschieben des Rohres (2,5 cm/Stunde) die flüssige Zone ergibt. Das Rohr wird schwarz angestrichen, wenn die absorbierte Wärme nicht ausreicht; im übrigen reguliert man die Heizleistung mit einem vorgeschalteten Transformator. Als Parabolspiegel lassen sich die Spiegel von Autoscheinwerfern verwenden.

HANDLEY und HERINGTON (19) reinigten in dieser Apparatur Stoffe mit Schmelzpunkten zwischen 100 und 250 °C, z. B. Benzoesäure, Pyren, Anthracen und Chrysen.

Ein Mikroverfahren für Stoffmengen von 2 bis 50 mg beschreiben HESSE und SCHILDKNECHT (21). Die Substanz befindet sich nicht mehr in einem Rohr, sondern auf einem langen, dünnen Glasschiffchen, siehe Abb. 43. Dieses wird aus Biegerohr hergestellt, das man kurz vor dem Ausziehen durch einseitiges Erwärmen zusammenfallen läßt. Die Länge der flüssigen Zone darf nur sehr

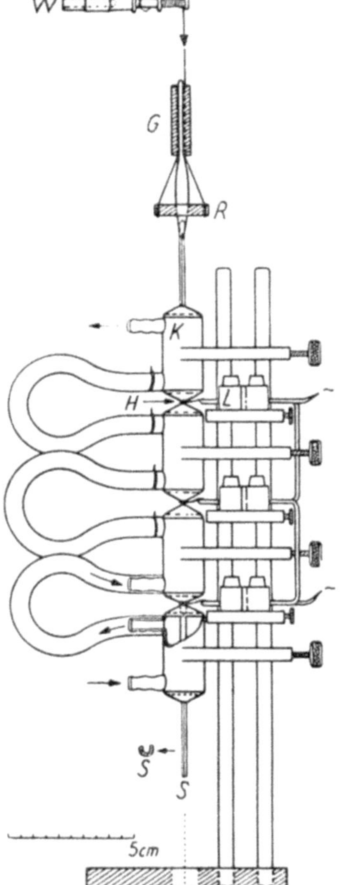
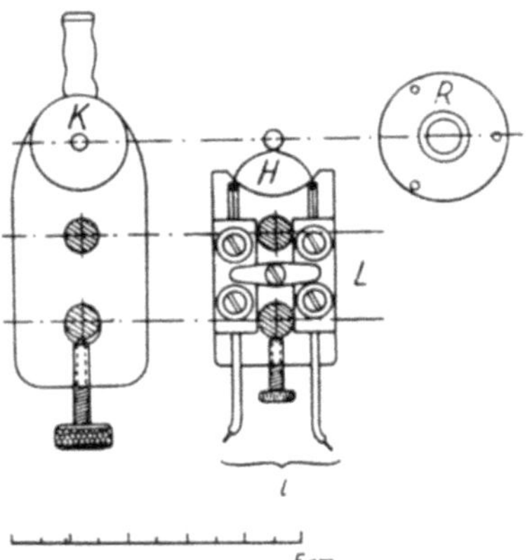

Abb. 43. Mikrozonenschmelzapparatur nach HESSE und SCHILDKNECHT (21). *W* Welle einer Uhr, *G* Bleigewicht, *S* Schiffchen, *K* Kühler, *H* Heizer, *SQ* Querschnitt des Schiffchens.

klein sein, damit die Substanz durch Adhäsionskräfte im Schiffchen gehalten wird und nicht ausläuft. Eine einzige Schlaufe eines Heizdrahtes erzeugt eine flüssige Zone von etwa 3 mm Länge. Das Schiffchen bewegt sich mit einer Geschwindigkeit von 3 mm/Stunde bis 3 cm/Stunde vertikal durch eine Serie solcher Heiz- und anschließender Kühlzonen (metallene Wasserkühler mit konischen Stirnflächen) hindurch; es ist etwa 30 cm lang, höchstens 2 mm dick und enthält etwa 2 mg Substanz pro laufenden Zentimeter. Der Aufhänge-faden des Schiffchens ist auf der Zeigerwelle einer Uhr aufgespult; die Absenk-bewegung wird durch die Uhr reguliert. Bei hochschmelzenden Stoffen werden die Kühler von Thermostatenflüssigkeit durchflossen.

HESSE und SCHILDKNECHT (21) reinigten Fettalkohole (Fp. 55 °C), Raupen-wachs (Fp. 80 °C) und ein Phenanthrenderivat (Fp. 127 °C).

Luftempfindliche oder flüchtige Substanzen lassen sich nicht in offenen Glas-rinnen, sondern nur in geschlossenen Röhrchen zonenschmelzen. Bei kleineren Rohrdurchmessern füllt die Substanz den ganzen Rohrquerschnitt aus. Zieht man ein derart gefülltes, an den Enden offenes Röhrchen durch die Zonen-schmelzapparatur, so werden häufig Gasblasen in die Schmelze mit eingeschlos-sen; flüchtige Substanzen sublimieren in kältere Zonen*). In beiden Fällen teilt sich die Substanz während des Zonenschmelzens in mehrere Abschnitte. Füllt man die Substanz in ein am vorderen Ende zugeschmolzenes Röhrchen dicht ein, so wird zwar die Substanz nicht mehr geteilt, das Röhrchen aber durch die beim Schmelzen sich ausdehnende Substanz leicht gesprengt. Diese Schwierigkeiten beheben SCHILDKNECHT und VETTER (22), indem sie dem

vorderen Ende des Substanzbarrens einen dicht passenden Stopfen aus Sili-konkautschuk vorlagern, vgl. Abb. 44. Dieser verhindert das Eintreten von Gasblasen in die am vorderen Ende der Substanz gebildeten Schmelzzonen; gleichzeitig sichert die Verschiebbar-keit des Stopfens den Ausgleich des beim Schmelzen auftretenden Druckes.

Abb. 44. Mikroröhrchen nach SCHILD-KNECHT und VETTER (22) für das Zonen-schmelzen luftempfindlicher oder flüch-tiger Substanzen. *ZS* Zugstange, *ST* Sili-kongummistopfen, *R* Substanzröhrchen, *S* Substanz.

Mit Hilfe dieses Kunstgriffes konnten SCHILDKNECHT und VETTER (22) die beim Schmelzen an der Luft zersetzlichen Stoffe Cholesterin, Cholesterinacetat, Sitosterinacetat sowie flüchtige Substanzen wie Acetamid, Phenol, 3.5-Dimethylphenol, p-Benzochinon, Azobenzol und Stilben durch Mikro-Zonen-schmelzen reinigen.

Die Vorteile des Zonenschmelzverfahrens für die Reinigung kleiner Mengen wertvoller Stoffe (Pharmazeutika) hat HANDLEY (23) herausgestellt: 1. fast kontinuierlich, 2. keine Handhabung des Materials während des Reinigungs-vorgangs, 3. 100%ige Rückgewinnung des Ausgangsmaterials.

---

*) WEISBERG und ROSI (31) haben für solche Substanzen das Verfahren des „Zonensublimierens" entwickelt, das sich zum Zonenschmelzen verhält, wie das „Normale Sublimieren" zum Normalen Erstarren.

Häufig ist es Aufgabe des Chemikers, insbesondere des Naturstoffchemikers, wertvolle hitzeempfindliche oder leicht flüchtige Substanzen aus wäßrigen Lösungen (oder Suspensionen) anzureichern. Das gängige Verfahren ist, solche Lösungen durch Ausfrieren des Wassers einzuengen, und das überstehende Konzentrat von den ausgeschiedenen Eiskristallen durch Absaugen oder Zentrifugieren zu trennen. Dabei treten unvermeidbare Substanzverluste durch Anhaften von konzentrierter Lösung an den Eiskristallen auf. Dieser Nachteil ist dann besonders schwerwiegend, wenn es sich um geringe Mengen einer wertvollen Substanz in großer Verdünnung handelt. SCHILDKNECHT und MANNL (24) wenden daher die Technik des Zonenschmelzens flüssiger organischer Substanzen sinngemäß auf wäßrige Lösungen zur Anreicherung geringer Substanzmengen an. Die verdünnte wäßrige Lösung wird zu einem Eisbarren eingefroren, in dem die anzureichernde Substanz homogen verteilt ist und dann dem Zonenschmelzen in schon bekannter Weise unterworfen. Die gelösten Stoffe werden an einem Ende des Barrens angereichert und können aus der so gewonnenen konzentrierten Lösung leichter, z. B. durch Gefriertrocknung, isoliert werden.

SCHILDKNECHT und MANNL (24) konzentrierten nach ihrer Methode, die sie „Eis-Zonenschmelzen" nennen, u. a. Ascorbinsäure aus 0,025%iger Lösung ohne Substanzverlust. 2,5-Dimethyl-1,4-chinon wurde aus 0,0004%iger Lösung, in der es spektralphotometrisch nicht mehr nachweisbar war, nach 14 Zonendurchgängen im letzten Zehntel des Eisbarrens auf etwa das 20fache angereichert.

Von GOODMAN (25) stammt der Vorschlag, die Erzeugung einer Schmelzzone durch dielektrische Erwärmung mit Radiofrequenz zu bewirken. Der Vorteil dieser Methode wäre, daß die lokale Erwärmung der Substanz tatsächlich auf den Raum beschränkt bleibt, in dem sie benötigt wird. Der hierfür geeignete Hochfrequenzsender müßte etwa 100 Watt leisten. Die exakte Bündelung eines solchen Hochfrequenzfeldes, die für die Ausbildung scharf begrenzter Schmelzzonen erforderlich wäre, ist jedoch nicht mehr gewährleistet (24).

2.4 Kolonnenkristallisieren

Nach Gl. [2,6a] ist der Trenneffekt beim Zonenschmelzen durch den Wert des Verteilungsquotienten K und das Verhältnis L/l von Schmelzlingslänge zur Schmelzzonenbreite bestimmt. Der Wert des Verteilungsquotienten kann sich bestenfalls dem Gleichgewichtswert nähern, wenn die Wanderungsgeschwindigkeit der Schmelzzone hinreichend klein gehalten wird. Das bedeutet eine große Laufzeit und macht sich gerade beim Durchsatz größerer Substanzmengen nachteilig bemerkbar. Eine darüber hinausgehende Verbesserung der Trennwirkung ist nur dann zu erwarten, wenn sehr schmale Schmelzzonen erzeugt werden; dann ist auch eine gute Durchmischung in der Zone gewährleistet, und die Wanderungsgeschwindigkeit kann erhöht werden. Die Verkleinerung der Zonenbreiten beim Zonenschmelzverfahren ist jedoch durch die experimentellen Gegebenheiten begrenzt. Zonenbreiten unter 1 mm sind schon sehr schwer zu verwirklichen. Dennoch kann man sich den Schmelzling in sehr viele und sehr schmale feste und flüssige Lamellen aufgeteilt denken, wobei die kristallinen entgegengesetzt zu den flüssigen wandern. Dieser Gedanke ist ausführbar, wenn man auf die beim Zonenschmelzen übliche Erzeugung der Zonen in geordneter Reihenfolge durch Heiz- und Kühlelemente verzichtet und die „Kristallamellen" auf andere Weise ungeordnet gegen die Schmelze bewegt.

Der gewünschte Gegenstrom von kleinen Kristallen und Schmelze kann in einfacher Weise mit der in Abb. 45 skizzierten Anordnung von SCHILDKNECHT und VETTER (26) verwirklicht werden. Sie besteht aus zwei koaxialen, feststehenden Glasrohren; in dem gebildeten Ringspalt dreht sich, durch einen regelbaren Motor über eine Keilriemenscheibe angetrieben, eine gut anliegende Wendel aus Vierkant-Stahldraht mit etwa 50 bis 150 U/min. Kristalle, die am oberen Ende des Ringspaltrohres gebildet werden, transportiert die Wendel nach unten; gleichzeitig wird die Schmelze nach oben gedrückt. Am unteren Ende angelangt schmelzen die Kristalle. Die Schmelzwärme wird dort durch eine Widerstandsheizwicklung auf dem Außenrohr zugeführt. Zur möglichst guten Einhaltung adiabatischer Verhältnisse ist das Außenrohr mit einem Isoliermantel aus einem schlecht wärmeleitenden Material, z. B. einem Schaumstoff, umgeben. Bei hochschmelzenden Substanzen reicht diese Isolierung häufig nicht aus. Deshalb ist eine zusätzliche Heizwicklung unter der Isolierschicht angebracht, um die Wärmeverluste ersetzen zu können. Die Abführung der Kristallisationswärme am oberen Ende wird durch Veränderung der Isolierung oder durch Kühlung mit Thermostatenflüssigkeit bewirkt.

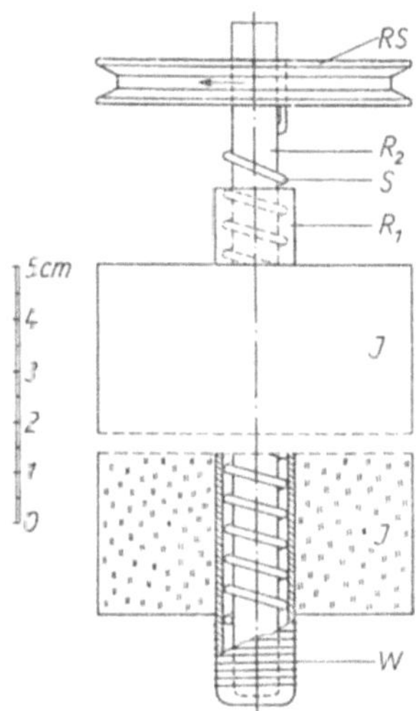

Abb. 45. Schema einer Kristallisationskolonne nach SCHILDKNECHT und VETTER (26). RS Riemenscheibe, R_1 Substanzrohr, R_2 Innenrohr, S Stahlwendel, W Widerstandsheizung.

Dieses Gegenstromverfahren, welches das Phasengleichgewicht fest/flüssig zur Trennung von Stoffgemischen ausnutzt, wird wegen seiner vollständigen Analogie z. B. zur Destillation [vgl. SCHMIDT (33)] „Kolonnenkristallisieren" genannt. Hier wie dort erfolgt an den Enden der vertikalen „Kolonne" (Ringspalt) eine Phasen- und Richtungsumkehr, vgl. Abb. 46. Der Stoffaustausch zur Einstellung des Phasengleichgewichts erfolgt horizontal. Nach Schätzungen von SCHILD-KNECHT und VETTER (26) lassen sich in einer 20 cm langen Kristallisationskolonne 8 bis 10 theoretische Stufen verwirklichen.

Im Prinzip hat CLUSIUS (28) schon 1941 das Verfahren des Kolonnenkristallisierens beschrieben, wenn er vorschlägt, einen feinkörnigen Kristallbrei durch eine Förderschnecke im Gegenstrom an der Schmelze vorbeizuführen

und an den Enden einer solchen Anordnung durch Zu- bzw. Abfuhr von Wärme
eine Phasenumkehr zu erzwingen. Im Rahmen der Isotopentrennung erschien
ein solches Trennverfahren jedoch nicht leistungsfähig genug. CLUSIUS (28)
vermutete jedoch, daß die in alpinen und kaukasischen Gletscherzungen beobachtete Anreicherung von Deuterium auf das Abschmelzen und vielfache
Umkristallisieren des fließenden Gletschers im Zeitraum von Hunderten von
Jahren zurückzuführen ist.

Am Beispiel des Stearylalkohols (26) sollen die Ergebnisse einer Reinigung
durch Zonenschmelzen und durch Kolonnenkristallisieren miteinander ver-

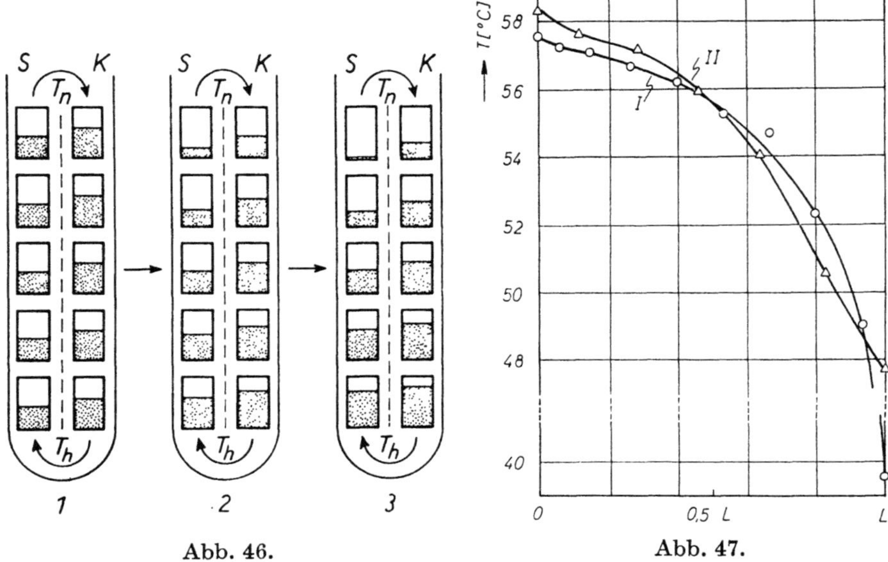

Abb. 46.   Abb. 47.

Abb. 46. Schematische Darstellung der Substanzverteilung in der Kristallisationskolonne am Anfang (1) der Trennvorgänge, während derselben (2) und im stationären Zustand der Kolonne (3).
S = Schmelze; K = Kristalle; $\square$ = niedrig, $\blacksquare$ = höher schmelzende Komponente
eines binären Gemisches; T_n = niedrig, T_h = höher temperiertes Kolonnenende.
[Nach SCHILDKNECHT und VETTER (26)]

Abb. 47. Schmelzpunktverteilung entlang eines erstarrten Stabes aus Stearyl-
alkohol nach 1,5-stündigem Kolonnenkristallisieren (I); nach 6 tägigem Zonenschmelzen (II).
n = 20; L = Länge des Stabes.

glichen werden. Ausgangsmaterial war ein Produkt vom Fp. 55 °C. Die Kurve I
der Abb. 47 zeigt die Schmelzpunktverteilung nach 1,5 stündigem Kolonnenkristallisieren bei einer Drehzahl der Wendel von 120 bis 150 U/min. Die
Zonenschmelzreinigung mit einer Laufgeschwindigkeit von 1 mm/Stunde und
20 Zonendurchgängen dauerte 6 Tage; die resultierende Schmelzpunktverteilung zeigt Kurve II. Der Reinigungseffekt ist in beiden Fällen vergleichbar.

Die höher schmelzende Substanz ist beim Zonenschmelzen, die tiefer schmelzenden Verunreinigungen sind beim Kolonnenkristallisieren besser angereichert. Augenfällig ist der 100fache Zeitaufwand beim Zonenschmelzen; hierin liegt einer der wesentlichen Vorteile der Kolonnenkristallisation. Der andere ist, daß dieses Verfahren wie z. B. die Destillation kontinuierlich gestaltet werden kann.

Das Kolonnenkristallisieren hat in den letzten Jahren bereits technische Anwendung gefunden [vgl. SCHMIDT (33), s. dort Literaturhinweise].

2.5 Literatur zu Abschnitt 2

1. PFANN, W. G., J. Metals 4, 747, 861 (1952).
2. PFANN, W. G., Zone Melting (New York, 1958).
3. REISS, H., J. Metals 7 (1955).
4. BURTON, J. A., PRIM, R. C. und W. P. SLICHTER, J. Chem. Phys. 21, 1987 (1953).
5. SORENSEN, P., Chem. Ind. (London) 1959, 1593.
6. SCHREIBER, G. und R. SCHUBERT, Z. Physik. Chem. 206, 102 (1956).
7. BURRIS, L., STOCKMAN, C. H. und I. G. DILLON, J. Metals 7, 1017 (1955).
8. DICKINSON, J. D. und C. EABORN, Chem. Ind. (London) 1956, 959.
9. PFANN, W. G., Chem. Eng. News 1956, 1440.
10. SCHWAB, F. W. und E. WICHERS, J. Res. Nat. Bur. Std. 32, 253 (1944).
11. HERINGTON, E. F. G., Research (London) 7, 465 (1954).
12. MOTRORCIC, G., Bull. Sci. Conseil Acad., Yugoslav. 1, 43 (1953).
13. WOLF, H. C. und H. P. DEUTSCH, Naturwiss. 41, 425 (1954).
14. HERINGTON, E. F. G., HANDLEY, R. und A. J. COOK, Chem. Ind. (London) 29, 292 (1956).
15. RÖCK, H., Naturwiss. 43, 81 (1956).
16. ROSSINI, F. D., MAIR, B. J. und A. J. STREIFF, Hydrocarbons from Petroleum (New York, 1953).
17. JONCICH, M. J. und D. R. BAILEY, Anal. Chem. 32, 1578 (1960).
18. SCHILDKNECHT, H. und U. HOPF, Chem.-Ing.-Techn. 33, 352 (1961).
19. HANDLEY, R. und E. F. G. HERINGTON, Chem. Ind. (London) 1956, 304.
20. HANDLEY, R. und E. F. G. HERINGTON, Chem. Ind. (London) 1957, 1184.
21. HESSE, G. und H. SCHILDKNECHT, Angew. Chem. 68, 641 (1956).
22. SCHILDKNECHT, H. und H. VETTER, Angew. Chem. 73, 240 (1961).
23. HANDLEY, R., Manufacturing Chemist 1956, 451.
24. SCHILDKNECHT, H. und A. MANNL, Angew. Chem. 69, 634 (1957).
25. GOODMAN, C. H. L., Research (London) 7, 168 (1954).
26. SCHILDKNECHT, H. und H. VETTER, Angew. Chem. 73, 612 (1961).
27. SCHILDKNECHT, H., „Zonenschmelzen", Monographie Nr. 75 zur Angew. Chem. und Chem.-Ing.-Techn. (Weinheim/Bergstr., 1962).
28. CLUSIUS, K., Z. Physik. Chem. (B) 49, 1 (1941).
29. SLOAN, G. J. und N. H. McGOWAN, Rev. Sci. Instr. 34, 60 (1963).
30. HERINGTON, E. F. G., Zone Melting of Organic Compounds (Oxford, 1963).
31. WEISBERG, L. R. und F. D. ROSI, Rev. Sci. Instr. 31, 206 (1960).
32. MATZ, G., Chem.-Ing.-Techn. 36, 381 (1964).
33. SCHMIDT, J., Chem.-Ing.-Techn. 35, 410 (1963).
34. CREMER, J. und H. KRIBBE, Chem.-Ing.-Techn. 36, 957 (1964).
35. HEYWANG, W. und H. HENKER, Z. Elektrochem. 58, 283 (1954).

3. Verdrängungs-Adsorptions-Chromatographie (flüssig)

3.1 Abkürzungen

φ_1 Volumenbruch der Komponente 1

$\varphi_1{}^\circ$ Ausgangsvolumenbruch der Komponente 1

φ', φ'' Volumenbruch in flüssiger bzw. adsorbierter Phase

V Gesamtvolumen des Flüssigkeitsgemisches

V_P Porenvolumen des Adsorbens (S. 66)

d_P Porendurchmesser (S. 70)

S BET-Oberfläche (S. 70)

$v_{1\,ads}$ adsorbiertes Volumen der Komponente 1

a selektive Adsorption (S. 66)

α Trennfaktor (S. 67)

HETP   Höhe einer theoretischen Trennstufe (S. 75)

$\varkappa$ Größe zur Charakterisierung des Gegenstromes (S. 73)

3.2 Chromatographische Methoden

Allen chromatographischen Methoden gemeinsam ist die Art der laboratoriumsmäßigen Ausführung:

In einem Rohr geeigneter Länge befindet sich eine fein verteilte, den Rohrquerschnitt nur zum Teil ausfüllende „stationäre Phase", z. B. Kieselgel, Aktivkohle, Puderzucker, Papierfasern oder auch Kieselgur, auf dessen Oberfläche und in dessen Poren sich eine Flüssigkeit befindet. Zwischen den Partikeln der stationären Phase bewegt sich die „mobile Phase" hindurch. Die Strömung der mobilen Phase durch die Säule mit der stationären Phase erfolgt unter dem Einfluß eines Druckgefälles. Die mobile Phase kann gasförmig oder flüssig sein; im ersten Fall spricht man von „Gasphasenchromatographie" und im zweiten Fall von „Chromatographie" schlechthin.

Das zu trennende Substanzgemisch wird in der mobilen Phase auf die Säule gebracht. Je nach Art der verwendeten stationären Phase stellt sich nun ein Verteilungsgleichgewicht für jede Komponente des Gemisches ein, das durch einen Verteilungsquotienten beschrieben werden kann. Wenn der Stoff 1 bevorzugt in die stationäre Phase geht, so wird sich die Komponente 2 relativ zur Komponente 1 in der mobilen Phase anreichern. Durch eine große Zahl aufeinanderfolgender Einstellungen dieses Verteilungsgleichgewichts, d. h. durch Strömen der mobilen Phase über eine genügend lange Säule der stationären Phase, kann eine Trennung der Komponenten des aufgegebenen Gemisches erzielt werden. Dieser Vorgang läßt sich für den Fall der Entwicklungschromatographie auch dadurch beschreiben, daß man sagt, die Komponente 1 wandert langsamer als die Komponente 2, wobei die Wanderungsgeschwindigkeit mit dem Verteilungsquotienten verknüpft ist.

Die Unterscheidung der einzelnen chromatographischen Methoden kann je nach Art des Verteilungsgleichgewichts und der experimentellen Ausführung erfolgen. Nach LUGG (1) läßt sich das folgende Schema aufstellen:

Tab. 10. Einteilung der chromatographischen Verfahren

Verteilungsgleichgewicht beruht auf	Experimentelles Verfahren
1 Adsorption	I Frontale Analyse
2 Verteilung	II Entwicklung
3 Ionenaustausch	III Verdrängung

Bei der Adsorption stellt sich das Gleichgewicht zwischen der flüssigen oder gasförmigen Phase und einer „adsorbierten Phase" ein; die Grenzen der adsorbierten Phase lassen sich nicht exakt festlegen, doch ist der Begriff zur Beschreibung der Trennoperationen sehr nützlich. Unter „adsorbierter Phase" versteht man nach ROSSINI, MAIR und WESTHAVER (2), EAGLE und SCOTT (3) sowie HIRSCHLER und MERTES (4) das gesamte im Porenvolumen des Adsorbens enthaltene Material.

Die in Tab. 10 unter 2 genannte Verteilung ist die gewöhnliche Verteilung zwischen zwei flüssigen Phasen oder einer flüssigen und einer gasförmigen Phase. Um eine möglichst große Oberfläche für den Stoffaustausch zwischen beiden Phasen zu erzielen, wird die flüssige Phase auf einen inerten, feinkörnigen Träger aufgebracht, wie es von MARTIN und SYNGE (5) erstmalig vorgeschlagen wurde. Man mischt beispielsweise 80 Gew.-% Kieselgur mit 20 Gew.-% Paraffinöl, wobei die körnige Beschaffenheit des Kieselgurs erhalten bleibt und die Oberfläche von einem Ölfilm überzogen wird. Dieser dünne Film stellt die stationäre, mit der mobilen Phase im gewöhnlichen Verteilungsgleichgewicht stehende Phase dar.

Beim Ionenaustausch ist die stationäre Phase durch die Korngrenzen des verwendeten Materials definiert.

Das Verfahren der frontalen Analyse wird in seinen theoretischen und praktischen Aspekten eingehend von CLAESSON (6) behandelt; es gestattet die Reindarstellung einer Komponente eines Gemisches, jedoch mit schlechter Ausbeute. Eine technische Anwendung dieser Methode ist die Reinigung des Leuchtgases durch Aktivkohle, wobei vor allem Benzol entfernt wird.

Für eine präparative Reindarstellung ist die Verdrängung ein geeigneteres Verfahren. Auf eine Adsorptionssäule wird eine begrenzte Menge des Stoffgemisches und danach stetig eine Substanz (Desorbens) aufgegeben, die stärker adsorbiert wird als jede der Komponenten des zu trennenden Gemisches. Das Desorbens schiebt die gesamte Menge des Gemisches vor sich her über die Säule; dabei wird das Gemisch in seine Komponenten getrennt, die nacheinander in reiner Form aus der Säule austreten.

Das zu trennende Gemisch kann in einem Lösungsmittel gelöst sein, wobei als Desorbens eine noch stärker adsorbierbare Substanz in demselben Lösungsmittel verwendet wird, oder es wird, besonders bei flüssigen Gemischen, direkt auf die Säule gegeben. Das zuerst genannte Vorgehen beschreibt CLAESSON (6), während ROSSINI und Mitarb. (7) das zweite Verfahren für die Trennung flüssiger Kohlenwasserstoffe heranziehen und geeignete Adsorptionskolonnen beschreiben.

Eine Mischung aus Chloroform und Azeton, 50 Vol.-%, kann z. B. in folgender Weise in ihre Komponenten getrennt werden: 10 cm³ des Gemisches werden auf eine Adsorptionssäule gegeben. Nachdem die Mischung vollkommen in das Kieselgel eingelaufen ist, fließt dauernd Methanol als Desorbens nach. Schließlich tritt am anderen Ende der Säule zuerst reines Chloroform, dann eine Übergangsfraktion, dann reines Azeton und nach einer weiteren Übergangsfraktion Methanol aus (vgl. Abb. 48). Zur Analyse wird der Brechungsindex verwendet. Die hier beschriebene Trennung wäre destillativ nicht zu verwirklichen, da das Gemisch bei etwa 50 Mol-% ein Azeotrop mit Maximumssiedepunkt bildet. Die Eleganz und Einfachheit dieses Trennverfahrens zeigt das Beispiel in bestechender Weise.

Die Methode der Entwicklung oder Elution ist das älteste Arbeitsverfahren, für das TSWETT (8) aus heute nur noch im übertragenen Sinne gültigen

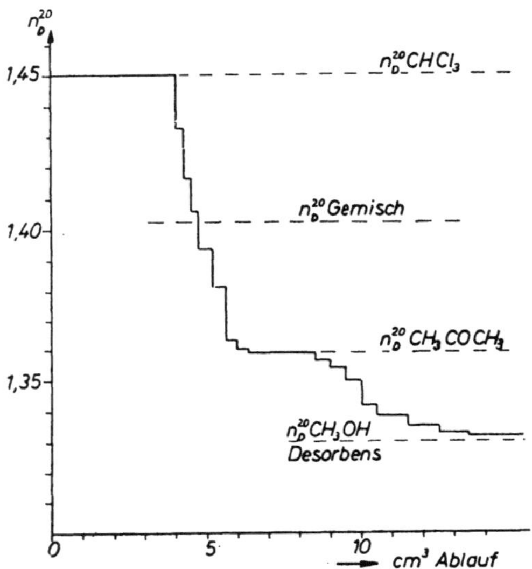

Abb. 48. Trennung CHCl₃/CH₃COCH₃ durch Verdrängungs-Adsorptionschromatographie. Kolonne 60 cm lang, 1 cm Innendurchmesser, Kieselgel Em 0,15 bis 0,30 der Fa. Gebr. Herrmann, Köln-Ehrenfeld, Kolonne nach Abb. 59a, 15 cm³, Gemisch 1:1 Volumenteile.

Gründen *) die Bezeichnung Chromatographie einführte. Auf die bereits mit dem Lösungsmittel gefüllte Säule wird das Substanzgemisch in gelöster Form aufgegeben. Die Substanzen sind verschieden stark adsorbierbar, werden jedoch alle stärker adsorbiert als das Lösungsmittel. Das dauernde Nachfließen des Lösungsmittels bewirkt, daß die Substanzen je nach ihrer Adsorbierbarkeit verschieden schnell durch die Säule wandern, wobei sie schließlich voneinander getrennte, mit verschiedener Geschwindigkeit vorrückende Zonen bilden.

Im Rahmen dieses Buches wird im folgenden das Verfahren 1-III (vgl. Tab. 10) in seiner Anwendung zur Trennung, Analyse und Reinigung von Flüssigkeiten behandelt. Als Verfahren der Gaschromatographie werden die Kombinationen 1-II, 1-III und 2-II in Abschnitt 4 beschrieben. Für die Papierchromatographie, die Elektrophorese und den Ionenaustausch werden Literaturhinweise im folgenden Abschnitt 3.21 gegeben.

---

*) TSWETT trennte die Farbstoffkomponenten des Blattgrüns; daher die Bezeichnung „Chromatogramm".

CLAESSON (6) hat die Theorie der Verdrängungschromatographie behandelt und durch Experimente ihre Anwendbarkeit auf analytische und präparative Probleme belegt. ROSSINI und Mitarb. (7) haben die Methode in größtem Umfang *) zur Trennung von Kohlenwasserstoffgemischen und zur Reinigung von Substanzen angewendet; sie geben eine Theorie (2) dieses Kolonnenprozesses an, die in Analogie zur Theorie der destillativen Rektifikation bei totalem Rückfluß entwickelt wurde. HIRSCHLER und AMON (9) beschreiben ebenfalls das Verfahren der Verdrängungs-Adsorptionschromatographie in seiner Anwendung zur Stoffreinigung.

3.21 *Literaturangaben zur Chromatographie*

ZECHMEISTER, L. und L. v. CHOLNOKY, Die chromatographische Adsorptionsmethode (Wien, 1938).
HESSE, G., Adsorptionsmethoden im chemischen Laboratorium (Berlin, 1943).
BROCKMANN, H., in: Neuere Methoden der präparativen organischen Chemie (Berlin, 1944).
STRAIN, H. H., Chromatographic Adsorption Analysis (New York, 1942).
ZECHMEISTER, L., Progress in Chromatography, 1938–1947 (London, 1950).
CASSIDY, H. G., Adsorption and Chromatography, Bd. V der Reihe: Technique of Organic Chemistry (New York, 1951).
THOMAS, T. L. und R. L. MAYS, "Separations with Molecular Sieves", Bd. IV der Reihe: Physical Methods in Chemical Analysis, hrsg. von W. G. BERL (New York, 1961).
BRIMLEY, R. C. und F. C. BARRET, Practical Chromatography (London, 1953).
LEDERER, E., Progrès récents de la Chromatographie, Première partie: Chimie organique et biologique (Paris, 1949).
LEDERER, M., Progrès récents de la Chromatographie, Deuxième partie: Chimie minérale (Paris, 1952).
LEDERER, E. und M. LEDERER, Chromatography, A Review of Principles and Applications (London, 1957).
POLLARD, F. H. und J. F. W. McOMIE, Chromatographic Methods in Inorganic Analysis with Special Reference to Paper Chromatography (London, 1953).
CRAMER, F., Papierchromatographie, in der Reihe: Monographien zur Angew. Chem. und Chem.-Ing.-Techn. (Weinheim/Bergstr., 1953).
BALSTON, J. N. und B. E. TALBOT, Guide to Filter Paper and Cellulose Powder Chromatography (London, 1952).
BLOCK, R. J., LE STRANGE, R. und G. ZWEIG, Paper Chromatography, A Laboratory Manual (New York, 1952).
SAMUELSON, O., Ion Exchangers in Analytical Chemistry (New York, 1953).
RIEMANN, W., Ion Exchange, Bd. IV der Reihe: Physical Methods in Chemical Analysis, hrsg. von W. G. BERL (New York, 1961).
HARTMANN, F. und H. J. MÜLLER, Präparative Papierelektrophorese, Naturwiss. **39**, 282 (1952).
SAROFF, H. A., An easily assembled continuous electrophoresis apparatus, Nature **175**, 896 (1955).
STAHL, E., Dünnschicht-Chromatographie (Berlin-Göttingen-Heidelberg, 1962).

---

*) Im Rahmen einer gemeinsamen Arbeit des American Petroleum Institute und des National Bureau of Standards über „Analyse, Reinigung und Eigenschaften von Kohlenwasserstoffen".

Randerath, K., Dünnschicht-Chromatographie, Monographie Nr. 78 zur Angew. Chem. und Chem.-Ing.-Techn. (Weinheim/Bergstr., 1962).
Phillips, C., Gaschromatography (London, 1956).
Keulemans, A. I. M. und E. Cremer, Gas-Chromatographie (Weinheim/Bergstr., 1959).
Bayer, E., Gas-Chromatographie (Berlin-Göttingen-Heidelberg, 1962).
Kaiser, R., Gas-Chromatographie (Leipzig, 1960).
Kaiser, R., Chromatographie in der Gasphase, I Gas-Chromatographie; Reihe: Hochschultaschenbücher (Mannheim, 1960).
Kaiser, R., Chromatographie in der Gasphase, II Kapillar-Chromatographie; Reihe: Hochschultaschenbücher (Mannheim, 1961).
Purnell, H., Gas Chromatography (New York – London, 1962).

Über die Fortschritte auf dem Gebiet der Gaschromatographie unterrichten die Berichte der Symposien über Gaschromatographie. Die veröffentlichten Arbeiten werden laufend in den jährlich erscheinenden Gas Chromatography Abstracts (Butterworths Sci. Publ., London) referiert. Der 1. Band der Abstracts (erschienen 1960) referiert die Arbeiten bis Ende 1958.

3.3 Beschreibung der Gleichgewichtsverhältnisse

Man stelle sich folgendes Experiment vor: Eine gewogene Menge m eines Adsorptionsmittels, z. B. Kieselgel, wird in ein Becherglas gebracht, in dem sich eine binäre Mischung bekannten Volumens V zweier flüssiger Stoffe mit den Volumenbrüchen $\varphi_1{}^0$ und $\varphi_2{}^0 = 1 - \varphi_1{}^0$ befindet. Das Kieselgel adsorbiert nun unter Wärmeentwicklung die beiden Komponenten. Die Komponente 1 soll stärker adsorbiert werden als die Komponente 2; dadurch verarmt die flüssige Mischung an Stoff 1. Nach der Gleichgewichtseinstellung sei $\varphi_1{}'$ der Volumenbruch der Komponente 1. Eine Volumenbilanz für den Stoff 1 ergibt

$$v_{1\,\mathrm{ads}} = \varphi_1{}^0 V - (V - v_{1\,\mathrm{ads}})\varphi_1{}',$$

wobei $v_{1\,\mathrm{ads}}$ das am Kieselgel adsorbierte Volumen der Komponente 1 ist. Diese Bilanz ist nur für $V \gg v_{1\,\mathrm{ads}}$ näherungsweise gültig, da nur dann die Volumenverkleinerung der flüssigen Phase infolge der ebenfalls stattfindenden Adsorption der zweiten Komponente vernachlässigt werden kann. Den Quotienten $a = \dfrac{v_{1\,\mathrm{ads}}}{m}$ bezeichnet man als „selektive Adsorption"

$$a = \frac{V}{m} \cdot \frac{\varphi_1{}^0 - \varphi_1{}'}{1 - \varphi_1{}'} \ [\mathrm{cm^3/g}].$$

Nun hat jedes Adsorptionsmaterial ein gewisses spezifisches Porenvolumen $V_P\,[\mathrm{cm^3/g}]$. Dieses läßt sich z. B. so ermitteln, daß man nach der Tauchmethode einmal mit einer benetzenden Flüssigkeit die wahre Dichte ϱ_w und das andere Mal mit einer nicht benetzenden die scheinbare Dichte ϱ_s bestimmt. Dann gilt

$$V_P = \frac{1}{\varrho_s} - \frac{1}{\varrho_w}.$$

Kristalline Adsorbentien haben einheitliche „Poren", deren Größe durch die Gitterstruktur des Adsorbermaterials vorgegeben ist. Die Adsorbierbarkeit ist hier wesentlich durch die Molekülgröße der zu trennenden Komponenten bestimmt. Daher werden diese Adsorbentien „Molekularsiebe" genannt.

Bei amorphen Adsorbentien wie Aktivkohle, Kieselgel oder Aluminiumoxid wird das Porenvolumen durch eine Vielzahl verästelter und zerklüfteter Hohlräume im einzelnen Korn des Adsorbens gebildet. Die Durchmesser dieser Hohlräume liegen etwa zwischen 15 und 100 Å. Die speziellen, die selektive Adsorption bewirkenden Kräfte gehen von der Oberfläche des Adsorbens aus, sind aber nicht über den ganzen Porendurchmesser wirksam, sondern bestenfalls über eine zwei- bis dreimolekulare Schicht. Das durch a gekennzeichnete, selektiv adsorbierte Volumen sitzt also in dünner Schicht unmittelbar auf der Oberfläche, während im übrigen Volumen der Pore keine Konzentrationsverschiebung stattfindet. Dort ist die Konzentration mit derjenigen der äußeren, flüssigen Phase identisch. Als „adsorbierte Phase" versteht man die gesamte im Porenvolumen befindliche Flüssigkeit (Abb. 49). Der Volumenbruch in der adsorbierten Phase ergibt sich aus einer Bilanz oder Mittelung

$$\varphi_1'' = \frac{\varphi_1'(V_P - a) + a}{V_P},$$

wobei wieder die Volumenänderung durch Adsorption der Komponente 2 außer acht gelassen ist. Die letzte Gleichung stellt eine Beziehung zwischen den Volumenbrüchen der flüssigen (φ_1') und der adsorbierten (φ_1'') Phase her; in einem φ_1''-φ_1'-Diagramm erhält man ähnliche Kurven wie für die Dampf-Flüssigkeits-Gleichgewichte.

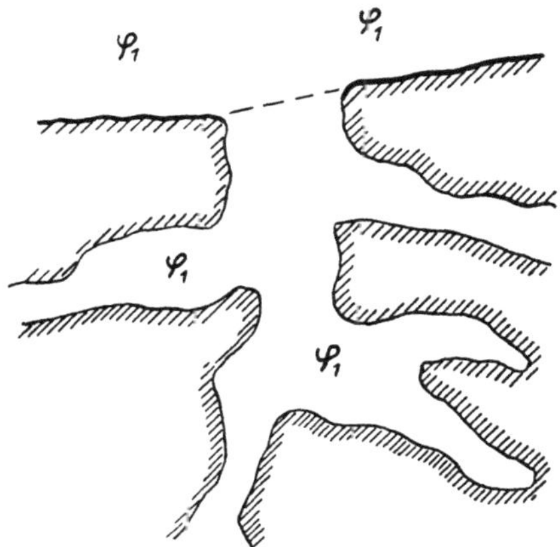

Abb. 49. Zur Erläuterung des Begriffes „adsorbierte Phase".

Analog zur Destillation definiert man den Trennfaktor α durch

$$\frac{\varphi_1''}{1 - \varphi_1''} = \alpha \frac{\varphi_1'}{1 - \varphi_1'}.$$

Der Trennfaktor ist eine Funktion 1. der beiden zu trennenden Stoffe, 2. ihrer relativen Konzentrationen, 3. der Temperatur und 4. des Adsorbens. Für verdünnte Lösungen kann der Trennfaktor α mit den Konstanten der FREUNDLICHschen oder LANGMUIRschen Adsorptionsisotherme in Beziehung gebracht werden [vgl. (4; 9)].

Das Porenvolumen kann noch in folgender Weise bestimmt werden: In einem thermostatierten Exsikkator befindet sich eine flüchtige, adsorbierbare Flüssigkeit. Eine gewogene Probe des Adsorbens wird in den Exsikkator gestellt und die Luft entfernt. Dann wird bis zur Gleichgewichtseinstellung gewartet. Die Probe wird schnell entnommen und zurückgewogen, das Mehrgewicht rührt von der in den Poren befindlichen Flüssigkeit her und liefert nach Division durch die Dichte der Flüssigkeit das Porenvolumen der Probe.

Zur Ermittlung von $\varphi_1{}'$ und $\varphi_1{}''$ dient ein ähnliches Verfahren: In einem Exsikkator befindet sich eine gewogene Menge einer flüssigen, binären Mischung vom Volumenbruch $\varphi_1{}^0$ und eine gewogene Menge Adsorbens. Nach Einstellung des Adsorptionsgleichgewichts über die Dampfphase werden beide Phasen wieder gewogen, und die Konzentration $\varphi_1{}'$ in der flüssigen Phase wird bestimmt. Aus den Versuchsdaten kann $\varphi_1{}''$ berechnet werden.

Eine weitere Möglichkeit zur Bestimmung der Gleichgewichtskonzentrationen ist folgende: Unbekannte Mengen eines binären Flüssigkeitsgemisches und eines Adsorbens werden in zwei getrennten Gefäßen in einen Exsikkator gestellt; dieser wird gut evakuiert, um die Luft zu entfernen. Das Adsorptions-

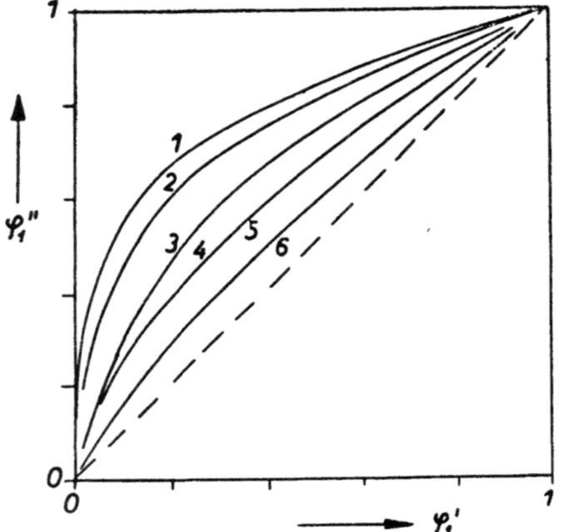

Abb. 50. Gleichgewichtsdiagramme für 6 binäre Systeme bei 20 °C an Kieselgel [vgl. (4)].

1 α-Methylnaphthalin/Dekalin
2 Toluol/n-Heptan
3 Benzol/Diamylnaphthalin
4 Toluol/Okten-1
5 Okten-1/Äthylzyklohexan
6 α-Methylnaphthalin/Amylbenzol

Komponente 1 ist die jeweils zuerst genannte.

gleichgewicht stellt sich über die Dampfphase ein. Nach Beendigung des Versuches mißt man direkt $\varphi_1{}'$. Das Adsorbens mit der adsorbierten Phase überführt man in eine Apparatur, in der man Flüssigkeit und Adsorbermaterial trennen kann, z. B. durch Ausheizen und Kondensieren des Ausgetriebenen. Wenn diese Operation ohne Verluste gelingt, kann im Kondensat $\varphi_1{}''$ gemessen werden.

Die Methoden mit Gleichgewichtseinstellung über die Dampfphase sind genau aber langwierig (Dauer bis zu einer Woche). Eleganter, aber weniger genau sind Bestimmungen des Trennfaktors durch geeignete Kolonnenversuche [frontale Analyse, vgl. (7; 2; 9)].

Ebenso wie bei der Destillation kommt es auch bei der Adsorption von Gemischen vor, daß der Trennfaktor $\alpha = 1$ ist. Dann erfolgt keine vorzugsweise Adsorption, sondern es tritt (kurz und treffend, aber unschön) ein „Adsorptionsazeotrop" auf. Die Konzentrations- und Temperaturabhängigkeit des Trennfaktors ist in den folgenden Abbildungen für einige Systeme dargestellt. In Tab. 11 finden sich Angaben über Eigenschaften von Adsorptionsmaterialien [vgl. BRUNAUER (10)]. $a_{0,5}$ ist die selektive Adsorption von Iso-Oktan aus einer Mischung mit Toluol mit $\varphi_1{}^0 = 0,5$.

Tab. 11. Eigenschaften von Adsorbentien [vgl. EAGLE und SCOTT (3)]

Adsorbens	$a_{0,5}$ cm³/g	S m²/g	V_P cm³/g	ϱ_s g/cm³	d_P Å	Herkunft
Kieselgel, 28—200 mesh	0,254	485	0,387	0,67	29	Davison
Kieselgel-Aluminiumoxid, 7,8% Al₂O₃	0,096	178	0,4	0,69	42	Socony
Aluminiumoxid, 0,2—0,4 cm	0,070	155	0,32	0,96	60	Alorco
A-Kohle	0,280	1027	0,65	0,50	18	Columbia 8 14 G

Die Betrachtung der folgenden Abbildungen zeigt, daß die molekulare Struktur der Komponenten entscheidend für die adsorptive Trennbarkeit ist

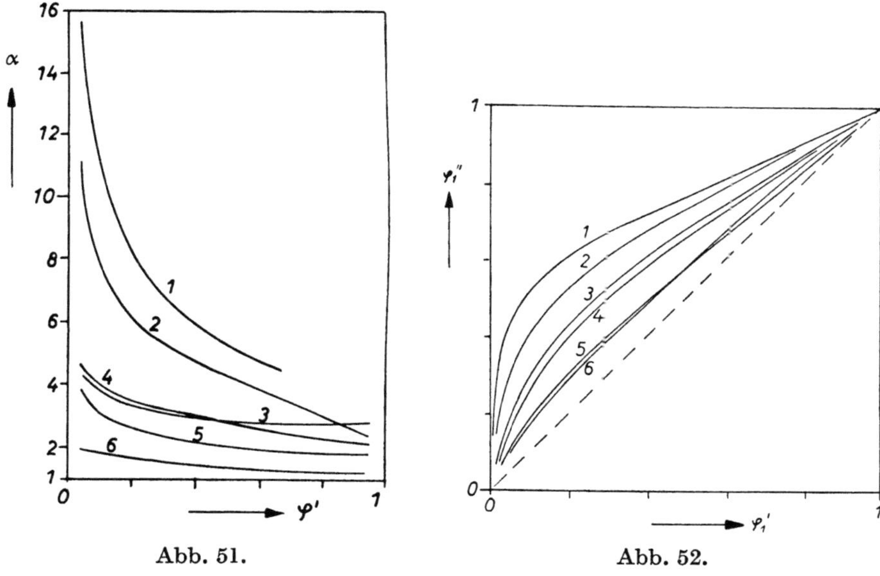

Abb. 51.   Abb. 52.

Abb. 51. Trennfaktoren für 6 binäre Systeme bei 20 °C an Kieselgel [vgl. (4)].
    1 α-Methylnaphthalin/Dekalin
    2 Toluol/n-Heptan
    3 Benzol/Diamylnaphthalin
    4 Toluol/Okten-1
    5 Okten-1/Äthylzyklohexan
    6 α-Methylnaphthalin/Amylbenzol

Abb. 52. Gleichgewichtsdiagramme für 6 binäre Systeme bei 20 °C an Aktivkohle
[vgl. (4)].
    1 α-Methylnaphthalin/Dekalin
    2 α-Methylnaphthalin/Amylbenzol
    3 Toluol/n-Heptan
    4 Toluol/Okten-1
    5 Okten-1/Äthylzyklohexan
    6 n-Heptan/Methylzyklohexan

(4; 11; 7). Mischungen aus einem aromatischen und einem gesättigten Kohlenwasserstoff (Paraffin oder Zykloparaffin) werden leicht getrennt. Das destillativ nicht trennbare Gemisch Zyklohexan/Benzol wird an Kieselgel getrennt. Mischungen aus einem Olefin und einem gesättigten Kohlenwasserstoff werden ebenfalls adsorptiv in ihre Komponenten zerlegt. Dagegen werden die in ihrem Bau sehr ähnlichen Paraffine und Zykloparaffine untereinander nur sehr schwer getrennt. Diese Klasse von Gemischen zeigt oft S-förmige Adsorptionsisothermen (4; 9) bzw. $\alpha = 1$. Zwischen der Siedepunktsdifferenz zweier Stoffe und ihrer adsorptiven Trennbarkeit besteht kein Zusammenhang. HIRSCHLER und AMON (9) wiesen auf die wichtige Tatsache hin, daß bei S-förmigen Adsorptionsisothermen zwar keine vollkommene Trennung, aber doch eine Reinigung möglich ist. Es wird nämlich immer gerade die in kleiner Konzentration vorliegende Komponente (d. i. die Verunreinigung) stärker adsorbiert als die in hoher Konzentration anwesende, zu reinigende Komponente. Im Ablauf einer Adsorptionskolonne erscheint also zuerst der reine Stoff, später die Verunreinigung. Diese Tatsache nutzen auch HESSE und SCHILDKNECHT (12) aus, wenn sie Zyklohexan und n-Hexan durch Filtration durch eine Aluminiumoxid-Kolonne reinigen (frontale Analyse).

Aus Gründen der Wirtschaftlichkeit wird man gern die Adsorbentien nach jedem Kolonnenversuch regenerieren. Hierbei muß man sorgfältig auf die vom Hersteller angegebenen optimalen Temperaturen achten (z. B. maximal 200 °C für Kieselgel). Eventuell entfernt man die letzten, schwerflüchtigen Stoffe durch Verdampfen im Vakuum. EAGLE und SCOTT (3) untersuchten die Wirkung verschieden hoher Temperaturen bei der Regeneration.

Die selektive Adsorption für ein bestimmtes Gemisch bestimmter Konzentration ist proportional der BET-Oberfläche*) S. Der durchschnittliche Porendurchmesser wird berechnet nach

$$d_P = \frac{4 \cdot 10^4 \, V_P}{S} \text{ in Å}; \quad S \text{ in m}^2/\text{g}, \quad V_P \text{ in cm}^3/\text{g}.$$

Neben der durchschnittlichen Porengröße kann die Größenverteilung der Poren nach einer Methode von RITTER und DRAKE (13) bestimmt werden. Quecksilber wird als nichtbenetzende Flüssigkeit in die Poren eines porösen Körpers gedrückt, wo es bei einem bestimmten Außendruck nur in solche Poren eindringt, deren Durchmesser an der Porenöffnung einen bestimmten Wert nicht unterschreiten. Dieser Vorgang wird dilatometrisch verfolgt. Die Autoren untersuchten u. a. die Porengrößenverteilung [vgl. TUDOR, THOMAS und MAYS (20), S. 48] an Silica-Aluminiumoxid-Gel oberhalb 200 Å bei Drucken bis zu 1000 Atm. (14) und bis zu 35 Å hinab bei Drucken bis 4000 Atm. (15). Das „Porosimeter" von RITTER und DRAKE wurde von NEHER (16) apparativ verfeinert, wobei an eine Ausdehnung des Druckbereiches bis zu 6500 Atm. gedacht worden ist.

---

*) Benannt nach BRUNAUER, EMMET und TELLER (21).

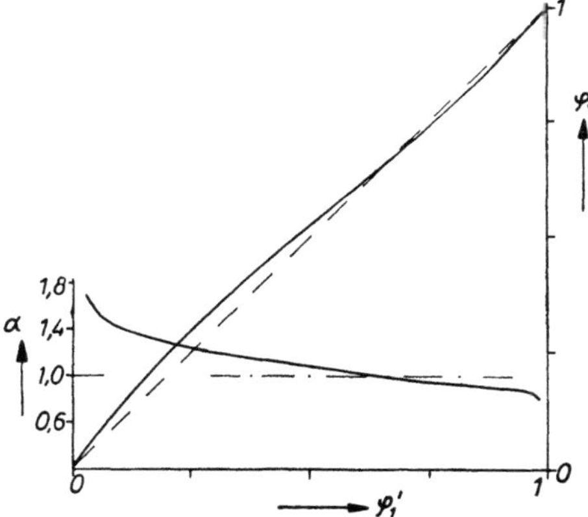

Abb. 53. Gleichgewichtsdiagramm und Trennfaktor des Systems n-Hexan/Zyklohexan bei 20 °C an Silikagel [vgl. (4)].

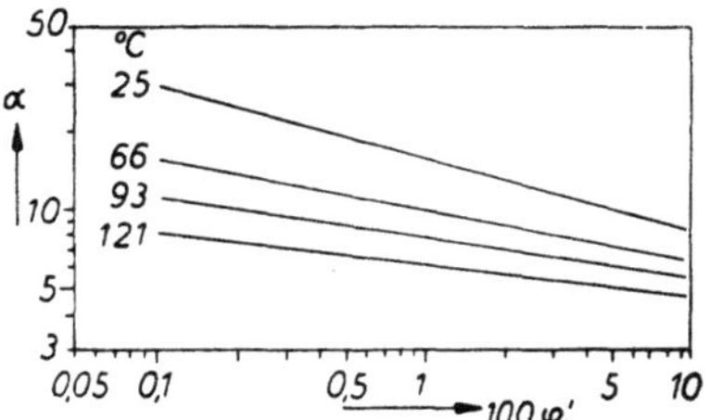

Abb. 54. Temperatur- und Konzentrationsabhängigkeit des Trennfaktors für das System Toluol/n-Heptan; Adsorbens: Kieselgel [vgl. (4)].

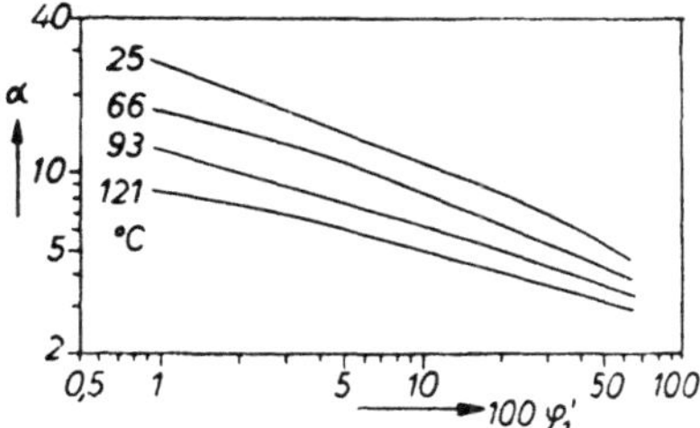

Abb. 55. Temperatur- und Konzentrationsabhängigkeit des Trennfaktors für das System α-Methylnaphthalin/Dekalin; Adsorbens: Silikagel [vgl. (4)].

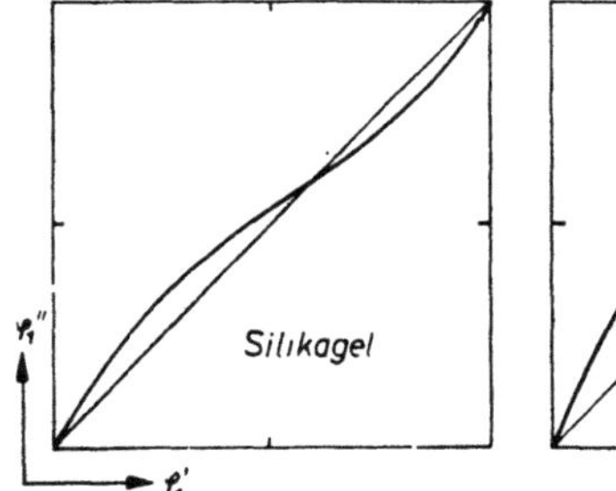

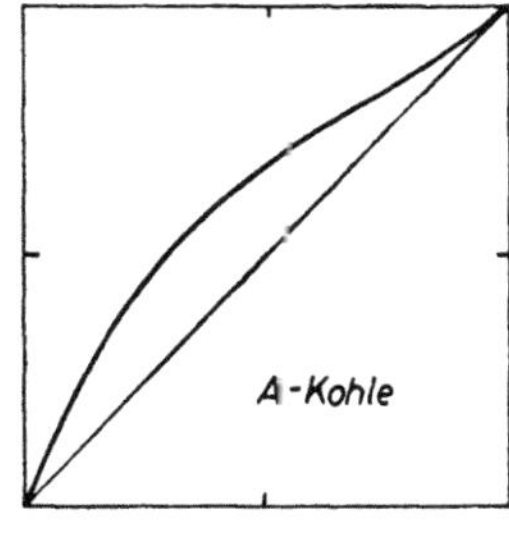

Abb. 56. Adsorptionsgleichgewichte von n-Heptan/Methylzyklohexan an zwei verschiedenen Adsorbentien bei 0 °C [vgl. (9)].

Nach HIRSCHLER und MERTES (4) bewirkt ein größerer Porendurchmesser einen kleineren Trennfaktor, aber eine größere Adsorptionsgeschwindigkeit, d. i. die Geschwindigkeit der Gleichgewichtseinstellung.

Die Art des Gleichgewichts und die Geschwindigkeit der Gleichgewichtseinstellung sind die beiden Hauptfaktoren, die für eine Vorausberechnung technischer Adsorptionskolonnen beachtet werden müssen. Für den Laboratoriumsbetrieb ist die kinetische Seite des Problems nicht so sehr interessant; der Kolonnenversuch kann stets so langsam ausgeführt werden, daß der Gleichgewichtszustand praktisch immer erreicht ist. EAGLE und SCOTT (3) sowie HIRSCHLER und MERTES (4) diskutieren die Adsorptionskinetik im Zusammenhang mit adsorptiven Trennungen in der flüssigen Phase.

Manche Substanzen reagieren mit bestimmten Adsorbentien oder werden unter dem katalytischen Einfluß des Adsorbens zersetzt (z. B. bildet sich aus Azeton an Aluminiumoxid Diazetonalkohol); diese Möglichkeiten sind bei der Reindarstellung von Stoffen zu beachten.

3.4 Einfache Kolonnentheorie

Gegeben sei ein Rohr der Länge L cm mit dem Querschnitt q cm²; es enthält $L \cdot q$ cm³ Adsorbens. Eine binäre Mischung bekannter Zusammensetzung φ_1^0 werde auf die Kolonne gegeben. Die Komponente 1 sei stärker adsorbierbar als die Komponente 2 ($\alpha > 1$). Sobald das Gemisch mit dem Adsorbens in Berührung kommt, wird die flüssige Phase an der Komponente 1 verarmen. In dem Maße wie die Mischung der Kolonne zufließt, kommt die oberste Schicht des Adsorbens mit frischer Mischung in Kontakt, so daß diese oberste Schicht bald im Gleichgewicht mit einer Mischung der Ausgangskonzentration φ_1^0 ist. In der Zwischenzeit passiert der erste Teil der aufgegebenen Mischung immer frische Adsorberschichten, wodurch die Konzentration der Komponente 1 immer mehr verringert wird. Sowohl die Schichtlänge des Adsorbens, die mit einer Mischung der Ausgangskonzentration im Gleichgewicht steht, als auch die Schichtlänge der Front, in der die Konzentration der Komponente 1 abnimmt, wird mit der Aufgabe von immer mehr Mischung am Kopf der Kolonne größer.

Wenn das Volumen der Charge größer ist als die Kapazität der Kolonne, tritt am unteren Ende Flüssigkeit aus. Die zuerst ablaufende Flüssigkeit ist an Komponente 1 sehr verarmt. Schließlich aber tritt Flüssigkeit der Ausgangskonzentration φ_1^0 aus, wenn nämlich das gesamte Adsorptionsmaterial in der Kolonne mit einem Gemisch der Konzentration φ_1^0 im Gleichgewicht steht.

Dieses Verfahren der frontalen Analyse gestattet bestenfalls die Reinigung einer Komponente eines Gemisches, aber keine quantitative Trennung.

Um eine quantitative Trennung aller Komponenten eines Gemisches zu erreichen, muß die Aufgabe von Mischung auf die Kolonne frühzeitig abgebrochen werden. Die dann in der Kolonne enthaltene Portion Gemisch wird durch ein Desorptionsmittel über immer frische Schichten von Adsorbens getrieben. Hierbei findet je nach Adsorbierbarkeit eine Trennung statt. Wenn die Kolonne genügend lang ist, erscheint schließlich im Ablauf zuerst die Komponente 2, dann die Komponente 1 und zuletzt das Desorbens. Die Wahl des Desorbens muß so erfolgen, daß es alle Komponenten des Gemisches verdrängt. Das bedeutet, daß sein Trennfaktor gegenüber allen vorhandenen Komponenten so groß wie möglich sein soll. Für Kieselgel eignet sich Methanol und seine höheren Homologen, für Aktivkohle verwendet man Benzol.

Bei dieser Art der Betrachtung war das Adsorbens stationär, das Gemisch wanderte durch die Kolonne, getrieben von Desorbens oder Verdränger. Dieser Vorgang kann aber auch anders beschrieben werden, indem man sagt: Die Zone mit der Portion Mischung bleibt stationär, am Boden der Kolonne wird dauernd frisches Adsorbens eingeführt, das unten die stärker adsorbierbare Komponente 1 festhält und nach oben transportiert (vgl. Abb. 57). Oben angekommen, wird das Adsorbens durch Desorption von allen Komponenten des Gemisches befreit, so daß die vorher adsorbierte Flüssigkeit unter dem Einfluß der Schwerkraft nach unten läuft. Dadurch wird ein Gegenstrom bewirkt, in dem die aufsteigende, adsorbierte Phase (d. h. Adsorbens mit Flüssigkeit in den Poren) der herablaufenden, flüssigen Phase begegnet. Zwischen den beiden Phasen stellt sich in jedem Querschnitt der Kolonne das Adsorptionsgleichgewicht ein. Der Strom der herablaufenden flüssigen Phase ist gleich dem Strom der aufsteigenden adsorbierten Phase, gemessen als Volumen/Zeit. Diese Tatsache begründet die Verwendung von Volumenbrüchen.

Diese Art der Beschreibung läßt die Analogie des geschilderten Verfahrens mit der Rektifikation unter totalem Rückfluß klar hervortreten. Die adsorbierte Phase entspricht der Dampfphase bei der Destillation. Bei einer Destillationskolonne dauert es eine gewisse Zeit, ehe die Konzentrationsverteilung längs der Säule stationär geworden ist. Diese Zeit ist bei Kolonnen

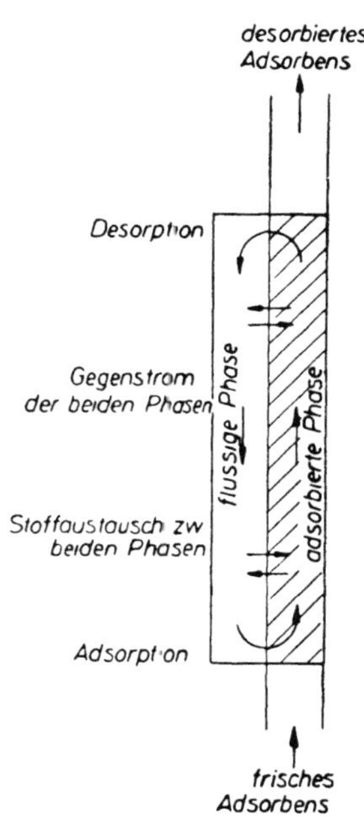

Abb. 57. Schema der Vorgänge in einer Adsorptionskolonne [nach Rossini (7)].

mit einer großen Zahl theoretischer Trennstufen besonders groß. In der gleichen Weise ist die Trennung in einer Adsorptionssäule anfangs von dem Ausmaß des stattgefundenen Gegenstroms abhängig, bis sich nach genügend langer Zeit eine stationäre Konzentrationsverteilung ausgebildet hat. Die Größe des Gegenstroms ist proportional zur Menge an Adsorbens, über das die Portion Gemisch getrieben wurde. Das Verhältnis

$$\varkappa = \frac{\text{Adsorbens in der Kolonne (Gramm)}}{\text{Gemisch (Gramm)}}$$

dient zur quantitativen Charakterisierung des Gegenstroms.

In Abb. 58 ist verdeutlicht, wie die Konzentrationen sich längs der Zone mit der Portion Gemisch in Abhängigkeit von der Zeit bzw. von $\varkappa$ ändern [nach ROSSINI (2; 7)].

Das binäre Gemisch habe die Ausgangskonzentration $\varphi_1{}^0$. Im Bild ist die Konzentration, gemittelt über beide Phasen, als Funktion der Länge l dargestellt. Der Parameter der Kurven ist $\varkappa$; das Analogon zu $\varkappa$ bei der destillativen Rektifikation unter totalem Rückfluß ist die seit Beginn des Experiments zugeführte Heizenergie.

Für die Ermittlung der Höhe einer theoretischen Trennstufe einer Adsorptionskolonne haben MAIR, WESTHAVER und ROSSINI (2; 7) ein Verfahren angegeben, dessen Beschreibung im Abschnitt 3.41 folgt. Sie bestimmten z. B. für Kieselgel Werte in der Größenordnung 1 cm. Eine einwandfreie Abhängigkeit von der Durchflußgeschwindigkeit läßt sich aus den Versuchsdaten nicht ablesen; der untersuchte Bereich variierte von 5 bis 18 cm/h. Die Zahl n der theoretischen Trennstufen erhält man nicht durch Dividieren der Gesamtlänge L der Kolonne durch HETP, sondern durch Dividieren von l durch HETP, wobei l die Länge der Zone ist, in der sich die Portion Gemisch befindet (vgl. Abb. 58). Die Gesamtlänge L bestimmt nur, wie schon oben erwähnt, das Ausmaß des stattfindenden Gegenstroms.

Wenn man eine gegebene Menge Gemisch über eine vorgegebene Menge Kieselgel laufen läßt, so liegt $\varkappa$ und damit das Ausmaß des Gegenstroms fest. Verwendet man eine Kolonne mit großem Querschnitt und kleiner Länge L, so wird auch l und damit n klein. Benutzt man dagegen bei gleichem $\varkappa$ eine Kolonne mit großer Länge L und kleinem Querschnitt, so wird n groß, was erwünscht ist. Der Querschnitt darf aber einerseits nur so weit verkleinert werden,

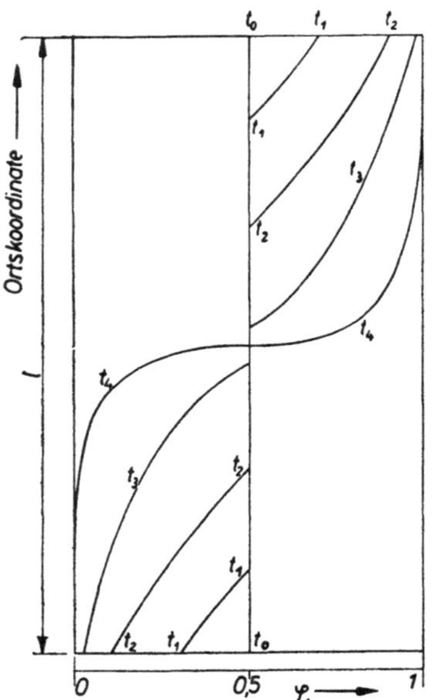

Abb. 58. Konzentrationsverteilung in einer Kolonne als Funktion der Zeit t bzw. von $\varkappa$ [nach ROSSINI (7)].

daß $2r > 20d$ ist, wobei r der Radius des Kolonnenrohres und d der Korndurchmesser des Adsorbens ist. Diese Bedingung ist aus der Erfahrung abgeleitet und garantiert die Gleichförmigkeit der Flüssigkeitsströmung und die Vermeidung der Randgängigkeit. Andererseits kann die Länge L nicht beliebig vergrößert werden; die Höhe des Laboratoriums oder des Hauses sind obere Grenzen, wenn man von einer Serie hintereinander geschalteter Kolonnen absieht. Hier schließt man z. B. folgenden Kompromiß (9; 7): Das obere Drittel der Kolonne hat den größten Querschnitt, das mittlere Drittel einen kleineren und das letzte Drittel den kleinsten. So erreicht man ein Optimum in bezug auf $\varkappa$ und n.

In der Verdrängungschromatographie verwendet man denselben Kunstgriff, wobei man wegen der kleineren Länge der Kolonne sich stetig im Durchmesser verkleinernde Rohre benutzt. Abgesehen von den obigen Überlegungen empfiehlt sich die Querschnittsverengung auch wegen der dadurch bewirkten Verkleinerung der Übergangsfraktionen; außerdem wird der Einfluß des „Schieflaufens" der Konzentrationsprofile verringert.

MAIR, WESTHAVER und ROSSINI (2; 7) sowie HIRSCHLER und AMON (9) haben Kolonnenmethoden zur Bestimmung des Trennfaktors angebenen; diese sind zeitsparend verglichen mit den statischen Methoden, aber nicht so genau.

Eine elegante, einfache statische Methode nach ROSSINI (7) sei hier nachgetragen, da sie als Hilfsmittel einen Kolonnenprozeß benutzt. In das Bodengefäß eines Exsikkators bringt man eine ausreichende Menge (etwa 100 cm³) der zu untersuchenden Mischung (Kohlenwasserstoffe). Dann stellt man ein Gefäß mit frischem Silikagel (etwa 100 g) in den Exsikkator und evakuiert, um die Luft zu entfernen. Nach etwa einer Woche öffnet man den Exsikkator, entnimmt der Flüssigkeit eine Probe zur Konzentrationsbestimmung und füllt mit dem beladenen Silikagel eine Kolonne, um durch Desorption (mit Alkohol) das adsorbierte Material zu erhalten. Nach Entfernen kleiner Mengen an Desorptionsmittel (durch Auswaschen mit Wasser) kann die Konzentration der adsorbierten Phase bestimmt werden.

3.41 Verfahren zur Bestimmung von HETP nach Rossini (2; 11)

Ebenso wie bei der Destillation unter totalem Rückfluß kann man auch für ein binäres Gemisch in einer Adsorptionskolonne die Beziehung

$$\left(\frac{\varphi_1{}'}{\varphi_2{}'}\right)_n = \alpha^n \left(\frac{\varphi_1{}'}{\varphi_2{}'}\right)_1$$

ableiten. Diese Gleichung ist anwendbar, wenn die Kolonne im stationären Zustand ist, d. h. wenn durch Verlängerung der Kolonne (bzw. durch Einführen von frischem Adsorbens) keine weitere Verbesserung der Trennung eintritt (vgl. Abb. 58). Die Länge der Kolonne ist nicht identisch mit der Gesamtlänge L, sondern man benutzt nur die vom Volumen der zu trennenden Mischung besetzte Länge l, um aus $\dfrac{l}{\text{HETP}} = n$ die Gesamtzahl n der theoretischen Trennstufen zu berechnen. Man bestimmt experimentell die Konzentration des Ablaufs als Funktion des abgeflossenen Volumens. Die Durchflußgeschwindigkeit sei v [cm/Stunde]. Während des Ausfließens der Übergangsfraktion bestimmt man zu einem Zeitpunkt t_0 die Konzentration $(\varphi_1)_{t_0}$ und zur Zeit t die Konzentration $(\varphi_1)_t$. Dann ist die Probe mit der Konzentration $(\varphi_1)_t$ zur Zeit t_0 um die Strecke $h = v(t - t_0)$ von der Probe mit der Konzentration $(\varphi_1)_{t_0}$ entfernt. Es muß also gelten

$$\log\left(\frac{\varphi_1}{1 - \varphi_1}\right)_t - \log\left(\frac{\varphi_1}{1 - \varphi_1}\right)_{t_0} = N \cdot \log \alpha.$$

Bei bekanntem Trennfaktor α (evtl. Mittelwert) kann die Zahl N der theoretischen Trennstufen längs der Strecke h und damit aus $\frac{h}{N} = \text{HETP}$ die Höhe einer theoretischen Trennstufe berechnet werden.

Im allgemeinen ist HETP eine Funktion der Durchflußgeschwindigkeit, der Eigenschaften der flüssigen Phase und der Art des Adsorbens.

3.5 Apparaturen

Der große Vorteil der verdrängungschromatographischen Trennmethode ist ihr geringer apparativer Aufwand. Die einfachste Anordnung besteht aus einem Rohr, das unten mit einem Glaswattepfropfen verschlossen ist. Dieser trägt die darüber befindliche Schicht des Adsorbens. Der oberste Teil des Rohres ist leer und dient zur Aufnahme der flüssigen, zu trennenden Mischung und später zur Aufnahme des flüssigen Desorbens. Unter dem Einfluß des hydrostatischen Überdrucks strömt die Flüssigkeit durch die Adsorberschicht (Abb. 59).

Da das obere Ende der adsorbierenden Schicht nicht trocken laufen darf, muß bei dieser Anordnung (a) dauernd Flüssigkeit nachgegossen werden. Deshalb bringt man am oberen Ende einen Vorratsbehälter für die Flüssigkeit an (Anordnung b). Den Glaswollepfropfen ersetzt man durch eine weitporige Fritte.

Bei langen Kolonnen und feinkörnigem Adsorbens reicht der hydrostatische Überdruck nicht aus, um die Flüssigkeit durch die Kolonne zu drükken. Hier muß man die Möglichkeit

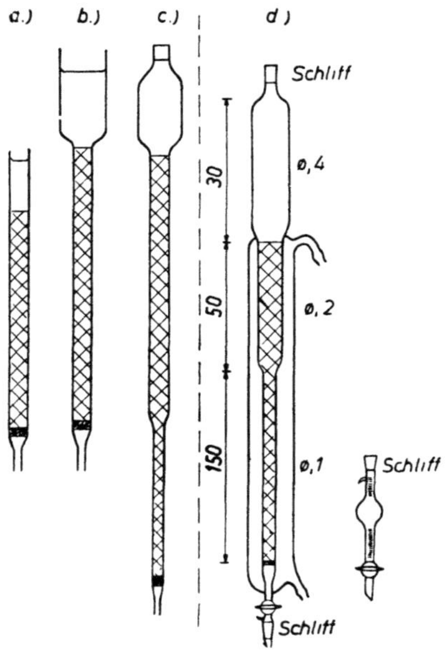

Abb. 59. Verschiedene Kolonnenkonstruktionen; rechts unten Fraktionssammler; Maße in cm.

haben, das Reservoir unter Überdruck setzen zu können, um jede gewünschte Durchflußgeschwindigkeit einzuregulieren.

Dies ermöglicht Anordnung (c), die auch gleichzeitig von der günstigen Wirkung einer Querschnittsverkleinerung des unteren Teils der Kolonne Gebraucht macht.

Für Flüssigkeiten mit großer Viskosität müßte man sehr hohe Drucke anwenden, um in angemessenen Zeiten genügende Mengen durch die Kolonne fließen zu lassen. Einfacher ist es, durch Temperaturerhöhung die Viskosität der Flüssigkeit zu erniedrigen. Hierzu umgibt man die Kolonne mit einem Thermostatenmantel [Anordnung (d) nach ROSSINI (7)]. Ebenso gut läßt sich der Thermostatenmantel zur Kühlung verwenden, wenn leicht flüchtige Stoffe getrennt werden, oder wenn man durch Temperaturerniedrigung den Trennfaktor vergrößern will (vgl. Abb. 54 und 55).

Zum Auffangen und Abmessen der Menge der Fraktionen benutzt man im einfachsten Fall Reagenzgläser oder den von Rossini (7) beschriebenen Fraktionssammler. Von der Industrie werden automatisch arbeitende Fraktionssammler angeboten; eine Übersicht über solche Geräte geben Grubhofer und Lwowski (17). Eggenberger und Cavanaugh (18) beschreiben eine relativ einfache Anordnung, mit der Dosierungen von etwa 1 cm³ noch mit einer Genauigkeit von etwa 1 Promille vorgenommen werden können.

Die in Abb. 59 dargestellte Kolonne (d) gestattet die Trennung von etwa 30 bis 100 cm³ Ausgangsgemisch; für 30 cm³ Gemisch ist $\varkappa \approx 6$ (275 cm³ ≙ 184 g Kieselgel, 30 g Gemisch). Als Desorptionsmittel für Kieselgel verwendet man Methanol, sofern es mit dem Gemisch und der am stärksten adsorbierten Komponente vollkommen mischbar ist. Für die hochsiedenden Paraffine und Zykloparaffine müssen die höheren Alkohole (Isopropylalkohol, Pentanol) eingesetzt werden.

Zur Rückgewinnung des Adsorbens stellt man die Kolonne auf den Kopf und spült die Füllung heraus, indem man mit einem festen Plastikschlauch Wasser in das Kolonnenrohr einspritzt. Durch Abfiltrieren entfernt man nachher die Hauptmenge des Wassers und trocknet dann das Füllmaterial bei den vorgeschriebenen Temperaturen im Trockenschrank. Gaboriault und Rossini (19; 7) beschreiben zum Teil 19 m lange Kolonnen aus rostfreien Stahlrohren mit 2 cm Durchmesser; mit diesen Kolonnen wurden innerhalb von 100 bis 120 Stunden 3 bis 6 kg Gemisch getrennt. Die Regeneration des Adsorbens erfolgte hier in der Kolonne durch vorsichtiges Ausheizen, so daß die Hauptmenge des Desorbens abdestillierte. Durch stärkeres Heizen und vorsichtiges Abpumpen wurden die letzten Reste entfernt. In ihrem Buch empfehlen Rossini, Mair und Streiff (7) allerdings, von einer Regeneration des Adsorbens abzusehen, das Adsorptionsmittel zu verwerfen, und die Kolonne frisch zu füllen.

Die Adsorbentien verlieren nämlich durch häufige Regeneration einen Teil ihrer Wirksamkeit; eine zehnmalige Regeneration dürfte die äußerste Grenze sein. Eine quantitative analytische Auswertung eines Kolonnenversuches erfordert jedoch die Verwendung von vollkommen frischem Adsorbens, damit keine Verunreinigungen eingeschleppt werden. Das gilt natürlich auch für Versuche, welche die Reinigung einer Substanz zum Ziel haben.

Im folgenden wird die Ausführung eines Experimentes mit einer Glaskolonne nach Abb. 59 (d) geschildert: Das Kolonnenrohr wird bis zu einer Höhe 2 cm unterhalb des Reservoirs mit Adsorbens gefüllt. Während des Einfüllens wird das Kolonnenrohr ständig mit einem Stück Gummischlauch geklopft, damit eine homogene, dichte Packung erreicht wird. Ist das Adsorbens auf diese Weise eingefüllt, wird die abgemessene Menge des zu trennenden Gemisches aufgegeben. Der Hahn am unteren Ende der Kolonne muß dabei geöffnet sein. Ist die Mischung gerade vollkommen vom Adsorbens aufgesogen, so gibt man eine 2 cm starke Schicht frischen Adsorbens zu und unmittelbar danach das Desorbens. Die Zwischenschicht aus frischem Adsorbens soll eine Vermischung der Gemischzone mit dem Desorbens verhindern. Man schließt das Reservoir und stellt einen geeigneten Überdruck her. Für die Kolonne nach Abb. 59 (d) reicht eine Druckleitung aus Glasrohr, Glashähnen und Druckschlauch für Überdrucke bis zu 0,7 atü vollkommen aus. Nach einer Zeit von ungefähr 4 Stunden soll die erste Flüssigkeit aus der Kolonne austreten. Die Größe der abzunehmenden Fraktionen richtet sich nach der vermutlichen Zusammensetzung des Ausgangsgemisches. Bei Gemischen unbekannter Zu-

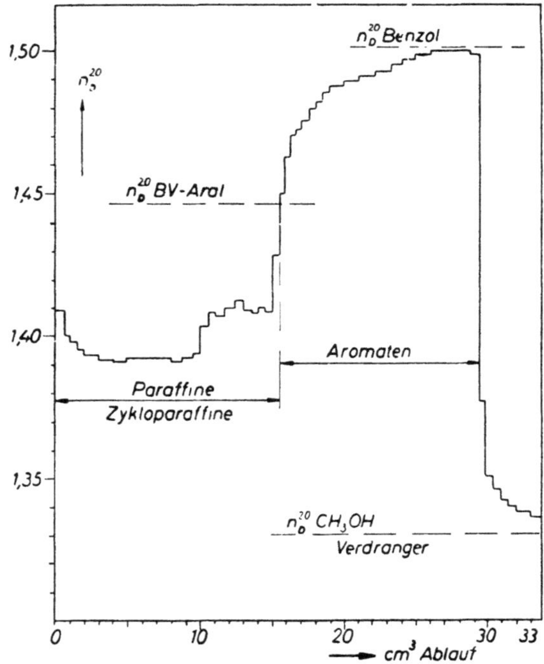

Abb. 60. Trennung eines Superbenzins in eine aromatische und eine nichtaromatische Fraktion; 30 cm³ *BV*-Aral, Kolonne nach Abb. 59 (d).

sammensetzung und bei den Übergangsfraktionen muß man in kleine Fraktionen zerlegen. Diese Bedingung legt es nahe, den Brechungsindex zur Konzentrationsbestimmung zu verwenden; natürlich sind auch alle anderen Analysenverfahren anwendbar. Schließlich erscheint im Ablauf das Desorbens; der Versuch ist damit nach etwa 6 bis 8 Stunden beendet.

In Abb. 60 ist das Ergebnis eines solchen Experiments dargestellt. Untersucht wurden 30 cm³ BV-Aral (ein Superbenzin) zur Bestimmung des Gehaltes an aromatischen Bestandteilen. Als Kolonne dient eine solche nach Abb. 59 (d). Füllmaterial war Silikagel Em 0,15 bis 0,30 der Fa. Gebr. Herrmann, Köln, Desorbens war Methanol. Im Diagramm ist der Brechungsindex als Funktion des abgelaufenen Volumens aufgetragen. Die Trennung in eine Fraktion, die nur Paraffine und Zykloparaffine enthält und in eine Fraktion, die vorwiegend aromatischen Charakter besitzt, ist klar zu erkennen. Eine quantitative Auswertung ist sofort möglich [vgl. ROSSINI, MAIR und STREIFF (7)].

3.6 Ergebnisse von Kolonnenversuchen

Die Abhängigkeit der Trennung vom Verhältnis $\varkappa$ haben ROSSINI, MAIR und STREIFF (7) untersucht. Je 600 cm³ eines 50 Vol.-%-Gemisches aus Benzol und n-Hexan liefen in einer Kolonne mit 2 cm Innendurchmesser über verschiedene

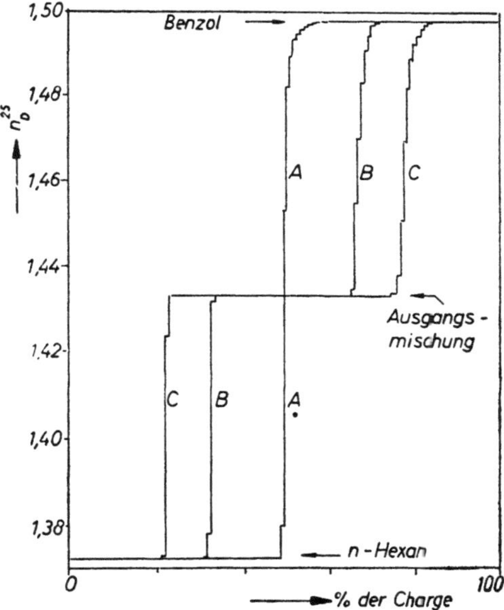

Abb. 61. Kolonnenversuche mit einer 50 Vol.-%-Mischung Benzol/n-Hexan und drei verschiedenen Mengen Kieselgel.
A 1666 g, *B* 1002 g, *C* 668 g [nach ROSSINI, MAIR und STREIFF (7)].

Mengen von Kieselgel (200 bis 325 mesh, Davison Chemical Corp., Baltimore, Md. Nr. 22–08), und zwar über 668 g, 1002 g und 1666 g. Das Ergebnis zeigt Abb. 61.

Man vergleiche diese Kurven ($\varkappa = 1{,}4$; 2,1; 3,5) mit der Darstellung in Abb. 58.

Die Abb. 61 zeigt auch die gute Trennbarkeit von Paraffin und Aromat. Die Trennung von Paraffin und Zykloparaffin (7) ist erheblich schwieriger, wie aus Abb. 62 hervorgeht. Kolonne: 7,7 m, davon 0,5 m mit 2 cm Durchmesser und 7,2 m mit 1 cm Durchmesser; Kieselgel; 25 cm³ Gemisch; $\varkappa \approx 25$.

Ebenso schlecht ist die Trennung Paraffin/Paraffin, was am Beispiel n-Heptan/n-Dodekan (7) erläutert sei (Abb. 63). Kolonne: 7,7 m (wie im vorigen Beispiel); Kieselgel; 20 cm³ Gemisch; $\varkappa \approx 26$.

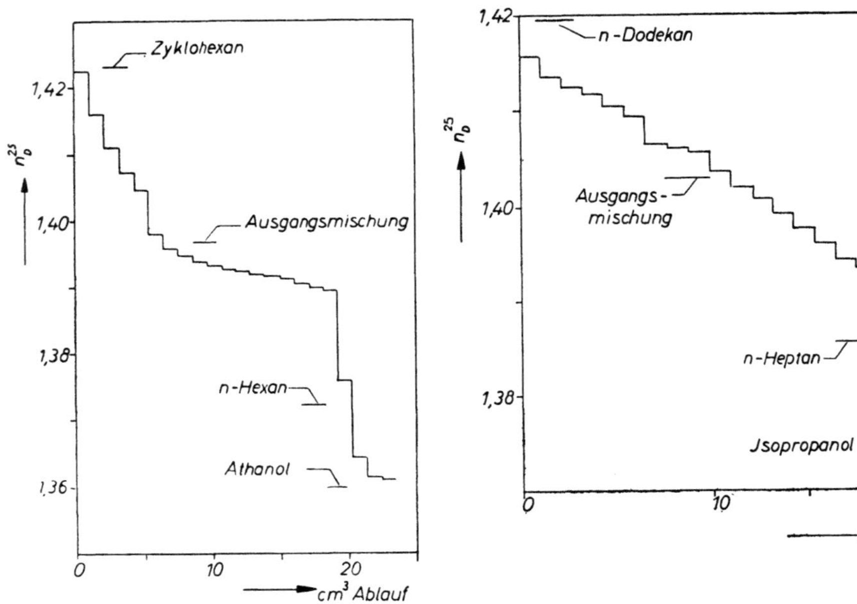

Abb. 62. Trennung n-Hexan/Zyklohexan [vgl. (7)].

Abb. 63. Trennung n-Heptan/n-Dodekan [vgl. (7)].

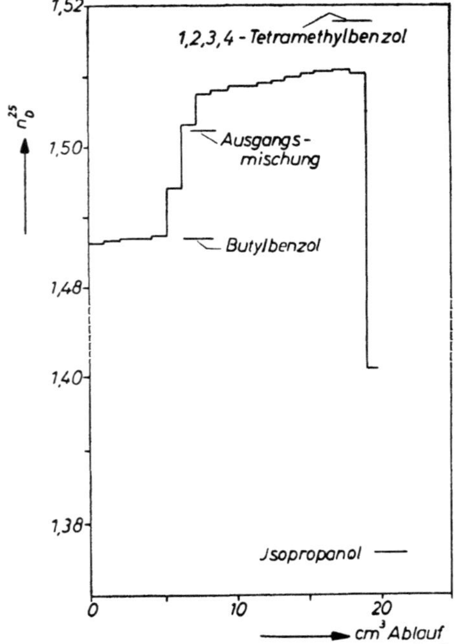

Abb. 64. Trennung 1,2,3,4-Tetramethyl-benzol/n-Butylbenzol [vgl. (7)].

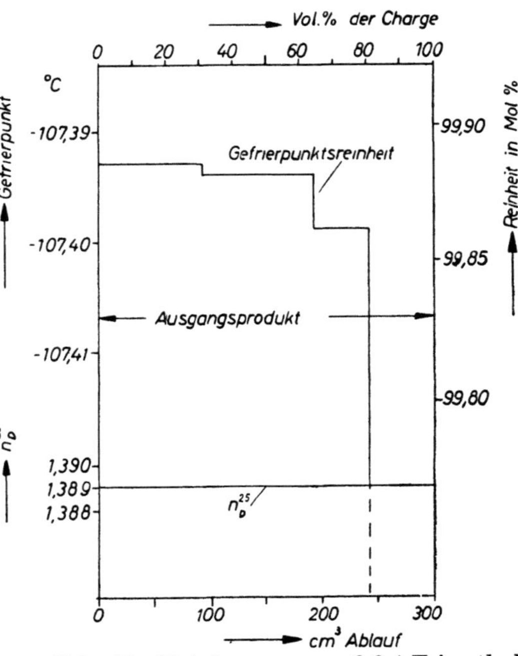

Abb. 65. Reinigung von 2,2,4-Trimethyl-pentan.

Eine Trennung zweier aromatischer Kohlenwasserstoffe ist in Abb. 64 dargestellt. 20 cm³ Gemisch aus 1,2,3,4-Tetramethylbenzol und n-Butylbenzol liefen über eine 7,7 m lange Kolonne (wie in den beiden vorigen Beispielen); Kieselgel; $\varkappa \approx 26$.

Die Reinigung von Kohlenwasserstoffen durch Adsorption wird durch die folgenden zwei Beispiele demonstriert (7). 2,2,4-Trimethylpentan (Abb. 65) und 1,2-Diäthylbenzol (Abb. 66) liefen über eine 7,7 m lange Kolonne mit 1,8 kg Kieselgel; $\varkappa$ war 8,2 bzw. 4,5. Die Reinheit wurde aus Messungen des Gefrierpunktes bestimmt.

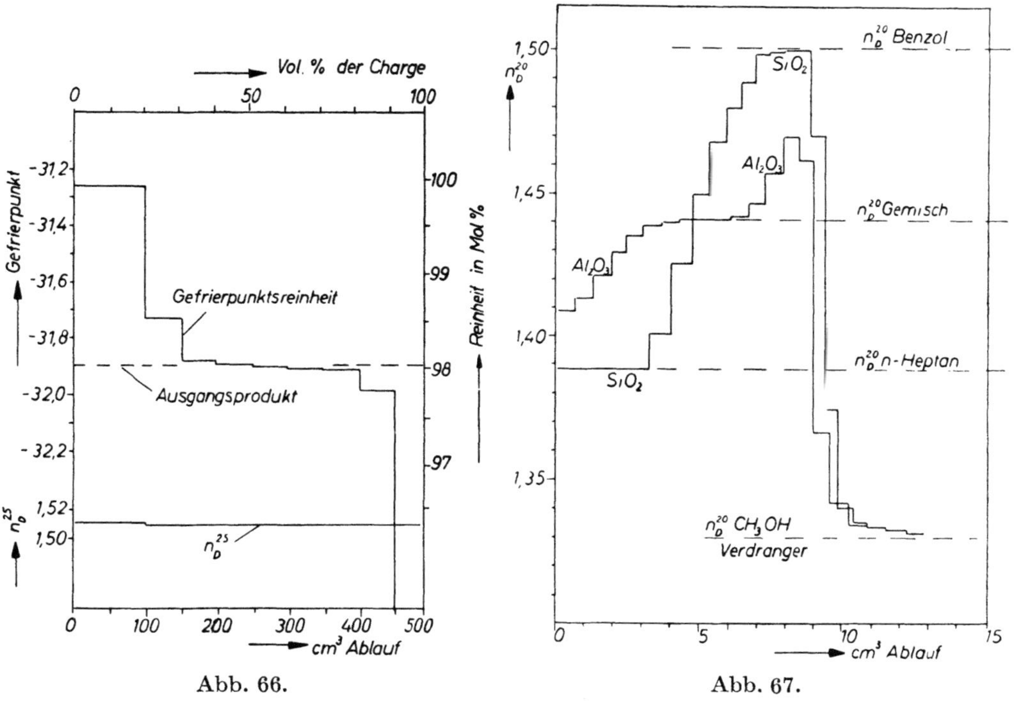

Abb. 66.   Abb. 67.

Abb. 66. Reinigung von 1,2-Diäthylbenzol.

Abb. 67. Trennung Benzol/n-Heptan, 50 Vol.-%, mit
1) Silikagel Em 60/80 der Fa. Gebr. Herrmann,
2) Aluminiumoxid, stand. nach BROCKMANN, der Fa. Merck;
Kolonne 60 cm, 1 cm Durchmesser. Beide Füllungen vorher bei 150 °C getrocknet.

Die Wirksamkeit verschiedener Adsorbentien veranschaulicht die Abb. 67. 10 cm³ einer Mischung von n-Heptan und Benzol liefen über eine Kolonne mit 60 cm Länge und 1 cm Innendurchmesser, die einmal mit Silikagel (Em 60/80, Gebr. Herrmann, Köln) und dann mit Aluminiumoxid (Merck, stand. nach BROCKMANN) gefüllt war. Beide Adsorbentien waren frisch und im

Trockenschrank bei 150 °C getrocknet. Das Silikagel ist im vorliegenden Fall bedeutend wirksamer.

3.7 Literatur zu Abschnitt 3

1. LUGG, J. W. H., Brit. Med. Bull. **10**, 192 (1954).
2. MAIR, B. J., WESTHAVER, J. W. und F. D. ROSSINI, Ind. Eng. Chem. **42**, 1279 (1950).
3. EAGLE, S. und J. W. SCOTT, Ind. Eng. Chem. **42**, 1287 (1950).
4. HIRSCHLER, A. E. und T. S. MERTES, Ind. Eng. Chem. **47**, 193 (1955).
5. MARTIN, A. J. P. und R. L. M. SYNGE, Biochem. J. **35**, 1358 (1941).
6. CLAESSON, S., Arkiv Kemi, Min. Geol. **23**A, No. 1 (1946).
7. ROSSINI, F. D., MAIR, B. J. und A. J. STREIFF, Hydrocarbons from Petroleum (New York, 1953).
8. TSWETT, M., Arb. Naturforschg. Ges. Warschau **14** (1903); Ber. Dtsch. botan. Ges. **24**, 316, 384 (1906).
9. HIRSCHLER, A. E. und S. AMON, Ind. Eng. Chem. **39**, 1585 (1947).
10. BRUNAUER, S., Adsorption of gases and vapors (London, 1943).
11. STREIFF, A. J., MAIR, B. J. und F. D. ROSSINI, Ind. Eng. Chem. **41**, 2037 (1949).
12. HESSE, G. und H. SCHILDKNECHT, Angew. Chem. **67**, 737 (1955).
13. RITTER, H. L. und L. C. DRAKE, Ind. Eng. Chem., Anal. Ed. **17**, 782 (1945).
14. DRAKE, L. C. und H. L. RITTER, Ind. Eng. Chem., Anal. Ed. **17**, 787 (1945).
15. DRAKE, L. C., Ind. Eng. Chem. **41**, 780 (1949).
16. NEHER, M. B., Anal. Chem. **33**, 1132 (1961).
17. GRUBHOFER, N. und W. LWOWSKI, Chem.-Ing.-Techn. **28**, 579 (1956).
18. EGGENBERGER, D. N. und E. F. CAVANAUGH, Anal. Chem. **29**, 1116 (1957).
19. MAIR, B. J., GABORIAULT, A. L. und F. D. ROSSINI, Ind. Eng. Chem. **39**, 1072 (1947).
20. TUDOR, M., THOMAS, L. und R. L. MAYS, Separations with molecular sieves, in: Physical methods in chemical analysis, Herausgeber: W. G. BERL, Bd. 4 (New York, 1961).
21. BRUNAUER, S., EMMET, P. M. und E. TELLER, J. Amer. Chem. Soc. **60**, 309 (1938).

4. Gaschromatographie

4.1 Abkürzungen

p_i Partialdruck des Stoffes i über einer Lösung

$p_i^{\cdot}$ Dampfdruck des reinen Stoffes i

P Totaldruck

$x_i{}', x_i{}''$ Molenbruch des Stoffes i in flüssiger bzw. gasförmiger Phase

$c_i{}', c_1{}''$ Volumenkonzentration des Stoffes i in flüssiger bzw. gasförmiger Phase

f_i Aktivitätskoeffizient des Stoffes i

$f_i^0 = \lim\limits_{x_i' \to 0} f_i$ (S. 87)

V', V'' Molvolumen der flüssigen bzw. gasförmigen Phase

$\varkappa_c$ Verteilungsquotient $= c'/c''$

ξ Längenkoordinate

t Zeitkoordinate

v Geschwindigkeit des Trägergases

q_m Querschnitt für die mobile Phase

q_s Querschnitt für die stationäre Phase

u_i Wanderungsgeschwindigkeit der Stelle mit der Maximalkonzentration des Stoffes i in der Zone

$R_{fi} = u_i/v$ (S. 89)

D_{eff} effektiver Diffusionskoeffizient (S. 92)

s_i Menge des Stoffes i in Molen

α Trennfaktor (S. 93)

HETP Höhe einer theoretischen Trennstufe (S. 95)

N Gesamtzahl der theoretischen Trennstufen

V_r^0 Rückhaltevolumen, auf den Druckabfall $= 0$ reduziert (S. 102)

V_i reduziertes Rückhaltevolumen nach Gl. [4,29b]

λ Wärmeleitzahl

$t_{\text{max}, i}$ Austrittszeit der Stelle mit der Maximalkonzentration des Stoffes i in der Zone

4.2 Allgemeines und Historisches

Die Bezeichnung „Gaschromatographie" wird auf chromatographische Verfahren mit einem Gas als mobiler Phase angewendet. Die stationäre Phase ist entweder ein festes Adsorptionsmittel oder eine fein verteilte Flüssigkeit auf einem inerten festen Trägermaterial. Ebenso wie bei der Flüssigkeitschromatographie kennt man die drei verschiedenen Arbeitsverfahren: I Frontale Analyse, II Entwicklung und III Verdrängung (vgl. hierzu Tab. 10). Zur Lösung sowohl analytischer als auch präparativer Trennprobleme hat sich die Entwicklungs-Verteilungs-Gaschromatographie (EVG) als besonders geeignet erwiesen. In diesem Abschnitt 4 wird daher hauptsächlich die EVG beschrieben, also die Kombination 2-II (vgl. Tab. 10). Auf die Möglichkeit dieses Verfahrens haben MARTIN und SYNGE (1) 1941 erstmalig hingewiesen. Im Jahre 1952 haben MARTIN und JAMES (2) die Brauchbarkeit der EVG an interessanten Trennproblemen bewiesen (Trennung und quantitative Analyse sehr kleiner Mengen höherer Fettsäuren). Erst nach diesen Arbeiten hat die Gaschromatographie ihre große Verbreitung gefunden; die Anfänge des Verfahrens lassen sich jedoch bis in das Mittelalter zurückverfolgen. Der Straßburger Wundarzt BRUNSCHWIG (3) beschrieb 1512 ein „destillatives" Verfahren zur Befreiung des Alkohols von Fuselölen und Wasser, wobei der Alkoholdampf über einen mit Olivenöl getränkten Badeschwamm geleitet wurde. In Wirklichkeit handelt es sich hier um ein Verfahren der Verteilungs-Gaschromatographie mit frontaler Analyse. Der Schwamm diente als Trägersubstanz, das Olivenöl als stationäre Phase. Dieses nahezu 500 Jahre alte Verfahren ist jedoch in Vergessenheit geraten; BAYER (4) hat diese Vorschrift nachgearbeitet und festgestellt, daß man tatsächlich z. B. aus 20%igem Alkohol geringe Mengen reinen, von Wasser und Fuselölen freien Alkohol erhält.

Mit der Entwicklung der Kapillarchromatographie ist die EVG in den letzten Jahren wesentlich bereichert und ergänzt worden. Die ungefüllten Kapillarsäulen, bei denen ein dünner Flüssigkeitsfilm als stationäre Phase die Kapillarwandung benetzt, sind aus einer theoretischen Modellbetrachtung (gefüllte Säule als Bündel von Kapillaren) von GOLAY (170) entstanden und haben sich für viele Trennprobleme hervorragend bewährt [vgl. KAISER (103), S. 139ff.]. Ihr Vorzug besteht in der außerordentlich hohen Trennwirksamkeit und den sehr kurzen Austrittszeiten der Substanzen. Allerdings sind die Substanzmengen, die auf diese Weise getrennt werden können, überaus gering.

Adsorptionsmethoden zur Gastrennung waren schon lange Zeit bekannt (5; 6; 7), als CLAESSON (8) die Kombination 1-III (Tab. 10) für die Trennung und Analyse flüchtiger Substanzen empfahl und eingehend beschrieb. Diese Methode wurde von PHILLIPS (9) und JAMES und PHILLIPS (10; 11) weiter ausgebaut und durch zahlreiche Anwendungen auf ihre Brauchbarkeit geprüft. Ältere Adsorptionsverfahren mit den Merkmalen der Gaschromatographie wurden von SCHUFTAN (5; 7), HESSE, EILBRACHT und REICHENEDER (12), HESSE und TSCHACHOTIN (13), DAMKÖHLER und THEILE (14; 15; 16) sowie WICKE (17) beschrieben. Offenbar hat SCHUFTAN als erster ein gaschromatographisches Analysenverfahren benutzt. HESSE und Mitarb. (12) haben 1941 eine präparative Anwendung der Kombination 1-II (Tab. 10) beschrieben, die sie „Adsorptionsdestillation" bezeichneten. Das Gemisch Benzol/Zyklohexan haben HESSE und Mitarb. (13) 1942 durch Adsorption aus der Gasphase an Kieselgel und Verdrängung mit einem Wasserdampf enthaltenden Gasstrom getrennt.

DAMKÖHLER und THEILE (14; 15; 16) zeigten in ihren 1943 veröffentlichten Arbeiten, daß „nur das Überspülen des zu trennenden Gemisches in einem indifferenten Gasstrom über das Adsorbens eine vollständige Trennung verspricht". Sie trennten Gemische von Benzol/Zyklohexan oder Methanol/ Äthanol mit Wasserstoff oder Stickstoff als Trägergas in einer 4 m langen Kolonne, deren Füllung aus gemahlenen Tontellern bestand. Der Ton (Bauxit) wurde zur „Desaktivierung und Homogenisierung" mit Glyzerin imprägniert, und zwar mit einer Menge, die einer vierfachen Molekelschicht auf der Oberfläche des Tons entspricht. DAMKÖHLER und THEILE haben den Ton mit Glyzerin beladen, um die aktiven Zentren abzusättigen. Dadurch wollten sie ein „schlechtes Adsorbens" mit einer möglichst geradlinigen Adsorptionsisotherme erhalten. Praktisch haben die Verfasser (14; 15) nebeneinander sowohl Adsorptions- als auch Verteilungs-Gaschromatographie betrieben.

WICKE (17) hat 1946 theoretische Betrachtungen (Profile der Zonen, Trennung der Zonen) und Experimente (10 bis 60 cm^3 Propan/Propylen) zur „Zerlegung von Gasgemischen in durchströmter Adsorberschicht" angestellt.

KOFLER (18) beschrieb 1949 eine Methode der „Adsorptionssublimation", die er als Kombination der gasanalytischen Adsorptionsmethoden mit der TSWETTschen chromatographischen Analyse (19) bezeichnet.

CREMER und Mitarb. (20; 21; 22) veröffentlichten 1951 Arbeiten, in denen sie mit der Kombination 1-II (Tab. 10) kleine Mengen von Gasgemischen trennten und quantitativ analysierten. Diese Arbeiten des Innsbrucker Institutes begannen 1946, vgl. CREMER und ROSELIUS (23).

Erst in den letzten Jahren ist die Gaschromatographie auch zur Reinigung größerer Substanzmengen eingesetzt worden. BAYER und Mitarb. (24) haben systematisch die Trenneigenschaften von Säulen mit großen Durchmessern untersucht.

Im allgemeinen wird bei der Gaschromatographie isotherm gearbeitet, es kann aber auch eine nach einem bestimmten Programm gesteuerte Aufheizung der Kolonne oder ein Temperaturgefälle längs der Trennsäule vorteilhaft sein.

4.3 Theorie der Entwicklungs-Verteilungs-Gaschromatographie (EVG)

4.31 *Definition des Verfahrens*

Mit dem Wort „Verteilung" ist hier das Verteilungsgleichgewicht einer gelösten Substanz zwischen einer verdünnten flüssigen und einer verdünnten gasförmigen Lösung gemeint. Diese Auffassung der Bedeutung des Wortes „Verteilung" ist sehr speziell. Im Bereich der gaschromatographischen Verfahren soll damit eine Grenze gezogen werden zu den Arbeitsmethoden unter Beteiligung eines Adsorptionsgleichgewichts. Ein Adsorptionsgleichgewicht ist auch eine Verteilung einer gelösten Substanz zwischen einer „adsorbierten Phase" und einer gasförmigen (oder auch flüssigen) Phase. Allgemein kann jedes Phasengleichgewicht als Verteilung einer gelösten Substanz zwischen den Phasen betrachtet werden.

Die Entwicklungschromatographie ist eine spezielle, chromatographische Arbeitstechnik. In einem Rohr befindet sich eine flüssige Phase (stationäre Phase), die den Rohrquerschnitt nur teilweise ausfüllt. Dies erreicht man, indem die Flüssigkeit als dünner Oberflächenfilm auf einen feinkörnigen, inerten Träger aufgebracht wird (z. B. Paraffinöl auf Kieselgur). Durch den verbleibenden freien Querschnitt strömt die mobile Phase, in diesem Fall ein Gas, das sich in den meisten Fällen nur wenig in der stationären Phase löst, aber an sich auch gut löslich sein darf. In diesen konstant fließenden Gasstrom wird momentan eine kleine Menge des gasförmigen oder flüssigen, zu trennenden Substanzgemisches injiziert und von der Gasströmung auf und durch die Kolonne transportiert.

Während das Substanzgemisch in dieser Weise die Kolonne passiert, findet die „Entwicklung" statt, d. h. es bilden sich „Zonen" der verschiedenen Substanzen aus, die mit einer für die Substanz spezifischen relativen Wanderungsgeschwindigkeit die Kolonne durchlaufen. Die Wanderungsgeschwindigkeit wird durch die Größe des Verteilungsquotienten bestimmt. Substanzen mit verschiedenen Verteilungsquotienten laufen verschieden schnell durch die Kolonne, und ihre Zonen werden infolge der Unterschiede der Wanderungsgeschwindigkeit mehr oder weniger gut voneinander getrennt.

Die quantitativen Zusammenhänge dieses zu einer Trennung von Substanzgemischen führenden Mechanismus werden in den folgenden Abschnitten 4.32 bis 4.36 besprochen. Daran anschließend werden die experimentellen Methoden und die Apparaturen der EVG im Abschnitt 4.4 beschrieben.

4.32 *Beschreibung der Gleichgewichtsverhältnisse*

Wie schon erwähnt, spielt in der Verteilungschromatographie das Verteilungsgleichgewicht einer Komponente i zwischen der verdünnten flüssigen und der verdünnten gasförmigen Lösung eine wesentliche Rolle. Der Partialdruck p_i der Komponente i über einer flüssigen Lösung mit dem Molenbruch x_i' ist

$$p_i = p_i^{\cdot} f_i x_i', \qquad [4,1]$$

wobei $p_i^{\cdot}$ der Dampfdruck der reinen, flüssigen Komponente i bei der betrachteten Temperatur und f_i der Aktivitätskoeffizient der Komponente i ist. Der Aktivitätskoeffizient ist konzentrationsabhängig.

Der Partialdruck der Komponente i in einer Gasphase mit dem Molenbruch x_1'' und dem Totaldruck P ist

$$p_i = P x_i''. \qquad [4,2]$$

Gleichsetzen der Gln. [4,1] und [4,2] liefert den mathematischen Ausdruck für eingestelltes Verteilungsgleichgewicht, woraus sich für den Verteilungsquotienten auf Molenbruchbasis $\varkappa_x$ ergibt

$$\varkappa_x = \frac{x_i'}{x_i''} = \frac{P}{p_i^{\cdot} f_i}. \qquad [4,3]$$

Für genügend kleine Konzentrationen kann der Molenbruch leicht in die Volumenkonzentration umgerechnet werden

$$c_i' = \frac{x_i'}{V'} \; ; \quad c_i'' = \frac{x_i''}{V''},$$

wobei V' und V'' die Molvolumina der flüssigen bzw. gasförmigen Phase sind.

Für den Verteilungsquotienten auf der Basis der Volumenkonzentrationen $\varkappa_c$ erhält man damit

$$\varkappa_c = \frac{c_i'}{c_i''} = \frac{PV''}{p_i\cdot f_i V'}\,. \qquad [4,4]$$

Innerhalb der bisher festgelegten Voraussetzung kleiner Konzentrationen ist $\varkappa_c$ nur dann konstant, wenn f_i unabhängig von c_i' ist. Der einfachste Ansatz für die Konzentrationsabhängigkeit von f_i ist

$$f_i = \exp\left[\frac{B}{RT}(1 - x_i')^2\right],$$

was mit

$$\varDelta \bar{G}^E = Bx_1'(1 - x_1')$$

gleichwertig ist. $\varDelta \bar{G}^E$ ist die molare GIBBSsche Zusatzenergie beim Mischen und B eine (eventuell temperaturunabhängige) Konstante, vgl. HAASE (25). Für kleine x_i' kann der Ausdruck für f_i entwickelt werden und man erhält

$$f_i = f_i^0\left(1 - 2\frac{B}{RT}x_i'\right) = f_i^0(1 - 2x_i'\ln f_i^0), \qquad [4,5]$$

wobei

$$f_i^0 = \lim_{x_i'\to 0} f_i = \exp\left(\frac{B}{RT}\right)$$

ist.

Je mehr also f_i^0 von 1 abweicht, desto größer wird auch die Konzentrationsabhängigkeit von f_i. Einsetzen von Gl. [4,5] in Gl. [4,4] ergibt

$$\varkappa_c = \frac{c_i'}{c_i''} = \frac{PV''}{p_i\cdot V' f_i^0\left(1 - 2\dfrac{B}{RT}V'c_i'\right)}\,. \qquad [4,4\,\mathrm{a}]$$

Der Verteilungsquotient $\varkappa_c$ ist in Gl. [4,4a] eine Funktion der Konzentration c_i'. Die Neigung der Gleichgewichtsisotherme $c_i' = f(c_1'')$ ermittelt man in folgender Weise:

$$\frac{\mathrm{d}x_i''}{\mathrm{d}x_i'} = \frac{p_i\cdot}{P}\left(f_i + x_i'\frac{\mathrm{d}f_i}{\mathrm{d}x_i'}\right).$$

Mit Gl. [4,5] wird dann

$$\frac{\mathrm{d}x_i''}{\mathrm{d}x_i'} = \frac{p_i\cdot f_i^0}{P}\left(1 - 4\frac{B}{RT}x_i'\right),$$

also ergibt sich für die Neigung der Isotherme

$$\frac{\mathrm{d}c_i'}{\mathrm{d}c_i''} = \frac{PV''}{p_i\cdot f_i^0 V'}\left(1 + 4\frac{B}{RT}x_i'\right)$$

oder

$$\frac{\mathrm{d}c_i'}{\mathrm{d}c_i''} = \frac{PV''}{p_i\cdot f_i^0 V'}(1 + 4V'c_i'\ln f_i^0). \qquad [4,6]$$

Bei der Berücksichtigung der Konzentrationsabhängigkeit der Neigung der Isotherme sind drei Fälle zu unterscheiden (vgl. Abb. 68):

1. $f_i^0 > 1$, also positive Abweichungen vom RAOULTschen Gesetz. Die Neigung wird mit zunehmender Konzentration c_i' immer größer (konkave Isotherme),

2. $f_i^0 = 1$, das RAOULTsche Gesetz gilt über den gesamten Konzentrationsbereich. Die Neigung ist konstant (lineare Isotherme),

3. $f_i^0 < 1$, also negative Abweichungen vom RAOULTschen Gesetz. Die Neigung wird mit zunehmender Konzentration immer kleiner (konvexe Isotherme).

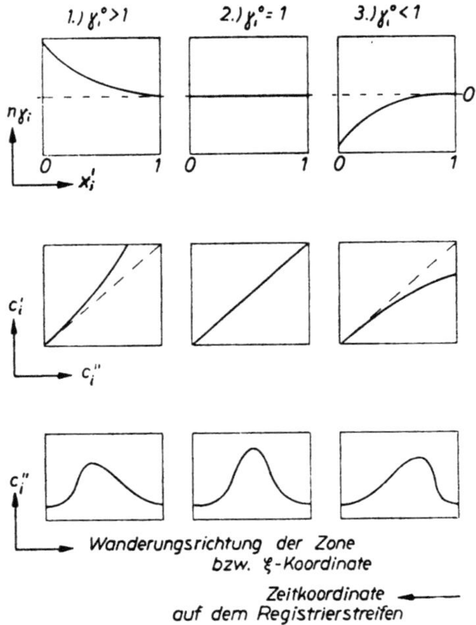

Abb. 68. Zusammenhang zwischen dem Grenzwert des Aktivitätskoeffizienten, der Gestalt der Isothermen und dem Aussehen der Zonen.

Die positiven Abweichungen vom RAOULTschen Gesetz sind weitaus am häufigsten, wodurch meistens konkave Isothermen erhalten werden. Nur wenn das Produkt c_i' ln $f_i^0 \ll 1$ ist, kann die Konzentrationsabhängigkeit der Neigung vernachlässigt werden. Im folgenden wird diese Annahme gemacht.

4.33 *Wanderungsgeschwindigkeit und Gestalt der Zonen*

Man betrachte eine Kolonne mit dem freien Querschnitt q_m für die mobile Gasphase und dem Querschnitt q_s für die flüssige, stationäre Phase. Die mobile Phase bewegt sich mit der Geschwindigkeit v in der Zeit dt um das Stück $d\xi$ vorwärts. Dabei ändert sich ihre Konzentration zwischen ξ und $\xi + d\xi$ um $\Delta c_i''$, sie nimmt eine Molzahl $\Delta n_i''$ einer Substanz i im Zeitelement dt auf,

$$\Delta n_i'' = (\Delta c_i'')_t \, v q_m \mathrm{d}t = \left(\frac{\partial c_i''}{\partial \xi}\right)_t \mathrm{d}\xi \, \mathrm{d}t \, v q_m .$$

Im gleichen Zeitelement dt verliert die stationäre Phase $\Delta n_i'$ Mole der Substanz i

$$\Delta n_i' = (\Delta c_i')_\xi q_s \, d\xi = \left(\frac{\partial c_i'}{\partial t} \right)_\xi dt \, d\xi \, q_s .$$

Die Massenbilanz fordert $\Delta n_i' + \Delta n_i'' = 0$, also

$$\left(\frac{\partial c_i''}{\partial \xi} \right)_t v \frac{q_m}{q_s} = - \left(\frac{\partial c_i'}{\partial t} \right)_\xi . \qquad [4,7]$$

Wenn das Verteilungsgleichgewicht für die Substanz i während des Durchströmens der mobilen Phase dauernd eingestellt ist, dann gilt

$$\left(\frac{\partial c_i'}{\partial t} \right)_\xi = \frac{dc_i'}{dc_i''} \left(\frac{\partial c_i''}{\partial t} \right)_\xi ,$$

wodurch man erhält

$$\left(\frac{\partial c_i''}{\partial \xi} \right)_t v \frac{q_m}{q_s} = - \frac{dc_i'}{dc_i''} \left(\frac{\partial c_i''}{\partial t} \right)_\xi . \qquad [4,7\,a]$$

Für den Ort, an dem die totale Konzentrationsänderung gleich Null ist, gilt

$$\frac{dc_i''}{dt} = \left(\frac{\partial c_i''}{\partial \xi} \right)_t \frac{d\xi}{dt} + \left(\frac{\partial c_i''}{\partial t} \right)_\xi = 0 ,$$

$$\left(\frac{d\xi}{dt} \right)_{c_i''} = u(c_i') = u_i = - \left(\frac{\partial c_i''}{\partial t} \right)_\xi \Big/ \left(\frac{\partial c_i''}{\partial \xi} \right)_t ,$$

$$u_i = \frac{v\,q_m}{q_s} \cdot \frac{1}{\dfrac{dc_i'}{dc_i''}} = \frac{v\,q_m}{q_s \varkappa_i} . \qquad [4,8]$$

Hier ist u_i die Geschwindigkeit, mit der sich die Konzentration c_i'' durch die Kolonne bewegt. Diese Geschwindigkeit ist umgekehrt proportional zur Neigung $\dfrac{dc_i'}{dc_i''} \equiv \varkappa_i$ der Gleichgewichtsisothermen. Einsetzen von Gl. [4,6] liefert

$$u_i = \frac{v\,q_m}{q_s} \cdot \frac{p_i^\bullet f_i^0 V'}{P V''} (1 - 4V' c_i' \ln f_i^0) . \qquad [4,8\,a]$$

Im Fall einer linearen Isotherme ist u_i unabhängig von c_i'. Bei einer konkaven Isotherme ($f_i^0 > 1$) laufen die großen Konzentrationen langsamer als die kleinen, während für eine konvexe Isotherme ($f_i^0 < 1$) die hohen Konzentrationen schneller als die niedrigen laufen. Wenn die Konzentrationen genügend klein sind, ist die Isotherme praktisch linear, und alle in Frage kommenden Konzentrationen laufen mit der gleichen Geschwindigkeit, die dem Dampfdruck $p_i^\bullet$ und dem Aktivitätskoeffizienten f_i^0 proportional ist. Der Quotient aus der Substanzgeschwindigkeit u_i und der Trägergasgeschwindigkeit v ist der R_f-Wert, $0 \leqslant R_f \leqslant 1$,

$$R_{fi} = \frac{u_i}{v} = \frac{q_m V'}{q_s P V''} p_i^\bullet f_i^0 \qquad [4,9]$$

Die bei der Ableitung von Gl. [4,8a] und Gl. [4,9] benutzten Voraussetzungen sind:

1. Gleichgewicht zwischen mobiler und stationärer Phase,
2. vernachlässigbarer Druckabfall in der Kolonne,
3. so kleine Partialdrucke der gelösten Stoffe, daß die Strömungsgeschwindigkeit davon unabhängig ist,
4. keine gegenseitige Beeinflussung der gelösten Stoffe,
5. keine Diffusion oder ungleichförmige Strömung in ξ-Richtung,
6. lineare Isotherme (speziell für Gl. [4,9]).

Zur Ableitung vgl. WILSON (26), WICKE (17) und DE VAULT (27).

Wie würde nun ein Experiment ablaufen, bei dem die Trennung zweier Substanzen 2 und 3 erreicht werden soll? Gegeben ist eine Kolonne mit der Länge L, die Trägergasgeschwindigkeit sei v (vgl. Abb. 69). Zur Zeit t_0 wird das Substanzgemisch plötzlich aufgegeben, so daß zwei rechteckige Konzentrationsprofile mit der Basis $\Delta\xi_0$ entstehen. $\Delta\xi_0$ sei klein gegen L. Die Sub-

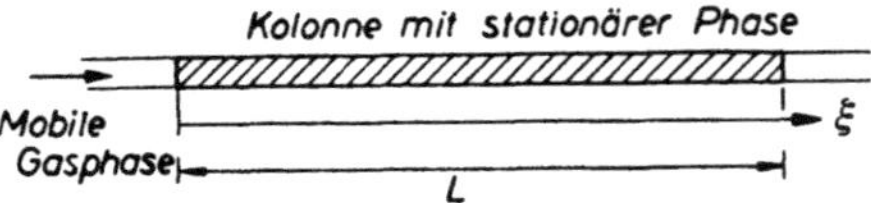

Abb. 69. Schema der Kolonne.

stanz 2 habe einen größeren Wert des Produktes $p_i{}^{\cdot}\cdot f_i{}^0$ als die Substanz 3, d.h. die Substanz 3 hat den kleineren R_f-Wert. Unter der Voraussetzung 6 wandern nach Gl. [4,8a] alle Konzentrationen einer Substanz mit der gleichen Geschwindigkeit, d.h. die rechteckigen Profile bleiben beim Durchwandern der Kolonne erhalten, vgl. Abb. 70. Für ein solches Verhalten schlagen KEULEMANS und KWANTES (28) die Bezeichnung „Lineare ideale Chromatographie" vor. Dieses Verhalten ist aber vollkommen unphysikalisch. Das Konzentrationsprofil einer Substanz verflacht und verbreitert sich beim Durchwandern der Kolonne zu einer mehr oder weniger glockenförmigen Gestalt, vgl. Abb. 71. Diese Verflachung und Verbreiterung des Konzentrationsprofils kann näherungsweise

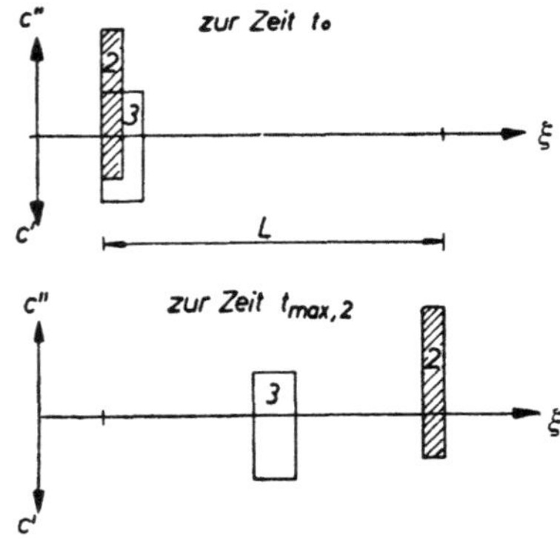

Abb. 70. Rechteckige Konzentrationsprofile bei linearer idealer Chromatographie.

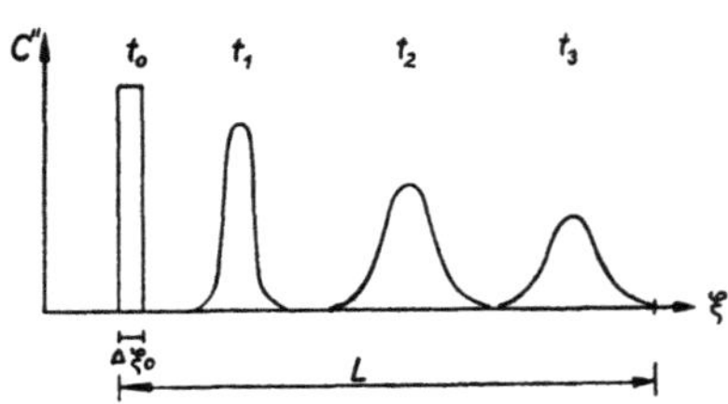

Abb. 71. Verflachung und Verbreiterung eines Konzentrationsprofils. Das rechteckige Ausgangsprofil (Zeit t_0) wird mehr und mehr zu einer GAUSS-Kurve (Zeiten: $t_1 < t_2 < t_3$); dabei wandert das Profil mit der Geschwindigkeit u_i durch die Kolonne.

als Diffusionsprozeß gedeutet werden. Der hierbei einzuführende, effektive Diffusionskoeffizient D_{eff} hängt von den Eigenschaften der mobilen und der stationären Phase sowie von der gelösten Substanz ab. Es soll jetzt die Voraussetzung 5 der Ableitung von Gl. [4,8a] fallen gelassen werden, während die anderen Forderungen beibehalten werden. Man erhält dann

$$\left(\frac{\partial c_i''}{\partial t}\right)_\xi = - u_i \left(\frac{\partial c_i''}{\partial \xi}\right)_t + \frac{u_i D_{\text{eff}}}{v} \left(\frac{\partial^2 c_i''}{\partial \xi^2}\right)_t. \qquad [4,10]$$

Die Differentialgleichung (4,10) berücksichtigt den Einfluß der Diffusion in ξ-Richtung und der ungleichförmigen Strömung in der Gasphase. u_i ist jetzt die Geschwindigkeit des Maximums der Zone des Stoffes i. Unter der Voraussetzung, daß $\Delta\xi_0 \ll L$, daß von der Gesamtmenge s_i (in Molen) der Substanz i noch nichts aus der Kolonne ausgetreten und daß seit Beginn des Experiments eine genügend lange Zeit verstrichen ist, erhält man als Lösung der Gl. [4,10]

$$c_i'' = c_{i,\text{max}}'' \exp\left\{-\frac{(\xi - \xi_{\text{max}})^2}{4 D_{\text{eff}} t}\right\}, \qquad [4,11]$$

$$c_{i,\text{max}}'' = \frac{s_i}{(q_m + \varkappa_c q_s)\, 2\sqrt{\pi D_{\text{eff}}}} \cdot \frac{1}{\sqrt{t}}, \qquad [4,11\,\text{a}]$$

$$\xi_{\text{max}} = u_i t, \quad \xi - \xi_{\text{max}} = z.$$

Vgl. zu diesen Gleichungen DAMKÖHLER und THEILE (15), VAN DEEMTER, ZUIDERWEG und KLINKENBERG (29) sowie GLUECKAUF (30).

Die Gesamtmenge s_i setzt sich zusammen aus den in beiden Phasen enthaltenen Teilmengen

$$s_i = q_m \int c'' \mathrm{d}\xi + q_s \int c' \mathrm{d}\xi,$$

wobei das Integral über die gesamte Breite der Zone zu bilden ist. Nun ist $c' = \varkappa_c c''$, also

$$s_i = (q_m + \varkappa_c q_s) \int c'' \mathrm{d}\xi.$$

Die in der mobilen Phase enthaltene Teilmenge s_i'' ist

$$s_i'' = q_m \int c'' \mathrm{d}\xi = \frac{q_m \cdot s_i}{q_m + \varkappa_c q_s}.$$

Die Teilmenge s_i'' ist konstant, sofern $\varkappa_c$ unabhängig von c_i' ist. Die Gln. [4,11] und [4,11 a] sind der mathematische Ausdruck für den Gedanken, daß die Teilmenge s_i'' beim Durchlaufen der Kolonne auseinanderdiffundiert, und zwar von der jeweiligen Maximalkonzentration gleichmäßig nach beiden Seiten des Konzentrationsprofils, vgl. hierzu JOST (31).

Die Koordinaten der Wendepunkte der Glockenkurve erhält man aus $\partial^2 c''/\partial z^2 = 0$ zu

$$z_w = \pm \sqrt{2 D_{\text{eff}} t}.$$

Die Entfernung zwischen den beiden Wendepunkten beträgt also

$$\Delta z_w = 2 \sqrt{2 D_{\text{eff}} t}. \qquad [4,12]$$

Die Gl. [4,11 a] zeigt, wie die Maximalkonzentration mit $t^{-1/2}$ immer kleiner wird (Verflachung), die Gl. [4,12], wie Δz_w mit $t^{1/2}$ immer größer wird (Verbreiterung). Die Konzentration am Wendepunkt ist

$$c_w'' = 0{,}607\, c_{\max}''. \qquad [4,13]$$

Am Ende der Kolonne (Länge L) bestimmt und registriert man mit einer geeigneten Analysenvorrichtung c'' als Funktion der Zeit. Die maximale Konzentration tritt zur Zeit $t_{\max}$ bei $\xi = L$ aus. Die beiden Wendepunktskonzentrationen erscheinen mit einer Zeitdifferenz Δt_w. Falls $\Delta t_w \ll t_{\max}$ ist, gilt

$$\frac{\Delta z_w}{u_t} = \Delta t_w = \frac{2\sqrt{2\,D_{\text{eff}}\,t_{\max}}}{L} \cdot t_{\max}. \qquad [4,14]$$

Nach Gl. [4,13] läßt sich die exakte Lage der Wendepunkte und damit Δt_w ermitteln (vgl. Abb. 72). Eine Umformung der Gl. [4,14] ergibt

$$D_{\text{eff}} = \frac{(\Delta t_w)^2 \cdot L^2}{8\,t_{\max}^3}. \qquad [4,15]$$

Der effektive Diffusionskoeffizient kann nach Gl. (4,15) berechnet werden, er stellt ein Maß für die Trennleistung der Kolonne dar und sollte möglichst klein sein.

Sollen die zwei Stoffe 2 und 3 getrennt werden, dann darf die Überlappung der beiden Konzentrationsprofile am Ende der Kolonne ein bestimmtes Maß nicht überschreiten. Zum Beispiel sollen sich die beiden Zonen erst dort überschneiden, wo für beide $c'' = c''_{\max}/100$ ist. Wie bereits angenommen, soll $u_2 > u_3$ sein.

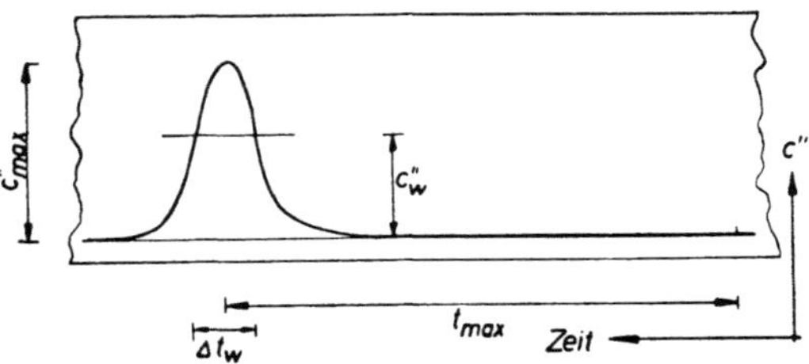

Abb. 72. Ausmessung einer Registrierkurve zur Bestimmung von D_{eff} und HETP.

Nach Gl. [4,11] gilt für die z-Koordinate der Konzentration, die hundertmal kleiner als die Maximalkonzentration ist

$$z_{100} = \pm\, 4{,}29\,\sqrt{D_{\text{eff}}\,t}.$$

Die Differenz der Geschwindigkeiten der Maxima beider Profile ist

$$u^* = u_2 - u_3 = v\,(R_{f2} - R_{f3}) = u_2\left(1 - \frac{u_3}{u_2}\right).$$

Wenn die Maximalkonzentration der Zone 2 zur Zeit $t_{\max,\,2}$ austritt, so ist die Maximalkonzentration der Zone 3 um die Strecke $u^* t_{\max,\,2}$ vom Kolonnenende entfernt. Die Konzentration der Zone 3 ist in der Entfernung $z_{100,\,3}$ vom Maximum 3 auf $c_{\max,\,3}/100$ gesunken. Ebenso ist in der Entfernung $z_{100,\,2}$ vom

Kolonnenende die Konzentration der Zone 2 auf $c''_{max,\,2}/100$ abgefallen. Die Entfernung der Maxima der beiden Zonen beträgt zur Zeit $t_{max,\,2}$

$$\Delta z_{100,2,3} = |z_{100,3}| + |z_{100,2}|,$$

falls sie sich gerade dort überschneiden, wo für beide Zonen $c'' = c''_{max}/100$ ist, vgl. Abb. 73.

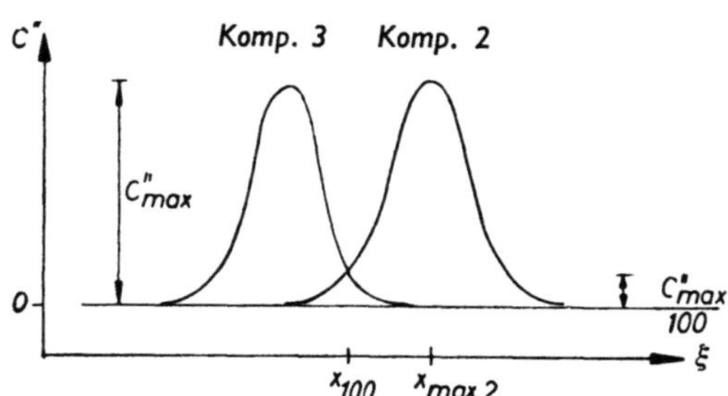

Abb. 73. Überlappung zweier Konzentrationsprofile, schematisch.

Will man diese Trennung erreichen, so muß

$$u^* t_{max,\,2} \geqslant 4{,}29\,\sqrt{t_{max,\,2}}\,\left(\sqrt{D_{eff,\,3}} + \sqrt{D_{eff,\,2}}\right) \qquad [4{,}16]$$

sein. Zur Vereinfachung sei $D_{eff,\,2} = D_{eff,\,3} = D_{eff}$; $u^* t_{max,\,2}$ wird ersetzt durch

$$u^* t_{max,\,2} = \frac{L}{u_2}\,(u_2 - u_3) = L\left(1 - \frac{u_3}{u_2}\right).$$

Weiter gilt

$$\frac{u_3}{u_2} = \frac{p_3^{\,\cdot} f_3^{\,0}}{p_2^{\,\cdot} f_2^{\,0}} = \alpha_{32} = \frac{R_{f3}}{R_{f2}} = \frac{t_{max,\,2}}{t_{max,\,3}}\,. \qquad [4{,}17]$$

α_{32} ist der Trennfaktor für die Komponenten 3 und 2, wobei $1/\alpha_{32} = \alpha_{23}$ ist. Damit wird aus der Bedingungsgleichung [4,16]

$$L(1 - \alpha_{32}) \geqslant 8{,}58\,\sqrt{D_{eff}\,t_{max,\,2}}$$

und weiter

$$(1 - \alpha_{32})\,\sqrt{\frac{L\,u_2}{D_{eff}}} \geqslant 8{,}58\,. \qquad [4{,}18]$$

Der Zahlenfaktor auf der rechten Seite der Gl. (4,18) ist abhängig von der geforderten Trenngüte. Für eine Überlappung bei $c'' = 0{,}1\,c''_{max}$; $0{,}2\,c''_{max}$ und $0{,}607\,c''_{max}$ lautet der Zahlenfaktor 6,08; 5,08 und 2.

Eine gute Trennung kann erreicht werden 1. durch richtige Wahl der stationären Phase, damit α_{32} möglichst klein wird, und 2. durch die richtige verfahrenstechnische Behandlung des Problems, damit $\sqrt{\dfrac{L\,u_2}{D_{eff}}}$ möglichst groß wird. Das Verhältnis $p_3^{\,\cdot}/p_2^{\,\cdot}$ ist nur durch Änderung der Temperatur und auch dann nur sehr wenig zu beeinflussen. Dagegen ist das Verhältnis $f_3^{\,0}/f_2^{\,0}$ für verschiedene stationäre Phasen sehr verschieden, vgl. Tab. 12 und die Literatur-stellen (32), (33) und (34).

Wenn der Trennfaktor nicht genügend von 1 verschieden ist, kann man immer durch Verlängerung der Kolonne Gl. [4,18] erfüllen; allerdings geht die Länge L nur mit der Wurzel ein.

Der Faktor

$$\frac{u_2}{D_{\text{eff}}} = R_{f2} \cdot \frac{v}{D_{\text{eff}}}$$

wird groß, wenn R_{f2} in der Nähe von 1 liegt, d. h. man muß die Versuchs-bedingungen so wählen, daß R_{f2} möglichst groß wird. Der Einfluß des Verhält-nisses v/D_{eff} wird später ausführlich diskutiert. Neben dem Verhältnis der R_f-

Tab. 12. Trennfaktoren und Verhältnisse der Aktivitätskoeffizienten bei 20 °C. Ge-misch Nr. 1 ist Zyklohexan/Benzol, Nr. 2 ist Benzol/Thiophen, Nr. 3 ist n-Heptan/Methylzyklohexan. Stoff 2 ist immer der erstgenannte. Werte aus (34).

Gemisch Nr.	α_{23}	f_2^0/f_3^0	Stationäre Phase
1	0,80	0,76	
2	1,00	0,86	Paraffinöl
3	1,22	1,20	
1	5,8	5,6	
2	1,60	1,38	Anilin
3	1,60	1,57	
1	3,87	3,68	
2	1,66	1,43	Chinolin
3	1,40	1,37	
1	5,5	5,3	
2	1,89	1,63	Glykol
3	—	—	
1	2,21	2,01	
2	1,40	1,21	Butylglykol
3	1,27	1,25	

Tab. 13. Dampfdruckverhältnisse und Dampfdrucke der drei Gemische aus Tab. 12 bei 20 °C.

Gemisch Nr.	Stoff	$p_i^{\bullet}$, Torr	$\dfrac{p_2^{\bullet}}{p_3^{\bullet}}$
1	Zyklohexan	78,0	1,05
	Benzol	74,3	
2	Benzol	74,3	1,16
	Thiophen	63,2	
3	n-Heptan	35,5	1,02
	Methylzyklohexan	34,8	

Werte (Trennfaktor) spielt also auch der Absolutwert von R_{f2} eine für das Gelingen der Trennung wesentliche Rolle. Sehr kleine R_f-Werte erfordern sehr lange Kolonnen. Es ist dann günstiger, R_{f2} durch Erhöhung der Kolonnentemperatur zu vergrößern. Als ungefähre Regel wird empfohlen, die Kolonnentemperatur und den Totaldruck so zu wählen, daß $p_i \cdot f_i^0/P > 0,1$ ist. Ein kleiner R_{f2}-Wert bedingt im übrigen auch eine unerwünscht lange Versuchsdauer.

4.34 Höhe einer theoretischen Trennstufe; Vergleich der EVG mit der Destillation

Die Güte der Trennung zweier Stoffe läßt sich durch die Bestimmung des Ortes, an dem sich die Zonen überlappen, oder des Verlaufs von c_2''/c_3'' als Funktion des Ortes und der Zeit verfolgen. Die Gln. [4,11] und [4,11 a] ergeben mit $D_{\mathrm{eff},\,2} = D_{\mathrm{eff},\,3} = D_{\mathrm{eff}}$

$$\frac{c_2''}{c_3''} = \frac{s_2}{s_3}\,\frac{q_m + \varkappa_{c3}q_s}{q_m + \varkappa_{c2}q_s}\,\exp\left\{\frac{u_2 - u_3}{4D_{\mathrm{eff}}}\,[2\xi - t(u_2 + u_3)]\right\}. \qquad [4,19]$$

Für $t = t_k = \mathrm{konst.}$ ist

$$\ln\frac{c_2''}{c_3''} = \mathrm{konst.} + \frac{u_2 - u_3}{2D_{\mathrm{eff}}}\,\xi,$$

d. h. $\ln\dfrac{c_2''}{c_3''}$ ist eine lineare Funktion von ξ, wenn man eine Momentaufnahme der Konzentrationsverteilung macht.

Aus Gl. [4,19] kann man die Verhältnisse $(c_2''/c_3'')_{\xi_1}$ und $(c_2''/c_3'')_{\xi_2}$ an den Stellen ξ_1 und ξ_2 (für eine bestimmte Zeit t) ausrechnen und folgenden Quotienten bilden:

$$\left(\frac{c_2''}{c_3''}\right)_{\xi_1}\bigg/\left(\frac{c_2''}{c_3''}\right)_{\xi_2} = \exp\left\{\frac{(u_2 - u_3)\,(\xi_1 - \xi_2)}{2D_{\mathrm{eff}}}\right\}. \qquad [4,20]$$

Setzt man $\xi_1 - \xi_2 = \mathrm{HETP}$ (Höhe einer theoretischen Trennstufe), so wird mit $u_2 - u_3 = u_3(\alpha_{23} - 1)$ (vgl. Gl. [4,17])

$$\left(\frac{c_2''}{c_3''}\right)_{\xi_2 + \mathrm{HETP}}\bigg/\left(\frac{c_2''}{c_3''}\right)_{\xi_2} = \exp\left\{\frac{u_3(\alpha_{23} - 1)\cdot \mathrm{HETP}}{2D_{\mathrm{eff}}}\right\}. \qquad [4,21]$$

Die Definitionsgleichung für eine theoretische Trennstufe lautet analog zur Definition bei der Destillation

$$\left(\frac{c_2''}{c_3''}\right)_{\xi_2 + \mathrm{HETP}}\bigg/\left(\frac{c_2''}{c_3''}\right)_{\xi_2} = \alpha_{23} = \frac{1}{\alpha_{32}}. \qquad [4,22]$$

Durch Gleichsetzen der Gl. [4,21] mit Gl. [4,22] erhält man einen Ausdruck für die Höhe einer theoretischen Trennstufe

$$\mathrm{HETP} = \frac{2D_{\mathrm{eff}}}{u_3}\cdot\frac{\ln\alpha_{23}}{\alpha_{23} - 1}. \qquad [4,23]$$

Nun sei $\delta = \alpha_{23} - 1$, also

$$\frac{\ln\alpha_{23}}{\alpha_{23} - 1} = \frac{\ln(1 + \delta)}{\delta}.$$

Wenn der Trennfaktor der beiden Stoffe 2 und 3 gegen den Wert 1 geht, so wird $\delta \ll 1$ und

$$\lim_{\delta \to 0} \frac{\ln \alpha_{23}}{\alpha_{23} - 1} = 1,$$

so daß ein vom Trennfaktor unabhängiger Ausdruck für HETP erhalten wird:

$$\text{HETP} = \frac{2\,D_{\!e\!f\!f}}{u}, \quad \text{für } \alpha \to 1. \tag{4,23a}$$

Die Forderung $\alpha \to 1$ bedeutet, daß die HETP-Einheit nach Gl. [4,23a] für die Zone eines einzigen Stoffes gilt. Die HETP-Einheit ist ja ein Maß für den Konzentrationsgradienten, der in einer Trennapparatur aufrecht erhalten werden kann, wobei als rationeller Vergleichsmaßstab die Konzentrationsverschiebung um einen Gleichgewichtsschritt benutzt wird*). Wenn nun mit zwei verschiedenen Kolonnen gleicher Länge ein bestimmter Stoff einmal eine steile, schmale Zone, dann eine flache, breite Zone liefert, so herrscht in der ersten Kolonne ein größerer Konzentrationsgradient als in der zweiten. Im ersten Fall ist HETP klein, im zweiten groß. Ein binäres Testgemisch wird also bei der Gaschromatographie nicht benötigt, um die Wirksamkeit der Kolonne zu prüfen, dies kann bereits durch Ausmessen der Registrierkurve der Zone eines Stoffes geschehen. Einsetzen von Gl. [4,15] in Gl. [4,23a] ergibt

$$\text{HETP} = \frac{L}{4}\left(\frac{t_w}{t_{\max}}\right)^2, \quad \text{für } \alpha \to 1; \quad \varDelta t_w \ll t_{\max} \tag{4,23b}$$

und

$$N = 4\left(\frac{t_{\max}}{t_w}\right)^2, \tag{4,24}$$

wobei N die Gesamtzahl der theoretischen Trennstufen in der Kolonne ist. Durch einfaches Ausmessen der Registrierkurve eines Stoffes (bei Einhaltung der für die Ableitung der Gl. [4,15] gemachten Bedingungen) kann HETP nach Gl. [4,23b] bzw. N nach Gl. [4,24] bestimmt werden.

Für nur wenig von 1 verschiedene Trennfaktoren läßt sich Gl. [4,18] unter Verwendung von Gl. [4,23a] folgendermaßen umschreiben:

$$(1 - \alpha_{32})\sqrt{2N} \geqslant 8{,}58, \quad \text{für} \quad \alpha_{32} \to 1. \tag{4,18a}$$

Ein Vergleich der Trennstufenzahlen für eine gleichartige Trennung durch EVG und Destillation ist sehr interessant. Man betrachte die Zonen zweier Stoffe, die sich jeweils bei $\dfrac{c''_{\max}}{100}$ überlappen, vgl. Abb. 73. Nach Gl. [4,20] erhält man für den Trenneffekt q_{EVG} der EVG:

$$q_{\text{EVG}} = \left(\frac{c_2''}{c_3''}\right)_{\xi_{\max,\,2}} \!\Big/ \left(\frac{c_2''}{c_3''}\right)_{\xi\,100} = \exp\left\{\frac{(u_2 - u_3)\,(\xi_{\max,\,2} - \xi_{100})}{2\,D_{\text{eff}}}\right\}.$$

---

*) Dimension der HETP-Einheit: Länge pro Gleichgewichtsschritt.

Mit $\xi_{\max, 2} = u_2 \cdot t_{\max, 2}$ und $\xi_{100} = \dfrac{u_2 + u_3}{2} \cdot t_{\max, 2}$ sowie $t_{\max, 2} = L/u_2$ und mit Gl. [4,23a] wird schließlich

$$q_{\text{EVG}} = \exp\left\{\frac{N}{2}\,(1 - \alpha_{32})^2\right\}. \qquad [4,25]$$

Gl. [4,25] gilt für zwei Stoffe mit $\alpha \to 1$ auf langer Kolonne.

Um mit demselben Trennfaktor bei einer Destillationskolonne den gleichen Trenneffekt wie nach Gl. [4,25] zu erzielen, braucht man n theoretische Trennstufen bei totalem Rückfluß. Dann gilt für den Trenneffekt q_K der Destillationskolonne:

$$q_K = \left(\frac{c_2{}''}{c_3{}''}\right)_{\text{oben}} \Big/ \left(\frac{c_2{}''}{c_3{}''}\right)_{\text{unten}} = \alpha_{23}^n. \qquad [4,26]$$

Hier soll $\alpha_{23} = 1/\alpha_{32} = p_2{}^\cdot/p_3{}^\cdot$ sein; der Trennfaktor möge also nur auf Dampfdruckunterschieden beruhen. Wenn q_{EVG} und q_K gleich sein sollen, muß gelten

$$n = \frac{N}{2} \cdot \frac{\left(1 - \dfrac{p_3{}^\cdot}{p_2{}^\cdot}\right)^2}{-\ln \dfrac{p_3{}^\cdot}{p_2{}^\cdot}}.$$

Nach den Voraussetzungen für die Gl. [4,25] ist $p_3{}^\cdot/p_2{}^\cdot = 1 - \delta$ und $\delta \ll 1$. Damit ergibt sich

$$n = \frac{N}{2}\,\delta \quad \text{für} \quad \alpha \to 1 \quad \text{bzw.} \quad \delta \to 0. \qquad [4,27]$$

Ein numerisches Beispiel: Trennung von p-Xylol/m-Xylol bei 75 °C. Es ist $\alpha_{23} = 1{,}03$ bzw. $\delta = 3 \cdot 10^{-2}$. Nach Gl. [4,18] erhält man für die Trennung durch EVG: $N = 41\,000$; nach Gl. [4,25] ist $q_{\text{EVG}} = 1{,}1 \cdot 10^8$. Die gleiche Trennung bei Verwendung einer Destillationskolonne unter totalem Rückfluß erfordert nach Gl. [4,27] $n = 620$ Trennstufen.

Für eine Trennung gleicher Güte braucht man bei der Destillation eine um den Faktor $\delta/2$ kleinere Trennstufenzahl als bei der EVG. Andererseits ist es bei der EVG durchaus möglich, Kolonnen mit 10^4 oder noch mehr Trennstufen zu bauen, während es schwierig ist, Destillationskolonnen mit mehr als 500 Trennstufen aufzustellen. Bei dem Vergleich der Trennstufenzahlen beider Verfahren darf nicht vergessen werden, daß sich bei der Destillation ein stationärer Endzustand für die Konzentrationsgradienten einstellt; Dampf und Flüssigkeit bilden hier einen echten Gegenstrom. Dagegen erhält man bei der EVG keinen stationären Zustand; die Konzentrationsprofile verflachen und verbreitern sich immer mehr. Der Vergleich bezieht sich also auf zwei Trennverfahren verschiedener Natur.

Der im Vorhergehenden eingeführte effektive Diffusionskoeffizient D_{eff} ist nach Gl. [4,23a] mit der HETP-Einheit verknüpft. In etwas anderer Schreibweise lautet Gl. [4,23a]

$$\text{HETP} = \frac{2 D_{\text{eff}}}{v} \cdot \frac{1}{R_f}. \qquad [4,23c]$$

Nach Gl. [4,23c] hat eine Komponente mit kleinem R_f-Wert den größeren, also schlechteren HETP-Wert als eine Komponente mit großem R_f-Wert unter sonst gleichen Bedingungen. Auch hier zeigt es sich, daß zu kleine R_f-Werte unpraktisch sind.

Nun bleibt noch die Frage, in welcher Weise D_{eff} bzw. HETP von den übrigen Betriebsbedingungen der Kolonne abhängen. VAN DEEMTER, ZUIDERWEG und KLINKENBERG (29) haben eine Gleichung abgeleitet, die den Einfluß der ungleichförmigen Strömung und der Diffusion in der mobilen Phase, sowie den Beitrag der Diffusion in der stationären flüssigen Phase*) für die HETP-Einheit berücksichtigt:

$$\text{HETP} = 2\mu\, \mathrm{d}_P + 2\,\frac{\gamma D_{\text{gas}}}{v} + \frac{8k'}{\pi^2(1+k')^2}\,\frac{d_F^2}{D_{\text{flüss.}}}\, v. \qquad [4,28]$$

Die Kolonne ist mit Partikeln des mittleren Korndurchmessers d_P gefüllt. Die Gasströmung sucht sich verschiedene Wege, um an den Partikeln vorbeizukommen. Das führt zu einer effektiven Vermischung und zu einer Verbreiterung der Zone. μ ist ein für die Art des Füllmaterials charakteristischer Parameter. Der zweite Term in der Gl. [4,28] gibt den Einfluß der Längsdiffusion in der Gasphase wieder, wobei γ ein Korrekturfaktor für die Berücksichtigung der ungleichförmigen Diffusionswege ist. Der dritte Term in der Gl. [4,28] ist kennzeichnend für den Beitrag des Stoffaustauschwiderstandes in der flüssigen stationären Phase. Hierbei ist $k' = \varkappa_c \cdot q_s/q_m$ und d_F ist die mittlere, effektive Dicke des Flüssigkeitsfilms, mit dem die Partikel des inerten Trägermaterials bedeckt sind. Bei der Ableitung der Gl. [4,28] wurde angenommen, daß der gesamte Stoffaustauschwiderstand in der flüssigen Phase liegt und der Effekt der Längsdiffusion in der flüssigen Phase vernachlässigbar ist. Weiterhin wird mit einer konstanten Trägergasgeschwindigkeit gerechnet, der Druckverlust beim Durchströmen der Kolonne bleibt in Gl. [4,28] unberücksichtigt. Schreibt man Gl. [4,28] in der Form

$$\text{HETP} = A + \frac{B}{v} + Cv, \qquad [4,28a]$$

so erkennt man, daß sie die Gleichung einer Hyperbel mit dem Minimum

$$\text{HETP}_{\text{min}} = A + 2\sqrt{BC} \qquad [4,28b]$$

bei $v_{\text{min}} = B/\sqrt{C}$ ist. Das bedeutet, daß es

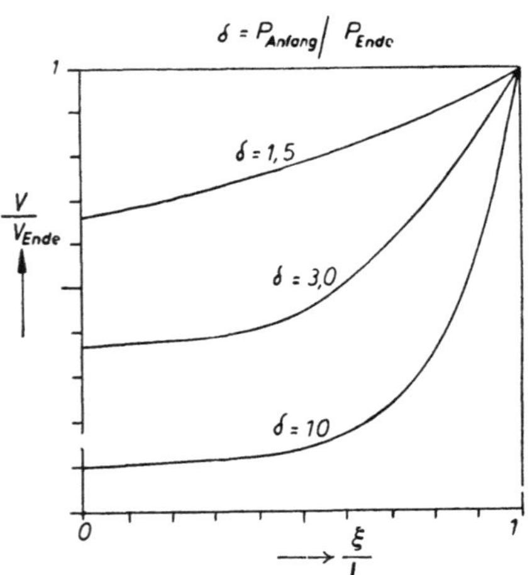

Abb. 74. Trägergasgeschwindigkeit v als Funktion der relativen Kolonnenlänge nach KEULEMANS und KWANTES (28). Druckabfall als Parameter.

*) Dieser Effekt blieb nach Voraussetzung 1 (S. 90) bei der Ableitung der Gln. [4,11], [4,11a] und [4,23] unberücksichtigt. Vergleicht man Gl. [4,28] und Gl. [4,23c] auf dieser Basis, so ergibt sich: $D_{\text{eff}} = (\mu\, \mathrm{d}_P v + \gamma D_{\text{gas}}) R_f$.

einen optimalen Wert von v gibt, der die kleinste mögliche HETP-Einheit liefert. Man muß aber beachten, daß in Wirklichkeit die Geschwindigkeit v wegen des unvermeidlichen Druckabfalls nicht konstant ist; v wird nach dem Ende der Kolonne zu immer größer. Dadurch kann immer nur ein kleiner Abschnitt der Kolonne mit dem optimalen Wert v_{min} arbeiten. In Abb. 74 ist schematisch dargestellt, wie sich v als Funktion der relativen Kolonnenlänge bei verschiedenen Werten des Druckabfalls verhält. In Abb. 75 ist schematisch eine Kurve nach Gl. [4,28a] mit $A = 0,1$ cm, $B = 0,30$ cm²/sek und $C = 0,05$ sek dargestellt. Schließlich zeigt Abb. 76 experimentelle Ergebnisse von KEULEMANS und KWANTES (28), aus deren aufschlußreicher Arbeit auch die Abb. 74 entnommen wurde.

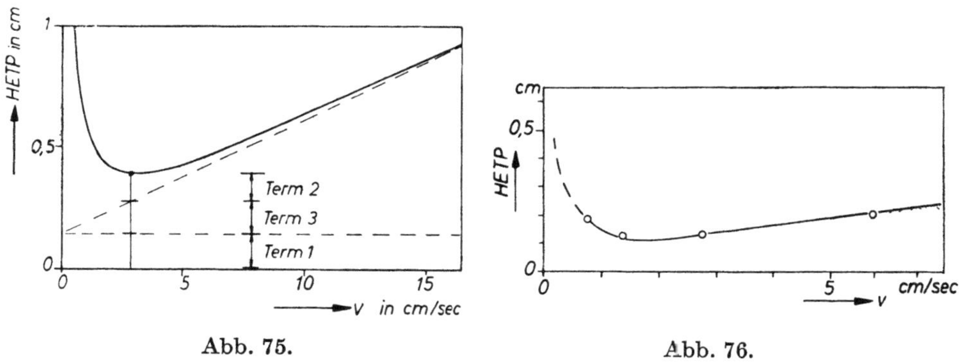

Abb. 75.   Abb. 76.

Abb. 75. HETP als Funktion von v, schematisch, nach VAN DEEMTER, ZUIDERWEG und KLINKENBERG (29).

Abb. 76. Experimentelle HETP-Werte nach KEULEMANS und KWANTES (28). n-C₄H₁₀; N₂ als Trägergas; 3 Teile Hexadekan auf 10 Teile inerten Träger; Körnung zwischen 0,28 mm und 0,5 mm.

KEULEMANS und KWANTES (28) fassen die Ergebnisse ihrer experimentellen Nachprüfung der Gl. [4,28] in folgenden 5 Punkten zusammen:

1. Es ist falsch, die Kolonne mit einem zu feinteiligen Trägermaterial zu füllen. Der Vorteil des kleineren Partikeldurchmessers wird überwogen durch den Nachteil, daß sich feinteiliges Material nur sehr schlecht homogen einfüllen läßt, wodurch μ vergrößert wird. Experimentell ergibt sich, daß Partikeldurchmesser von 0,17 bis 0,6 mm einen Beitrag von 0,1 cm zur HETP-Einheit liefern (d. h. $A = 0,1$ cm).
2. Obwohl die Trägergasgeschwindigkeit vom Anfang zum Ende der Kolonne hin zunimmt, kann die Geschwindigkeit so gewählt werden, daß der mittlere HETP-Wert nur wenig vom optimalen HETP-Wert verschieden ist.
3. Durch Temperaturerniedrigung kann gewöhnlich eine Verbesserung der Trennung erzielt werden, da der Trennfaktor α größer wird. Andererseits

wird dann aber $D_{\text{flüss}}$ sehr klein, so daß der volle Vorteil der Vergrößerung von α nicht zum Tragen kommt. Unter Umständen wird $D_{\text{flüss}}$ so klein, daß der letzte Term in Gl. [4,28] für HETP bestimmend wird.

4. Die Menge der wirksamen Flüssigkeit auf dem inerten Trägermaterial sollte nicht zu groß gewählt werden, damit die Diffusionswege d_F genügend klein bleiben. Andererseits können bei sehr kleinen Mengen der stationären Flüssigkeit nur sehr kleine Substanzmengen getrennt werden, da sonst das Chromatogramm überladen wird. Weiterhin ist das Trägermaterial bei sehr kleinen Flüssigkeitsmengen nicht genügend inert. Ein gangbarer Kompromiß bei analytischen Trennsäulen ist eine Flüssigkeitsmenge von 2 bis 5 Gew.-%, während bei präparativen Säulen 15 bis 20 Gew.-% gewählt werden.

5. Der zweite Term in Gl. [4,28] enthält die Diffusionskonstante des Trägergases. Unter diesem Gesichtspunkt ließen sich mit N_2 oder CO_2 bessere, d. h. kleinere HETP-Werte erzielen als mit He oder H_2 als Trägergas. Ein gewisser Nachteil der schweren Gase ist jedoch ihre größere Viskosität und der damit verbundene höhere Druckabfall bei gleicher Strömungsgeschwindigkeit, so daß letzten Endes gerade H_2 mit seiner niedrigen Viskosität zu besseren Trennungen führt. Experimentell fanden KEULEMANS und KWANTES (28): $B_{H_2} = 0{,}33$ cm^2/sek; $B_{N_2} = 0{,}06$ cm^2/sek, wobei P 1 atm war. Da D_{gas} umgekehrt proportional zum Druck ist, arbeitet eine Kolonne bei tiefem Druck schlechter als bei hohem Druck.

Bei den experimentellen HETP-Bestimmungen ist darauf zu achten, daß die Voraussetzungen der Ableitung von Gl. [4,23 b] gegeben sind. Die Ergebnisse (Abb. 76) zeigen, daß eine 20 m lange Kolonne mit HETP $= 2$ mm eine theoretische Trennstufenzahl von 10000 hat.

Einige Autoren verwenden eine andere Methode zur Berechnung der Trennstufenzahl als die hier angegebene, vgl. Gl. [4,24]. VAN DEEMTER und Mitarb. (29) rechnen mit

$$N = \left(4\,\frac{d}{p} - 2 \right), \qquad\qquad [4{,}24\,\text{a}]$$

wobei p der von den Wendepunktstangenten auf der Grundlinie erzeugte Abschnitt (Bandenweite) und d die Entfernung vom Injektionspunkt bis zum Schnittpunkt der zweiten Wendepunktstangente mit der Grundlinie ist.

MARTIN und JAMES (2) geben an

$$N = 8 \left(\frac{t_{\max}}{\varDelta t_e} \right)^2, \qquad\qquad [4{,}24\,\text{b}]$$

wobei $t_{\max}$ die Austrittszeit des Maximums und $\varDelta t_e$ die Breite der Zone an der Stelle ist, wo jeweils $c'' = c''_{\max}/e = 0{,}368\,c''_{\max}$ ist.

Die Formeln [4,24 a] und [4,24 b] sind auf anderen Wegen wie Gl. [4,24] erhalten worden. MARTIN und JAMES (2) benutzten die Theorie von MARTIN und SYNGE (1). Diese Theorie arbeitet von Anfang an mit der Hypothese von realen „theoretischen Trennstufen", mit denen sich die an den Trennstufen vorbeifließende Lösung sukzessiv ins Gleichgewicht setzt. Für große Trennstufenzahlen kann dann die erhaltene, binomische Konzentrationsverteilung durch eine GAUSS-Kurve angenähert werden. Diese Beschreibungsweise ist aber für ein seiner Natur nach kontinuierliches Verfahren nicht adäquat im physikalischen Sinn. Die hier gegebene Ableitung und vor allem Gl. [4,28] entsprechen dem physikalischen Geschehen; der Begriff der HETP-Einheit wird erst nachträglich als rationelles Maß für die in der Kolonne vorhandenen Konzentrationsgradienten eingeführt. Die Theorie von MARTIN und SYNGE (1) entspricht der Beschreibung einer CRAIGschen Gegenstromverteilung, die ja tatsächlich mit diskreten theoretischen Trennstufen arbeitet (wobei der CRAIGsche ,,Gegenstrom" kein echter Gegenstrom ist wie z. B. bei der Destillation).

Die Formeln für die HETP-Bestimmung sind unter der Voraussetzung kleiner Konzentrationen abgeleitet. Diese Forderung muß bei der experimentellen Bestimmung beachtet werden. So erhielten POLLARD und HARDY (35) für Äthanol auf Dibutylphthalat/Kieselgur, $L = 180$ cm, für eine Probe von 0,005 cm³: $N = 400$ und für 0,020 cm³: $N = 100$ unter sonst gleichen Bedingungen.

4.35 *Temperaturabhängigkeit und Stoffabhängigkeit der Rückhaltevolumina*

Das Rückhaltevolumen $V_r{}^0$ ist dasjenige Volumen des Trägergases, das zwischen dem Zeitpunkt des Eintretens der Probe in die Kolonne und dem Zeitpunkt des Austretens des Maximums der betreffenden Zone aus der Kolonne aus dieser austritt. Es ist also dasjenige Volumen, das zum Ausspülen des Maximums der Zone benötigt wird. Bei der Angabe von Rückhaltevolumina müssen einige Korrekturen beachtet werden, vgl. LITTLEWOOD, PHILLIPS und PRICE (36).

Multipliziert man die Austrittszeit $t_{\mathrm{max},\,i}$ der Substanz i mit der Volumengeschwindigkeit w $(w = v \cdot q_m\,[\mathrm{cm^3/sek}])$ des Trägergases am Kolonnenende, so gilt

$$V_{ri} = w \cdot t_{\mathrm{max},\,i}.$$

Die Volumengeschwindigkeit w des Trägergases ist bei der Kolonnentemperatur T gemessen.

Bei der Angabe von t_{max} muß man berücksichtigen, daß es eine Zeit t_1 dauert, bis die Substanz vom Injektionspunkt zum Kolonnenanfang kommt, und daß es eine Zeit t_2 dauert, bis die Substanz vom Kolonnenende in das Analysengerät gelangt, wo die Zeit $t_{\mathrm{max},\,\mathrm{reg}}$ registriert wird. Es gilt also für die Substanz i

$$t_{\mathrm{max},\,i} = t_{\mathrm{max},\,\mathrm{reg},\,i} - (t_1 + t_2)$$

und für das Trägergas (z. B. kann N_2 mit etwas H_2 oder He mit etwas Luft markiert werden)

$$t_{\mathrm{gas},\,\mathrm{reg}} = \frac{q_m \cdot L}{w} + (t_1 + t_2).$$

Daraus resultiert

$$t_{\mathrm{max},\,i} = t_{\mathrm{max},\,\mathrm{reg},\,i} - t_{\mathrm{gas},\,\mathrm{reg}} + \frac{q_m \cdot L}{w}.$$

In dieser Weise vermeidet man die explizite Berechnung der Zeiten t_1 und t_2. Da die Volumengeschwindigkeit w des Trägergases infolge des Druckabfalls in der Kolonne variiert, ist der Term $q_m L/w$ schwer exakt zu berechnen. Man begnügt sich für die Abschätzung des Terms mit einem Mittelwert für w.

Wenn der Strömungsmesser bei seiner Temperatur T' die Volumengeschwindigkeit w' angibt, so ist

$$\frac{w}{w'} = \frac{T'}{T}.$$

Eine weitere, sehr wesentliche Korrektur ist diejenige für den Druckabfall in der Kolonne. MARTIN und JAMES (2) geben folgende Formel an:

$$V_{ri}^0 = V_{ri} \cdot \frac{3}{2} \frac{\left(\frac{P_1}{P_0}\right)^2 - 1}{\left(\frac{P_1}{P_0}\right)^3 - 1}, \qquad [4,29]$$

$$\lim_{\frac{P_1}{P_0} \to 1} V_{ri} = V_{ri}^0 = \frac{q_m \cdot L}{R_{fi}} = \frac{Lw}{u_i}.$$

Hier ist P_1 der Druck am Anfang und P_0 der Druck am Ende der Kolonne. Das auf den Druckabfall $P_1 - P_0 = 0$ reduzierte Rückhaltevolumen ist auf den Druck P_0 am Ende der Kolonne bezogen. Das korrigierte Rückhaltevolumen ist also (vgl. Gl. [4,9])

$$V_{ri}^0 = \frac{L q_s P V''}{V'} \cdot \frac{1}{p_i^{\cdot} f_i^0}. \qquad [4,29\,\text{a}]$$

Zur Berechnung der Temperaturabhängigkeit des Rückhaltevolumens wird dieses auf eine Standardtemperatur T^* bezogen:

$$V_r^0 = V_r^{0*} \cdot \frac{T}{T^*}.$$

Der Druck P sei konstant und es gelte $PV'' = RT$. Weiter ist (mit $\beta = $ Ausdehnungskoeffizient der flüssigen Phase)

$$\left(\frac{V'}{q_s}\right)_T = \left(\frac{V'}{q_s}\right)_{T^*} [1 + \beta(T - T^*)].$$

Damit wird

$$V_r^{0*}[1 + \beta(T - T^*)] = \frac{L \cdot RT^*}{\left(\dfrac{V'}{q_s}\right)_{T^*}} \cdot \frac{1}{p_i^{\cdot} f_i^0} = V_i \qquad [4,29\,\text{b}]$$

oder

$$V_i = \text{konst.} \cdot (p_i^{\cdot} f_i^0)^{-1}. \qquad [4,30]$$

Die Temperaturabhängigkeit von V_i wird durch das Produkt $(p_i^{\cdot} f_i^0)^{-1}$ bestimmt. Nun gilt in guter Näherung

$$\frac{\mathrm{d}\ln p_i^{\cdot}}{\mathrm{d}T} = -\frac{\Delta H_{Vi}}{RT^2};$$

$$\frac{\mathrm{d}\ln f_i^0}{\mathrm{d}T} = -\frac{\Delta h_i^0}{RT^2},$$

wobei ΔH_{Vi} die molare Verdampfungsenthalpie und Δh_i^0 die partielle molare Mischungsenthalpie bei großer Verdünnung der Komponente i ist. Dies liefert

$$\frac{d \ln V_i}{dT} = \frac{\Delta H_{Vi} + \Delta h_i^0}{RT^2} .$$ [4,30a]

Trägt man in einem Diagramm $\ln V_i$ gegen $1/T$ auf, so sollen Geraden resultieren. Die Übereinstimmung dieser Forderung der Theorie mit dem Experiment zeigt Abb. 77. Die Temperaturabhängigkeit von V_i kann auch durch

$$\frac{d \ln V_i}{dT} = - \frac{d \ln (p_i^\ast)^a}{dT}$$ [4,30b]

beschrieben werden. Für a erhält man

$$a = 1 + \frac{\Delta h_i^0}{\Delta H_{Vi}}$$

und

$$\ln V_i = \text{konst.} - a \cdot \ln p_i^\ast .$$ [4,30c]

Wie Abb. 78 zeigt, wird auch die Beziehung [4,30c] gut erfüllt. Zur Ableitung der Gln. [4,30], [4,30a, b, c] vgl. HOARE und PURNELL (37; 38).

Für Glieder einer homologen Reihe fallen die Geraden im $\ln V_i$-$\ln p_i^\ast$-Diagramm sehr oft aufeinander; PURNELL (39) spricht dann von „family

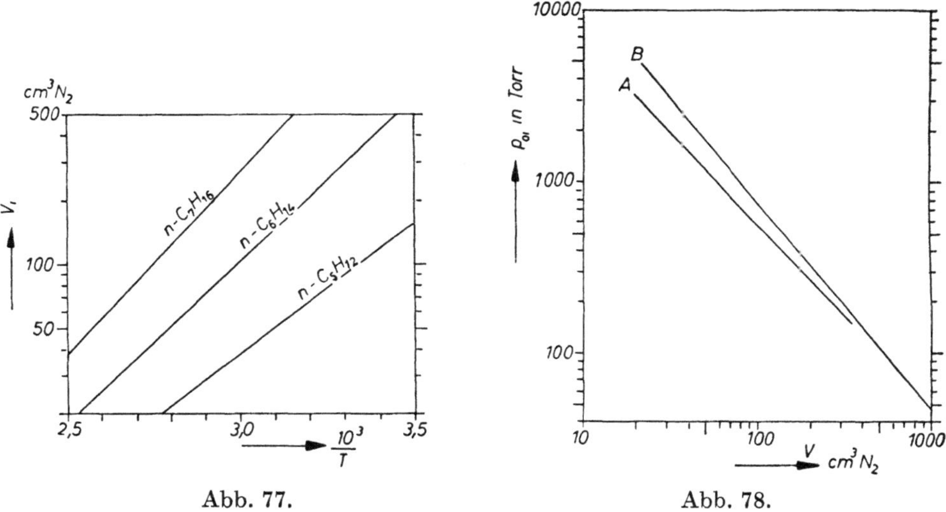

Abb. 77.   Abb. 78.

Abb. 77. Temperaturabhängigkeit des Rückhaltevolumens für n-Paraffine nach PURNELL und HOARE (37). Paraffinöl auf Kieselgel als stationäre Phase.

Abb. 78. Zusammenhang zwischen Dampfdruck und Rückhaltevolumen nach PURNELL und HOARE (37).
Kurve A: n-Paraffine (C_5 bis C_7); Kurve B: $CHCl_3$, CCl_4; Paraffinöl auf Kieselgur als stationäre Phase.

plots". Voraussetzung ist die Gleichheit der Konstante und des a-Wertes in Gl. [4,30 c] für die betreffenden Stoffe, vgl. Abb. 78.

Es wurde schon frühzeitig versucht, an Hand der $V_r{}^0$-Werte oder anderer, noch besser korrigierter Werte für das Rückhaltevolumen (z. B. V_i) eine Klassifizierung, Einordnung und Sammlung der Versuchsergebnisse vorzunehmen. Dadurch könnte man dann auch unbekannte Substanzen identifizieren; man brauchte nur im „Lexikon der V_i-Werte" nachzuschlagen. Es ist aber viel einfacher und erfordert erheblich weniger Rechenarbeit, wenn man sogenannte relative Rückhaltevolumina angibt. V_{r*} sei das Rückhaltevolumen einer geeigneten Vergleichssubstanz. Unter Benutzung der Gln. [4,29] und [4,29 a] gilt

$$\frac{V_{ri}}{V_{r*}} = \frac{t_{\max,\,i}}{t_{\max,\,*}} = \frac{p_*^{\cdot} f_*^0}{p_i^{\cdot} f_i^0} = \alpha_{*i} = \frac{R_{f*}}{R_{fi}}\,. \qquad [4,31]$$

Die Angabe des relativen Rückhaltevolumens ist also nichts anderes als die Angabe des Trennfaktors zwischen der Bezugskomponente und dem betrachteten Stoff. Das gleiche gilt für die Angabe der relativen Ausspülzeiten. Die Tab. 14 enthält Trennfaktoren, bezogen auf n-Pentan, nach Angaben von WIRTH (40), während in Abb. 79 die Temperaturabhängigkeit des Bezugs-

Tab. 14. Bezugstrennfaktoren für verschiedene Kohlenwasserstoffe gegenüber n-Pentan bei 0° C. Stationäre Phasen: 1. Diäthylglykol, 2. Dimethylformamid.

Stoff	Siedepunkt °C	α_{*i} für stationäre Phase 1	2
Propan	− 42,1	0,082	−
Propylen	− 47,7	0,119	−
i-Butan	− 11,7	0,190	0,208
n-Butan	− 0,5	0,298	0,374
i-Buten	− 6,9	0,393⎱	0,662⎱
Buten-1	− 6,3	0,393⎰	0,662⎰
trans-Buten-2	0,9	0,512	0,805
cis-Buten-2	3,7	0,625	1,0
Butadien	− 4,4	0,738⎱	1,78
iso-Pentan	27,9	0,738⎰	0,662
3-Methylbuten-1	20,1	0,815	1,15
n-Pentan	36,1	1,0	1,0
Penten-1	30,0	1,28	1,78
2-Methylbuten-1	31,1	1,46	2,19
2,2-Dimethylbutan	49,7	1,50	1,39
trans-Penten-2	36,4	1,61	2,19
cis-Penten-2	37,1	1,76	2,42
2-Methylbuten-2	38,5	1,93	2,88
zyklo-Pentan	49,3	2,65⎱	3,16
Isopren	34,1	2,65⎰	5,55
zyklo-Penten	44,2	3,11	5,02
trans-Piperylen	42,3	3,51	7,69
cis-Piperylen	44,2	4,02	8,73
zyklo-Pentadien	41,0	4,66	11,52

trennfaktors nach Experimenten von Cvetanovic und Kutschke (41) dargestellt ist.

Für die Temperaturabhängigkeit des Trennfaktors erhält man

$$\frac{d \ln \alpha_{23}}{dT} = \frac{d \ln p_2{}^{\cdot} f_2{}^0}{dT} - \frac{d \ln p_3{}^{\cdot} f_3{}^0}{dT} \; ;$$

$$\frac{d \ln \alpha_{23}}{dT} = \frac{(\Delta H_{V_3} - \Delta H_{V_2}) + (\Delta h_3{}^0 - \Delta h_2{}^0)}{RT^2} \; . \qquad [4,32]$$

Aus Abb. 79 kann man sehr schön erkennen, wie der Trennfaktor mit fallender Temperatur immer mehr von 1 verschieden ist, was als allgemeine Regel angesehen werden kann. Die Kurven in Abb. 79 sind leicht gekrümmt, was mit der Temperaturabhängigkeit der molaren Verdampfungsenthalpien und der partiellen, molaren Mischungsenthalpien zusammenhängt.

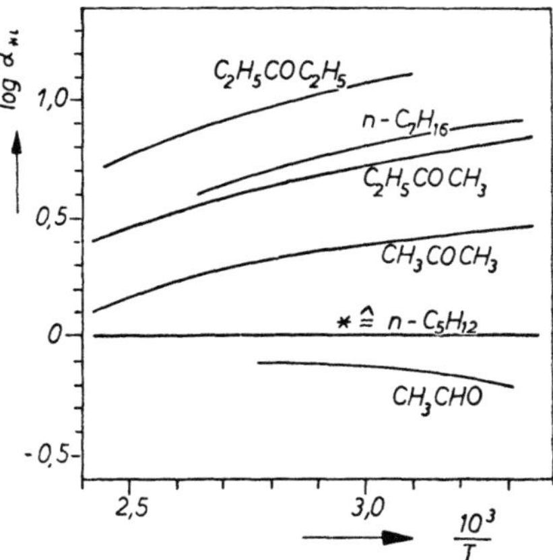

Abb. 79. Temperaturabhängigkeit des Trennfaktors verschiedener Stoffe gegenüber *n*-Pentan. Stationäre Phase: Dinonylphthalat.

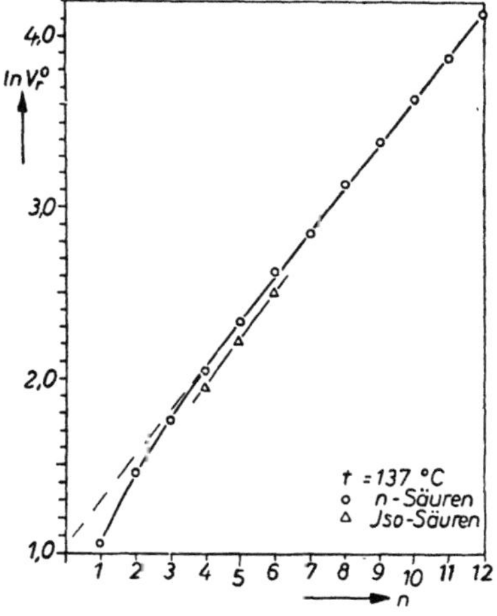

Abb. 80. Rückhaltevolumina der Fettsäuren als Funktion der Zahl der C-Atome. 1,30 m lange Kolonne; Silikonöl mit 10 % Stearinsäure auf Kieselgur als stationärer Phase; 130 °C; $V_r{}^0$ in cm³ N₂; $P = 1$ atm.

Die Abhängigkeit des Rückhaltevolumens von der Gliederzahl für Stoffe einer homologen Reihe wurde schon in der Pionierarbeit von Martin und James (2) untersucht. In Abb. 80 sind ihre Messungen der Rückhaltevolumina der niederen Fettsäuren bis C_{12} dargestellt; und zwar ist $\ln V_{ri}^0$ gegen die Zahl n der C-Atome der Fettsäuren aufgetragen ($T = $ konst.). Nach Gl. [4,30] muß also eine Stoffabhängigkeit des Produktes $(p_i{}^{\cdot} f_i{}^0)^{-1}$ vorhanden sein, die das von Martin und James (2) gefundene Verhalten liefert; die Konstante in Gl. [4,30] hängt nur mit Kolonnenparametern zusammen. Die Abhängigkeit des Dampfdruckes einer reinen Substanz bzw. des Aktivitätskoeffizienten bei sehr großer Verdünnung in einem bestimmten Lösungsmittel von der Zahl der Glieder (hier Zahl der C-Atome) des betreffenden Stoffes innerhalb einer homologen Reihe läßt sich ganz allgemein darstellen durch

$$\ln p_i^{\,\bullet} = A + B \cdot n_i + C \cdot n_i^2 + \ldots \qquad [4,33\,\mathrm{a}]$$
$$T = \mathrm{konst.}$$
$$\ln f_i^0 = a + b \cdot n_i + c \cdot n_i^2 + \ldots \qquad [4,33\,\mathrm{b}]$$

Wieviel Glieder man in den obigen Potenzreihen zu einer befriedigenden Darstellung benötigt, ist wegen des sehr begrenzten experimentellen Materials nur schwer zu entscheiden. In einigen Fällen kann man die Reihen schon nach dem zweiten Glied abbrechen, und man erhält dann [vgl. HERINGTON (42)]

$$\ln p_i^{\,\bullet} f_i^0 = (A + a) + (B + b)n_i$$

und mit Gl. [4,30]

$$\ln V_{ri}^0 = \ln \mathrm{konst.} + (A + a) + (B + b)n_i$$

oder

$$\ln V_{ri}^0 = k_1 + k_2 n_i; \quad k_1, k_2 = \mathrm{konst}; \quad T = \mathrm{konst.} \qquad [4,34]$$

Die in Abb. 80 dargestellte Kurve zeigt eine gute Übereinstimmung mit Gl. [4,34] für die höheren Glieder, aber große Abweichungen für die niederen Homologen. Um hier eine Übereinstimmung mit den Meßergebnissen zu erzielen, müßte man in den Gln. [4,33 a] und [4,33 b] auch höhere Terme der Entwicklung berücksichtigen. Die resultierenden Formeln werden dann aber schon sehr unhandlich.

Zur qualitativen Charakterisierung und zur Identifizierung von Substanzen hat KOVATS (211) die Reihe der n-Paraffine mit gerader C-Atom-Zahl für jede stationäre Phase und Temperatur als Standardreihe gewählt. Die Retentionsvolumina V_{ri}^0 werden logarithmisch aufgetragen und den n-Paraffinen mit gerader C-Zahl z der Retentionsindex $100 \cdot z$ zugeordnet.

Die Retentionsindices nach KOVATS sind weitgehend unabhängig von der stationären Phase und der Kolonnentemperatur; es bestehen Regelmäßigkeiten zwischen ihrem Wert und der Struktur der Substanzen (212).

4.36 *Nichtlineare Isothermen*

Es wurde schon im Abschnitt 4.32 auf den Zusammenhang zwischen Aktivitätskoeffizient und Isotherme hingewiesen, vgl. Abb. 68. Je mehr der Aktivitätskoeffizient f_i^0 von 1 verschieden ist, desto größer ist auch seine Konzentrationsabhängigkeit (vgl. Gl. [4,5 a]) und die Konzentrationsabhängigkeit der Neigung der Gleichgewichtsisotherme (vgl. Gl. [4,6]). Bei positiven Abweichungen vom RAOULTschen Gesetz wird dc'/dc'' mit zunehmender Konzentration größer. Nach Gl. [4,8 a] laufen dann die hohen Konzentrationen mit einer kleineren Geschwindigkeit als die kleinen Konzentrationen. Das Umgekehrte gilt für negative Abweichungen vom RAOULTschen Gesetz. Dadurch wird im ersten Fall die Rückfront des Konzentrationsprofils sehr steil und im zweiten Fall die Vorderfront. Diese Zusammenhänge sind in Abb. 68 bereits dargestellt.

Die unsymmetrischen Profile erschweren die richtige Bestimmung von t_{max}; das Maximum des Profils liegt nicht mehr in der Mitte der Zone. Um aus gemessenen Werten von t_{max} den Trennfaktor nach Gl. [4,17] oder Gl. [4,31] einwandfrei ermitteln zu können, müssen die Konzentrationen bzw. muß die

Beladung so klein gehalten werden, daß innerhalb dieses kleinen Konzentrationsbereiches die Isotherme praktisch linear verläuft und eine symmetrische Zone liefert. Dann erhält man den Trennfaktor für verschwindend kleine Konzentrationen der Komponenten 2 und 3, d. h. für sehr große Konzentrationen der stationären Phase.

Die vom Analysengerät am Ende der Kolonne registrierte Konzentrations/Zeit-Kurve muß auch bei einer linearen Isotherme leicht unsymmetrisch sein. Nur die Momentaufnahme eines Konzentrationsprofils in der Kolonne würde zusammen mit einer linearen Isotherme eine symmetrische Zone liefern. Das Analysengerät mißt aber eine Kurve $c'' = f(t)$ bei konstantem Ort $\xi = L$. Grob gesprochen verweilt die Hinterflanke des Profils länger in der Kolonne als die Vorderflanke, wodurch die Hinterflanke stärker auseinanderdiffundiert. Dieser Vorgang liefert also eine Registrierkurve mit steiler Vorderfront und flacher Rückfront.

Unsymmetrische Profile können übrigens auch vorkommen, wenn die Isothermen linear sind. Dieser Effekt tritt bei hohen Konzentrationen auf, wenn die Strömungsgeschwindigkeit der mobilen Phase von den Partialdrucken der gelösten Substanzen beeinflußt wird, vgl. BOSANQUET und MORGAN (43), MARTIN und JAMES (2). Wenn die Partialdrucke nicht vernachlässigbar sind (z. B. $p_i > 7$ mm Hg bei $P = 760$ mm Hg), wird im Gebiet hoher Konzentrationen die Strömungsgeschwindigkeit wegen des hohen Partialdrucks erhöht. Man erhält eine Zone mit scharfer Vorderfront und flacher Rückfront.

Die Theorie setzt eine isotherme Kolonne voraus. Für eine einzelne Zone kann dies nicht mehr richtig sein. Auf der Vorderfront findet dauernd Kondensation, auf der Rückfront Verdampfung statt. Infolge der dabei auftretenden Wärmeeffekte muß zwischen Vorder- und Rückfront des Profils ein wenn auch sehr kleiner Temperaturgradient bestehen.

POLLARD und HARDY (35) haben untersucht, wie sich das Profil von $CHCl_3$ auf Dinonylphthalat/Kieselgur (40 °C) bei Variation der Probenmenge verhält, vgl. Abb. 81. Es ist auf Grund der von den Autoren (35) bestimmten Verteilungsquotienten des $CHCl_3$ erkennbar, daß $f^0_{CHCl_3} < 1$ ist, daß also eine negative Abweichung vom RAOULTschen Gesetz auftritt. Dementsprechend ist die Vorderfront steil, die Rückfront flach.

Die Abb. 88 zeigt das Profil für Benzol auf Anilin mit $f^0_{C_6H_6} > 1$. Der auf der Abb. 88 ebenfalls dargestellte Zyklo-

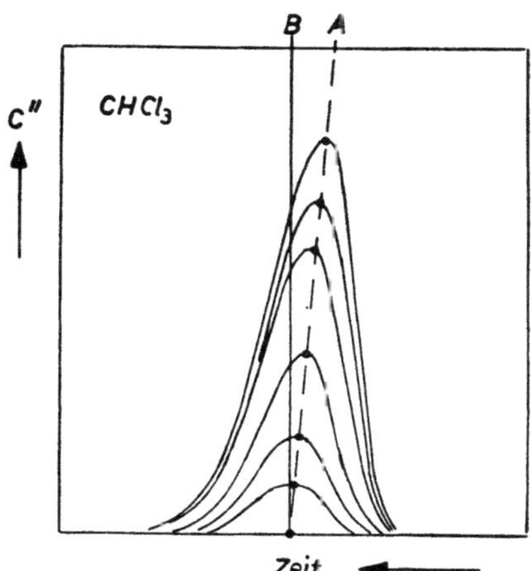

Abb. 81. Konzentrationsprofile für $CHCl_3$ in Abhängigkeit von der Probemenge (0,5 bis 5 μl). A: Linie der Profilmaxima; B: Grenzwert von t_{max} für unendlich kleine Konzentration bzw. Probemenge.

hexanzacken befindet sich noch zu sehr im „Anlaufstadium seiner Entwicklung", als daß aus der Profilgestalt Rückschlüsse auf f_i^0 gezogen werden könnten. PORTER, DEAL und STROSS (33) untersuchten den Einfluß der Probenmenge auf die Profilgestalt bei linearer Isotherme (Überladung des Chromatogramms).

4.4 Experimentelle Anordnung der EVG

4.41 Allgemeines

Einen Überblick über die gesamte experimentelle Anordnung der EVG gibt Abb. 82. Das Trägergas wird einem Reservoir (Druckflasche oder einfach Luft aus der Atmosphäre) entnommen, strömt durch einen Regler für die Strömungsgeschwindigkeit und dann durch ein Meßgerät für die Gasströmung (Kapillarströmungsmesser). Von dort gelangt das Gas nach einer evtl. nötigen Abtrennung von Verunreinigungen (z. B. Wasser) in die Kolonne. Das Abgas aus der Kolonne passiert ein Analysengerät zur Bestimmung der Konzentra-

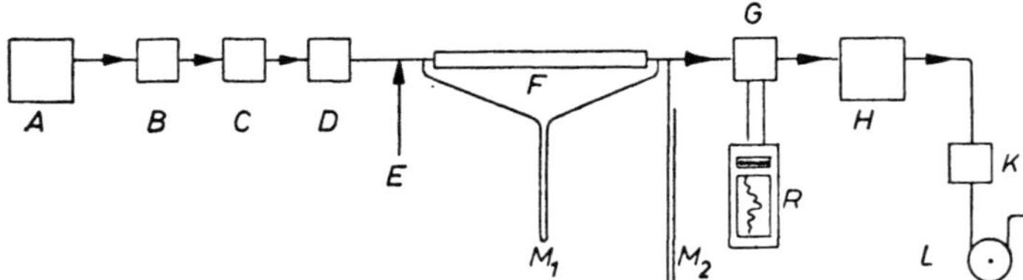

Abb. 82. Apparatur für Gaschromatographie, schematisch.
A Reservoir für Trägergas, B Regler für Strömungsgeschwindigkeit, C Messung der Strömungsgeschwindigkeit, D Gasreinigung, E Injektion der Probe, F Kolonne, M_1 Manometer für Druckabfall, M_2 Manometer für Absolutdruck, G Analysengerät, H Kühlfallensystem, K Manostat, L Pumpe, R Registriergerät. Es wird entweder A benutzt und $K + L$ nicht, oder es wird $K + L$ benutzt und A nicht.

tions-Zeit-Kurve. In einem angeschlossenen Kühlfallensystem können bestimmte Fraktionen auskondensiert werden. Wenn man das Gas durch die Kolonne saugt, schließt sich eine Pumpe mit vorgeschaltetem Manostaten an, drückt man das Gas durch die Kolonne, so tritt das Gas einfach in die Atmosphäre aus. Die zu untersuchende Probe wird flüssig oder gasförmig in den Strömungsgang unmittelbar vor der Kolonne injiziert. Ein zur Kolonne parallel geschaltetes Manometer mißt den Druckabfall längs der Kolonne, ein zweites Manometer zeigt den Absolutdruck am Ende oder am Anfang der Kolonne an. Das Analysengerät ist an ein registrierendes Anzeigeinstrument angeschlossen.

Die einzelnen Teile dieser Anordnung werden im folgenden eingehender besprochen. Bis auf das Registriergerät lassen sich alle Teile in einem normal ausgerüsteten Laboratorium leicht anfertigen bzw. sind vorhanden. Registriergeräte der entsprechenden Leistungsfähigkeit kosten z. Zt. (1965) etwa 2000 bis 6000 DM und stellen ohne Zweifel den teuersten Teil der Anlage dar.

Die EVG besitzt gegenüber der analytischen Destillation einige große Vorteile. Die Probenmengen betragen bei der EVG 1 bis 10 cm³ gasförmige oder 0,005 bis 0,05 cm³ flüssige Substanz. Die Einsätze sind also viel kleiner als bei der analytischen Destillation (etwa 10 cm³ flüssige Substanz). Daneben besticht die Schnelligkeit und Einfachheit der Ausführung eines analytischen Gaschromatogramms. In 10 bis 20 Minuten kann eine ungelernte Kraft eine Analyse (quantitativ und qualitativ) eines Gas- oder Flüssigkeitsgemisches ausführen. Eine analytische Destillation dauert erheblich länger und erfordert mehr Geschick bei der Ausführung bzw. einen größeren apparativen Aufwand. Die EVG erlaubt in einfachster Weise die Anwendung sehr großer Trennstufenzahlen; 300 bis 1000 theoretische Trennstufen können bei einigermaßen sachgerechter Ausführung als Normalfall angesehen werden. James und Martin (44) sagen voraus, daß die EVG infolge ihrer Überlegenheit als Trennverfahren die analytische Destillation vollkommen verdrängen wird. Diese Voraussage kann noch ergänzt werden: Auch in der normalen Gasanalyse kann die EVG zusammen mit der Adsorptions-Gaschromatographie [vgl. Janak (45; 46)] vorteilhaft eingesetzt werden. Die gaschromatographischen Verfahren werden also auch die alten gasanalytischen Verfahren aus dem Felde schlagen. Mit der Methode der EVG können Substanzen mit Siedepunkten zwischen etwa − 100 °C und + 350 °C getrennt und analysiert werden.

Wie die vorhergehenden Berechnungen (Gl. [4,18] und Gl. [4,18a]) gezeigt haben, ist es möglich, die Überlappung der Konzentrationsprofile auf jedes gewünschte Maß herabzusetzen. Man kann also erreichen, daß nach dem Austreten des Profils einer Substanz eine gewisse Zeit praktisch nur Trägergas austritt, bis die nächste Zone erscheint. Von einer „Übergangsfraktion" ist hier keine Rede mehr. Das Fehlen einer Übergangsfraktion läßt die EVG als eine ausgezeichnete, präparative Trennmethode für kleinere Mengen erscheinen. Die einzelnen Zonen werden getrennt in einem geeigneten Kühlfallensystem aufgefangen. Im folgenden werden solche Anordnungen mit einer „Kapazität" bis zu 10 cm³ flüssiger Substanz beschrieben.

4.42 Kolonnen und stationäre Phasen

Die Kolonnenrohre sind aus Glas oder aus Metall und haben für analytische Zwecke Innendurchmesser von 2 bis 10 mm und für präparative Zwecke Innendurchmesser bis zu einigen Zentimetern. Die Längen der Kolonnenrohre liegen normalerweise zwischen 0,5 und 3 m, in Ausnahmefällen bei 10 m oder auch mehr. Um diese langen, schmalen Kolonnen raumsparend unterbringen zu können, ordnet man sie als hintereinandergeschaltete U-Rohre in horizontaler oder vertikaler Stellung an (10; 47; 48). Die gekrümmten, kapillar ausgeführten Verbindungsstücke werden nicht mit stationärer Phase gefüllt. Die stationäre Phase wird mit Pfropfen aus Glaswolle in der richtigen Lage festgehalten. Eine wendelförmige Anordnung mit nicht zu engem Windungsdurchmesser ist auch möglich (49). Die Verbindung der verschiedenen U-Rohre mit den kapillaren Krümmern sollte nicht mit gewöhnlichem Gummischlauch vorgenommen werden, weil dieser leicht Dämpfe löst, d. h. zurückhält. Besser ist auch bei niedriger Temperatur Silikongummi.

Eine sehr elegante Anordnung zum Aufbau einer Kolonne aus Einzelrohrstücken nach einem Bauprinzip ähnlich dem des Stöpselwiderstandes beschreiben RYCE und BRYCE (158). Die Abb. 84 zeigt schematisch, wie die Einzelrohre angeordnet sind; sie münden oben und unten in Metallringe mit Verbindungsbohrungen. Die im oberen Ring offenen Bohrungen werden durch Segmentdeckel mit Teflonscheiben als Dichtung verschlossen. Am Ende der Säulenbatterie wird ein Deckel mit einem Gasaustrittsrohr und einem Teflonstopfen zum Verschließen der nächsten Säulenmündung aufgeschraubt. Durch

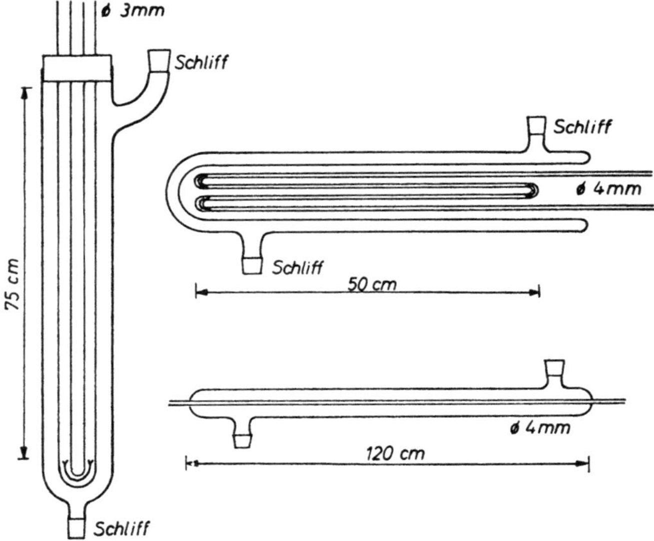

Abb. 83. Verschiedene Kolonnenkonstruktionen für die Verteilungs-Gaschromatographie.

Auswechseln der Deckel kann die Säulenlänge leicht und schnell verändert werden. Die gesamte trommelförmige Anordnung ist einigermaßen raumsparend, die einzelnen Rohre sind gut zugänglich und lassen sich leicht mit der stationären Phase füllen.

Die gleichen Vorzüge besitzt in noch höherem Maße eine Kolonnenanordnung [vgl. CAREW (159)], die aus zwei gasdicht aufeinanderliegenden Platten besteht. In eine Platte oder auch in beide Platten wird eine Rille oder Nut nach Art der Abb. 85 eingefräst. An den Enden des Ganges befinden sich Anschlüsse für den Ein- und Austritt des Trägergases. Die Anordnung wird besonders kompakt, wenn mehrere Platten übereinandergesetzt und jeweils die Rückseite der einen als Gegenfläche für die nächste benutzt wird. Bei auseinandergenommenen Platten lassen sich die Rillen leicht säubern und schnell mit stationärer Phase füllen. Das ist der große Vorteil dieser „Plattenkolonne".

Die Kolonne muß während des Versuchs bei konstanter Temperatur gehalten werden. Für Temperaturen unter 20 °C hängt man sie in ein Dewargefäß mit einem geeigneten Kühlbad. Für erhöhte Kolonnentemperaturen verwendet man Siedethermostaten (vgl. Abb. 83) oder Luftthermostaten (vgl. Abb. 86). Bei höheren Kolonnentemperaturen muß darauf geachtet werden, daß nach dem Austritt aus der thermostatierten Kolonne keine der beteiligten Substanzen in den Verbindungsrohren zum Analysengerät oder zum Kühlfallensystem vorzeitig und unerwünscht auskondensiert. Unerwünscht ist diese Kondensation deswegen, weil sie leicht zu einer teilweisen Rückvermischung der bereits getrennten Substanzen führt. Deswegen wird das Analysengerät gern mit in den Thermostatenmantel eingebaut. Dies ist auch im Hinblick auf ein möglichst kleines Leitungsvolumen zwischen Kolonnenende und Analysengerät empfehlenswert. Ein großes Leitungsvolumen verzögert die Anzeige und fördert

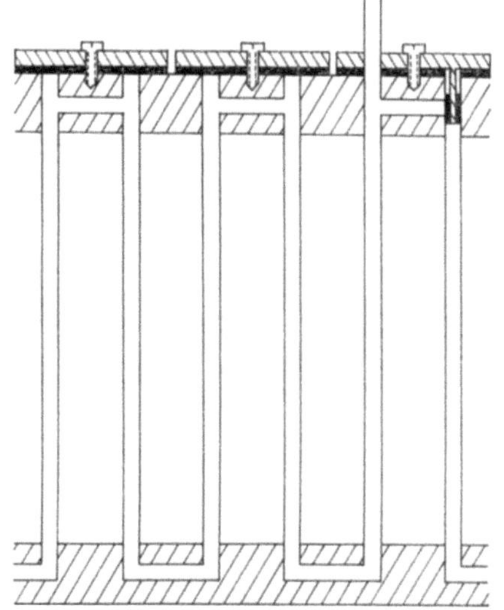

Abb. 84. Schema der Kolonnenanordnung nach Ryce und Bryce (158).

Abb. 85. Schema der Plattenkolonne nach Carew (159).

die Rückvermischung. Das Kühlfallensystem verbindet man durch gesondert beheizte enge Rohre mit dem Analysengerät. Cropper und Heywood (49; 51) montieren die Kolonne und die Wärmeleitfähigkeitszelle in ein Eisenrohr, das bis 300 °C geheizt werden kann, vgl. Abb. 86.

Bisher benutzte man als inertes Trägermaterial für die stationären Phasen der EVG meistens Kieselgur oder Schamottemehl. Nach den Ergebnissen von Keulemans und Kwantes (28) ist bei einer Beladung mit wirksamer Flüssigkeit von 15 bis 20 Gew.-% ein Korndurchmesser des Trägermaterials von 0,17 bis 0,6 mm am günstigsten. Für hochwirksame Trennsäulen schlägt Scott (160) Korngrößen von 0,10 bis 0,12 mm vor, wobei man große Retentionszeiten und hohe Eingangsdrucke des Trägergases in Kauf nehmen muß. In jedem Fall ist bei Kolonnendurchmessern von 0,3 bis 0,6 cm das Verhältnis von Korndurchmesser zu Kolonnendurchmesser etwa ein Zehntel oder kleiner; es wird bei diesen

Dimensionen die Randgängigkeit der mobilen Phase noch verhindert. Neben den oft verwendeten Trägermaterialien Kieselgur und Schamottemehl sind natürlich auch andere Materialien verwendbar, z. B. Glasperlen oder Glaspulver (41), Kochsalz (51; 52), gepulverter Silikongummi (53) (Polymethylsiloxan wurde mit Kieselgur gemischt und vulkanisiert; dieser Gummi wurde dann mit 10% Flüssigkeit imprägniert).

Bisher verwendete, wirksame Flüssigkeiten für die EVG sind z. B.: 1. Paraffinöl, z. B. Squalan (d. i. 2,6,10,15,19,23-Hexamethyltetrakosan), 2. Paraffin-

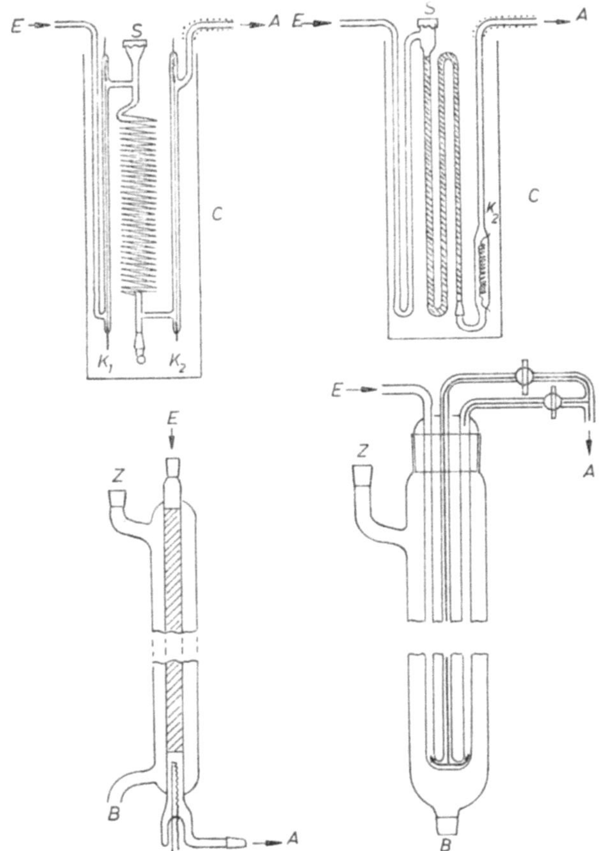

Abb. 86. Verschiedene ältere Kolonnenkonstruktionen.
E Eintritt Trägergas, A Austritt Trägergas, Z zum Kondensator, B vom Siedegefäß, K_1 Wärmeleitfähigkeitszelle im eintretenden Gas, K_2 Wärmeleitfähigkeitszelle im austretenden Gas, C elektrisch geheizter Eisenzylinder, S selbstschließende Gummikappe. – Bei der Kolonne rechts unten kann entweder die ganze oder auch nur die halbe Länge verwendet werden. Sehr langsam laufende Stoffe brauchen dann nicht die gesamte Länge zu durchwandern, vgl. GREEN (50).

öl mit Zusätzen, 3. Dinonylphthalat, 4. Trikresylphosphat, 5. Silikonöl, 6. Silikonfett, 7. Dioktylphthalat, 8. Polyglykole von verschiedener Struktur, 9. Chloriertes Diphenyl, 10. Chloriertes Naphthalin, 11. Polyäthylen, 12. Apiezonfett (bis 300 °C), 13. Dimethylformamid, 14. Diphenylformamid, 15. β,β'-Oxydipropionitril, 16. Perfluorotributylamin, 17. Polytrifluorovinylchlorid, 18. AgNO$_3$ in Glykol, 19. Benzyldiphenyl. Für hohe Temperaturen benutzt man häufig eutektische Salzschmelzen, z. B. wie HANNEMAN, SPENCER und JOHNSON (195) 54,5% KNO$_3$ + 27,3% LiNO$_3$ + 18,2% NaNO$_3$ (schmilzt bei 150 °C) auf Sterchamol. Man sieht an dieser Liste, daß eine große Anzahl von Flüssigkeiten zur Verfügung steht. Bei der Auswahl sind die folgenden Punkte zu berücksichtigen.

1. Möglichst kleiner Dampfdruck bei der Kolonnentemperatur, damit die flüssige Phase nicht ausgespült wird und die Fraktionen nicht mit stationärer Phase verunreinigt werden. Nach ADLARD (54) soll $p_{fl} < 1$ mm Hg sein.
2. Große chemische Stabilität bei der Kolonnentemperatur und der evtl. die Zersetzung fördernden Oberfläche des Trägermaterials; keine chemischen Reaktionen mit den zu trennenden Substanzen. Die Bildung instabiler Addukte kann aber die Trennung unterstützen (Aromaten auf Paraffinöl, das etwas Pikrinsäure enthält).
3. Die Flüssigkeit soll eine niedrige Viskosität bei der Kolonnentemperatur haben, damit der Diffusionskoeffizient groß wird, vgl. Gl. [4,28].
4. Es sollte $p_i \cdot f_i^0/P > 0,1$ sein. Bei festgelegter Kolonnentemperatur und einem bestimmten Druck P bedeutet dies eine Forderung für f_i^0. $f_i^\bullet$ kann durch Wahl verschiedener Flüssigkeiten in weiten Grenzen geändert werden.
5. Auch relativ leicht flüchtige Flüssigkeiten ($p_{fl} \approx 1 - 5$ mm Hg) können Verwendung finden, wenn der in die Kolonne eintretende Trägergasstrom mit Dampf der Flüssigkeit gesättigt wird. Die Fraktionen sind dann natürlich mit Flüssigkeit verunreinigt. Aber auch das Sättigen verhindert nicht das langsame Ausspülen, da ja wegen des Druckabfalls in der Kolonne dauernd Flüssigkeit von neuem verdampft.

Die Auswahl einer stationären Phase nach den aufgeführten 5 Punkten sei an zwei Beispielen näher erläutert.

Beispiel 1: Trennung von verschiedenen Gliedern einer homologen Reihe, und zwar der C$_1$- bis C$_5$-Fettsäuren [nach MARTIN und JAMES (2)].

Glieder einer homologen Reihe zeigen nur kleine Unterschiede der Aktivitätskoeffizienten f_i^0, der Trennfaktor zwischen den einzelnen Gliedern wird im wesentlichen durch die Dampfdruckverhältnisse bestimmt. Auf Silikonöl stellten MARTIN und JAMES (2) ein starkes „tailing" der Konzentrationsprofile fest, d. h. die Rückfront war erheblich flacher als die Vorderfront. Sie führten dies auf eine Dimerisation der Säuremolekeln in Silikonöl zurück, was natürlich eine Isotherme nach Fall 3, Seite 88, liefert. (Es soll aber damit nicht gesagt werden, daß $f_i^0 < 1$ sei; die Verhältnisse liegen hier komplizierter als es dem

einfachen Ansatz nach Gl. [4,5] entspricht.) Infolge dieses „tailing" über-
lappten sich manche Zonen. Eine Zugabe von 10 Gew.-% Stearinsäure zum
Silikonöl ließ das „tailing" praktisch verschwinden und ergab eine vollständige
Trennung. Die Erklärung der Autoren (2) war, daß die schwerflüchtige Stearinsäure die Dimerisation der leichtflüchtigen, niederen Fettsäuren zurückdrängt,
wodurch für die einzelnen Glieder lineare Isothermen und symmetrische Konzentrationsprofile resultieren. Die flüchtige Fettsäure bildet ein Mischassoziat
mit der Stearinsäure, was mit den nun größeren Rückhaltevolumina verträg-
lich ist. Vgl. hierzu Abb. 87 und die Bildunterschrift mit weiteren Einzelheiten.

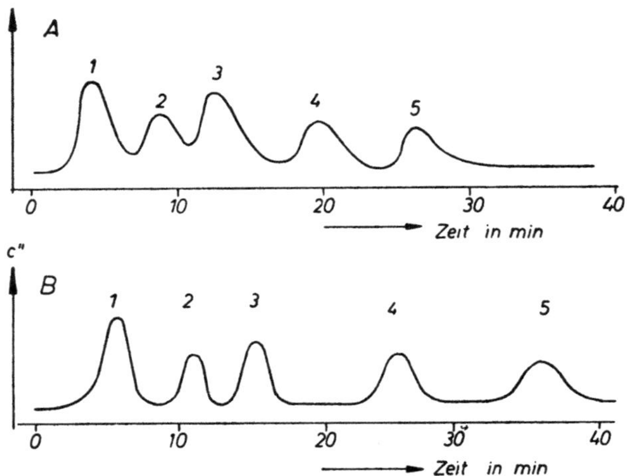

Abb. 87. Trennung niederer Fettsäuren; 1 Propionsäure, 2 Isobuttersäure, 3 n-
Buttersäure, 4 Isovaleriansäure, 5 n-Valeriansäure. – *A* Silikonöl DC 550 auf
Celite 545; *B* Silikonöl mit 10 Gew.-% Stearinsäure auf Celite 545. Kolonnenlänge
1,20 m, 100 °C. Strömungsgeschwindigkeit bei *A*: 23 cm³/min, bei *B*: 46 cm³/min,
Stickstoff als Trägergas.

Beispiel 2: Trennung von Stoffen verschiedenen Typs: Zyklohexan/Benzol
[nach Röck (34); vgl. auch JAMES (161)].

Zwei Stoffe, die verschiedenen chemischen Verbindungstypen angehören
(Zykloparaffin, Aromat) haben im allgemeinen verschiedene Aktivitätskoeffizienten f_i^0. Sie können also auch dann noch getrennt werden, wenn das
Dampfdruckverhältnis praktisch 1 ist. Andererseits kann aber auch das Verhältnis der Aktivitätskoeffizienten so beschaffen sein, daß es sich in entgegen-
gesetzter Richtung wie das Dampfdruckverhältnis auf den Trennfaktor auswirkt. Für Zyklohexan/Benzol gilt bei 20 °C

$$\frac{p_2^{\cdot}}{p_3^{\cdot}} = 1,05.$$

Der Aktivitätskoeffizient f_i^0 für die beiden Stoffe in Anilin bei 20 °C ist
[nach Messungen der binären Verdampfungsgleichgewichte, vgl. (34)]

$$\text{Zyklohexan:} \quad f_2^0 = 11,5$$
$$\text{Benzol:} \quad f_3^0 = 2,1$$

und

$$\frac{f_2^0}{f_3^0} = 5,76 \,.$$

Der Trennfaktor sollte also sein

$$\alpha_{\text{theor}} = \frac{p_2 \cdot f_2^0}{p_3 \cdot f_3^0} = 6,05 \,.$$

Ein Kolonnenversuch mit Anilin als stationärer Phase bei 20 °C ergab (Abb. 88):

$$\frac{t_{\text{max, 3}}}{t_{\text{max, 2}}} = 5,8 = \alpha_{\text{exper}} \,.$$

Die Übereinstimmung ist innerhalb der jeweiligen Meßgenauigkeit befriedigend. Als Maß für Unterschiede in den f_i^0 kann die Löslichkeit herangezogen werden. Benzol ist gut in Anilin löslich, f_3^0 ist klein. Zyklohexan ist schlecht löslich (Obere Kritische Entmischungstemperatur bei 30 °C), f_2^0 ist groß.

In Paraffinöl sind die Löslichkeitsunterschiede von Benzol und Zyklohexan nicht groß, beide lösen sich gut. Das Experiment, vgl. Abb. 88, ergibt für Paraffinöl

$$\frac{f_2^0}{f_3^0} = 0,76 \,,$$

also hat hier Benzol den höheren Aktivitätskoeffizienten als Zyklohexan, $f_3^0 > f_2^0$. Das Aktivitätskoeffizientenverhältnis arbeitet in seiner Wirkung auf den Trennfaktor dem Dampfdruckverhältnis entgegen. Weitere Beispiele, bei denen der Einfluß der stationären Phase auf den Trennfaktor entscheidend ist, sind in Tab. 12 enthalten.

JAMES (161) erhält am System Zyklohexan/Benzol ähnliche Ergebnisse mit Paraffinöl und mit Benzyldiphenyl als stationärer Phase bei 78,6 °C.

Der im zweiten Beispiel behandelte Fall beweist gleichzeitig, daß das als Trägermaterial verwendete Kiesel-

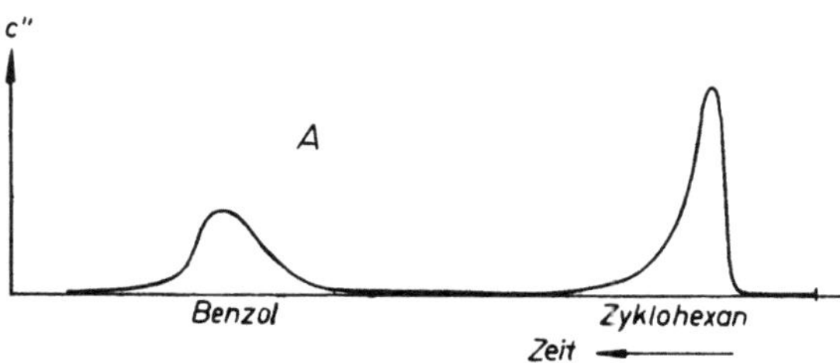

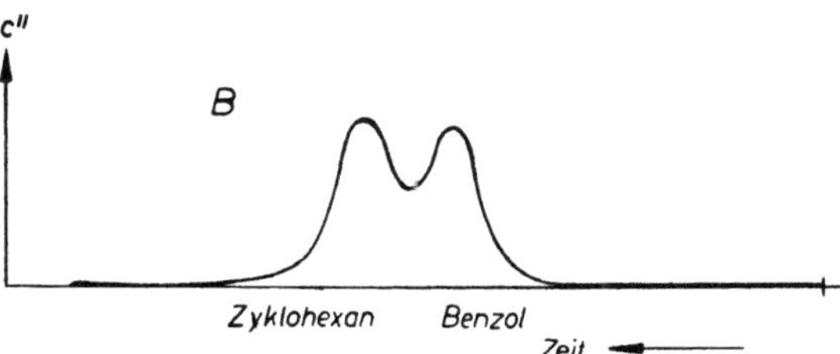

Abb. 88. Trennung von Zyklohexan/Benzol; 20 °C, Kolonnenlänge 0,55 m, Strömungsgeschwindigkeit: 30 cm³/min Luft. A: Anilin auf Celite 545, B: Paraffinöl auf Celite 545 als stationäre Phase.

gur tatsächlich inert war; sonst könnte nicht die gute Übereinstimmung zwischen α_{theor} und α_{exper} eintreten.

CVETANOVIC und KUTSCHKE (41) haben diese Frage ebenfalls untersucht. Sie verwendeten Dinonylphthalat auf zwei verschiedenen Trägern: Kieselgur (Celite 545) und Glasperlen. Getrennt wurden die normalen Olefine

$$\text{n-C}_5\text{H}_{10}\text{-1 }(*), \quad \text{n-C}_6\text{H}_{12}\text{-1 }(2) \quad \text{und} \quad \text{n-C}_7\text{H}_{14}\text{-1 }(3).$$

In Tab. 15 wird der dekadische Logarithmus des Bezugstrennfaktors

$$\alpha_{*i} = \frac{t_{\text{max}, i}}{t_{\text{max}, *}}$$

angegeben.

Tab. 15. Trennfaktoren für verschiedene Trägermaterialien, a) Glas, 270 mesh, 4 Gew.-% Dinonylphthalat, b) Celite 545, 31 Gew.-% Dinonylphthalat; L = 180 m; Trennung dreier Olefine: n-Penten-1, n-Hexen-1 und n-Hepten-1

Kolonnentemperatur °C	Trägermaterial	$\log \alpha_{*2}$	$\log \alpha_{*3}$
26	Glas	0,504	0,981
26	Celite	0,507	0,983
39	Glas	0,471	0,915
39	Celite	0,472	0,920
68,5	Glas	0,407	0,798
68,5	Celite	0,401	0,791

Tab. 16. Trennfaktoren für i-Butan/n-Butan bei 0° C; 40 Gew.-% Paraffinöl auf Celite; L = 3,12 m; $\alpha = t_{\text{max, n-B}}/t_{\text{max, i-B}}$; Dampfdruckverhältnis: 1,50

Volumengeschw. Trägergas, cm³/min	Menge der Probe cm³ gasförmig	α
6,3	10	1,63
6,3	5	1,60
9,8	10	1,62
9,8	5	1,64
9,8	2,3	1,64
12,4	10	1,63
12,4	5	1,58
12,4	2,5	1,57
20,2	10	1,63
20,2	5	1,62

Weiterhin haben CVETANOVIC und KUTSCHKE (41) durch Veränderung der Strömungsgeschwindigkeit festzustellen versucht, ob die Trägergasgeschwindigkeit einen Einfluß auf α_{*i} hat. Dies war innerhalb gewisser Grenzen nicht der Fall, wie durch eigene Messungen bestätigt werden konnte, vgl. Tab. 16. Hierbei wurde auch die Probenmenge variiert.

POLLARD und HARDY (35) stellten die Konstanz des Rückhaltevolumens von $CHCl_3$ auf einer Paraffinöl/Kieselgur-Kolonne (57 °C) bei variierter Strömungsgeschwindigkeit fest.

In den behandelten Fällen erwies sich das Trägermaterial tatsächlich als inert. In anderen Fällen läßt sich eine adsorptive Wirkung des Trägermaterials nicht ausschließen, besonders wenn Wasser, Alkohole oder Säuren auf einigermaßen adsorptionsaktiven Trägern getrennt werden. Ob also der Träger inert ist oder nicht, hängt ganz von der jeweiligen Kombination und von der Dicke der Flüssigkeitsschicht ab. JANAK (55) hat die Rückhaltevolumina einiger Kohlenwasserstoffe als Funktion der Beladung der Trägersubstanz mit Flüssigkeit gemessen, vgl. Abb. 89.

JANAK (55) stellt fest, daß bei abnehmender Beladung eines Adsorptionsmittels mit Flüssigkeit diese ihre Bedeutung für den chromatographischen Vorgang verliert und nur als regulierender Faktor für die Eigenschaften des Adsorptionsmittels wirkt. Die gleiche Feststellung treffen EGGERTSEN und KNIGHT (56); kleine Mengen von Flüssigkeit verhindern das „tailing" ohne die Selektivität des Adsorbens wesentlich zu vermindern. Die Abbn. 90 a, b zeigen die Ergebnisse von EGGERTSEN und KNIGHT (56) bei der Trennung von Zyklohexan/2,4-Dimethylpentan.

Bei der Untersuchung hochsiedender, zersetzlicher Substanzen muß

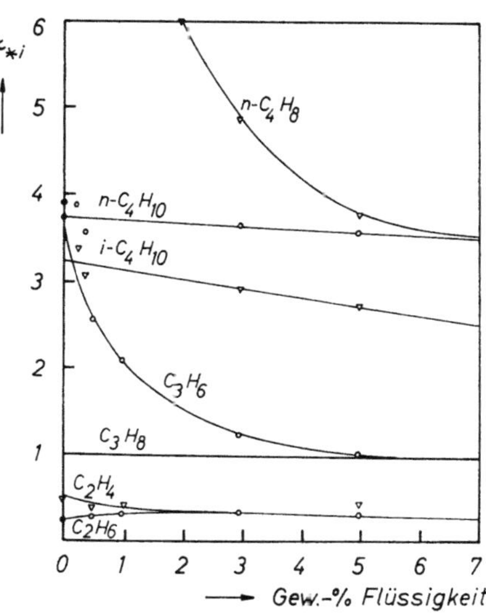

Abb. 89. Bezugstrennfaktoren als Funktion der Flüssigkeitsbeladung nach JANAK (55). Dimethylformamid auf Natriumaluminosilikat; Bezugssubstanz ist Propan.

darauf geachtet werden, daß die Temperaturbeanspruchung nicht zu groß wird. Hier ist es wichtig, bei niedrigen Absolutdrucken und kleinem Druckabfall zu arbeiten. Eine interessante Lösung dieses Problems haben CROPPER und HEYWOOD (52) gezeigt (5% Silikonfett auf Kochsalz). Für die Hochtemperatur-EVG bis 300 °C hat HAWKES (57) Apiezonfett auf Kieselgur verwendet. CROPPER und HEYWOOD (51) mischten 60 g Kieselgur (Celite 545) mit 40 g Silikon-Hochvakuumfett in einer Reibschale, wobei ein Pulver erhalten wurde, das sich noch ohne Mühe in die Kolonne einfüllen ließ. Das Silikon-Hochvakuumfett wurde vorher in heißem Äthylazetat gelöst und durch Zusatz von Methanol wieder ausgefällt. Dabei bleiben niedrigmolekulare, flüchtige Bestandteile in der Lösung zurück. Gleichzeitig wird durch Filtrieren der Äthylazetat-Lösung Quarzmehl abgetrennt, das sich von der Herstellung her immer im Silikonfett befindet und nach SMITH (162) ein starkes Adsorptionsmittel darstellt.

Eine systematische Untersuchung verschiedener Polyglykole als stationäre Phase hat ADLARD (54) ausgeführt. Die Trennung der halogenierten Methane durch Anwendung verschiedener stationärer Phasen untersuchten POLLARD und HARDY (35); unter anderem verwendeten sie auch Wasser auf Kieselgur. Die Autoren (35) haben die Verteilungsquotienten einiger Chlormethane statisch

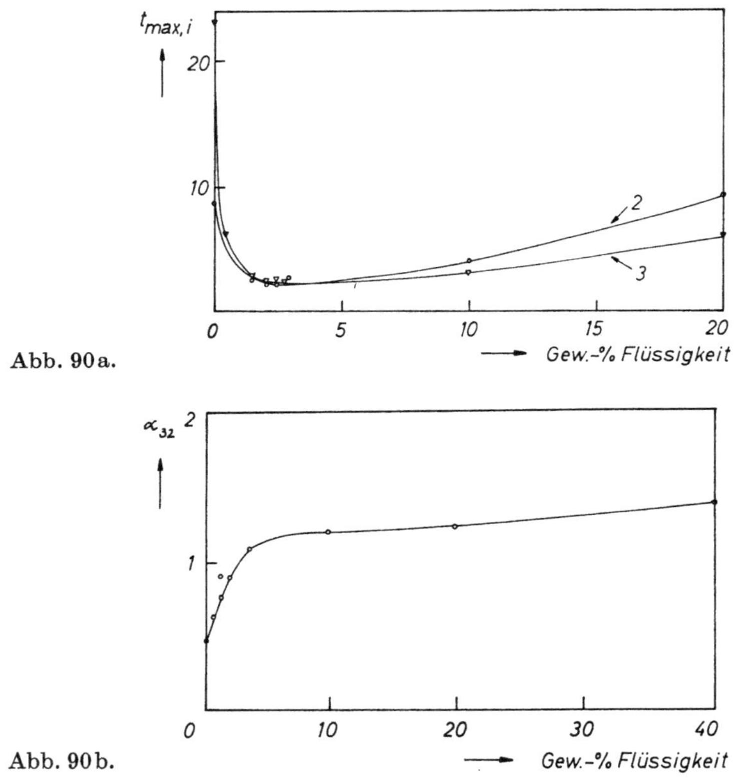

Abb. 90a.

Abb. 90b.

Abb. 90a, b. Abhängigkeit a) der Austrittszeiten $t_{max,\,i}$, b) des Trennfaktors α_{32} von der Flüssigkeitsbeladung. Squalan auf Aktivkohle Pelletex (Godfrey Cabot Co.); 120 °C; Trennung Zyklohexan (2)/2,4-Dimethylpentan (3); nach EGGERTSEN und KNIGHT (56).

gemessen, vgl. Abb. 91. Interessant ist die Reihenfolge CH_2Cl_2, $CHCl_3$, CCl_4 mit Silikonöl und CH_2Cl_2, CCl_4, $CHCl_3$ mit Dinonylphthalat. Im ersten Fall entspricht die Reihenfolge den Dampfdrucken $p_i^{\cdot}$ (f_i^0 für alle Substanzen praktisch gleich), im zweiten Fall dem Produkt $p_i^{\cdot} f_i^0$, da mit dem polaren Lösungsmittel $CHCl_3$ und CH_2Cl_2 deutlich verschiedene, kleinere Aktivitätskoeffizienten f_i^0 in bezug auf CCl_4 haben [vgl. das System $CHCl_3/CH_3COCH_3$ mit negativen Abweichungen vom RAOULTschen Gesetz, v. ZAWIDZKI (58)]. – Zum Vergleich:

$\varkappa_c = 76$ für n-Butan auf Paraffinöl, 0 °C; $\varkappa_c = 1000$ für Benzol auf Anilin, 20 °C; jeweils bei $P = 760$ Torr. – PURNELL und SPENCER (59) studierten die Trennung der Chlormethane auf Kieselgur mit verschiedenen Flüssigkeiten als stationärer Phase.

PURNELL (39) schlägt als Grundlage für Vergleich und Auswahl geeigneter Lösungsmittel die $\log V_i - 1/T$-Diagramme, oder die daraus ableitbaren, numerischen Größen, z. B. $(\Delta H_{Vi} + \Delta h_i^0)$, a und das Rückhaltevolumen bei einer oder zwei Standardtemperaturen vor (vgl. Gln. [4,30a, b, c]). Wegen der Schwierigkeit der exakten Angabe von Absolutwerten der Rückhaltevolumina

$$\varkappa_c = \frac{c_i'}{c_i''} = \frac{PV''}{V'} \frac{1}{p_i f_i}$$

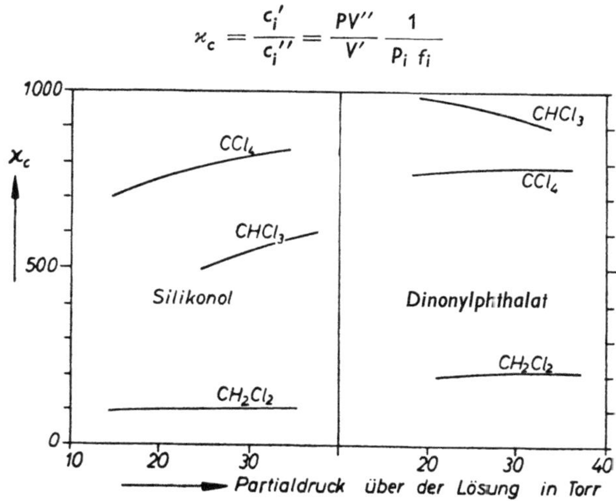

Abb. 91. Vergleich der Verteilungsquotienten von Chlormethanen mit Silikonöl 702 und Dinonylphthalat, $P = 760$ Torr, 20 °C.

scheint es aber allgemein empfehlenswerter, Bezugstrennfaktoren bzw. relative Rückhaltevolumina gemäß Gl. [4,31] (Tab. 14, Abb. 79) anzugeben [siehe auch Retentionsindices nach KOVATS (211–213)]. Die Division zweier Bezugstrennfaktoren liefert den Trennfaktor zwischen zwei Stoffen

$$\frac{\alpha_{*2}}{\alpha_{*3}} = \frac{p_*^{\cdot} f_*^{0}}{p_2^{\cdot} f_2^{0}} \cdot \frac{p_3^{\cdot} f_3^{0}}{p_*^{\cdot} f_*^{0}} = \alpha_{32}$$

TENNEY (60) untersuchte 18 verschiedene stationäre Phasen im Temperaturgebiet um 100 °C und gibt Werte der Bezugstrennfaktoren gegenüber n-Pentan für Paraffine, Naphthene, Aromaten, Alkohole, Äther, Ester, Aldehyde und Ketone an; β,β'-Oxydipropionitril war die stationäre Phase mit der größten Selektivität. Die Trennung der Naphthene von den Paraffinen haben EGGERTSEN und KNIGHT (56) untersucht; sie empfehlen Äthylenglykol und β,β'-Oxydipropionitril als wirksamste stationäre Phase. Ausführliche Angaben für spezielle Trennprobleme enthalten z. B. die Monographien von BAYER (61) und KAISER (62).

Die Imprägnierung des Trägermaterials muß so erfolgen, daß die Trennflüssigkeit gleichmäßig auf die Oberfläche des Trägers verteilt wird. Die Imprägnierung soll reproduzierbar sein. Außerdem dürfen nicht sehr abriebfeste Trägermaterialien mechanisch (etwa durch Rühren) nicht zu sehr beansprucht werden.

Ein einfaches, schnell arbeitendes Imprägnierungsverfahren gibt STRUPPE (163) [ref. bei KAISER (73), S. 69] an. Als Imprägniergefäß dient eine thermostatierte Stielfritte G4 (vgl. Abb. 92), die von einem trockenen Luft- oder N_2-Strom durchspült wird. Bei strömendem Spülgas wird eine geeignete Siebfraktion des gut getrockneten Trägermaterials in das Frittengefäß geschüttet, die berechnete Menge Trennflüssigkeit, in einem flüchtigen Lösungsmittel gelöst, zugegeben und zu Anfang leicht gerührt. Die Frittentemperatur soll so hoch sein, daß innerhalb von etwa 10 min das Lösungsmittel verdampft und ein trockenes Pulver zurückbleibt. Bei einer um 20 °C erhöhten Temperatur wird das Füllmaterial noch eine Stunde im Gasstrom und anschließend 2 bis 4 Stunden im Trokkenschrank nachgetrocknet. Diese Methode ist für den Träger sehr schonend und ergibt gut reproduzierbare stationäre Phasen.

Es gibt z. Z. bereits eine Vielfalt käuflicher Säulen mit Füllungen; im Laboratorium wird man aber bei der Neuentwicklung von gaschromatographischen Trennmethoden immer wieder vor die Aufgabe gestellt sein, Säulen selbst anzufertigen, um die optimale stationäre Phase für das jeweilige Trennproblem zu finden.

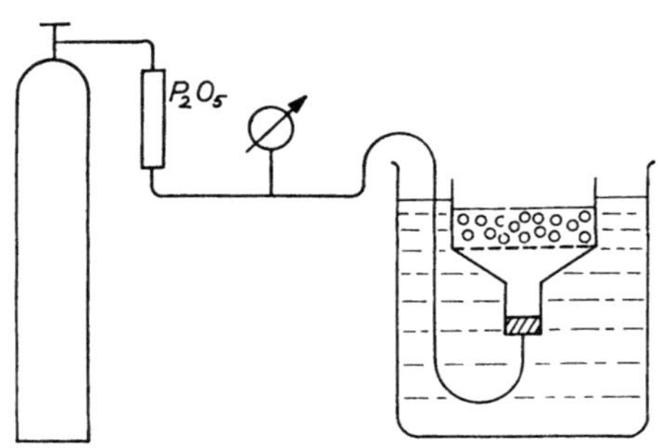

Abb. 92. Schema einer Apparatur nach STRUPPE (163) zur reproduzierbaren Imprägnierung von Trägermaterial.

4.43 Analysenmethoden für das aus der Kolonne abströmende Gas

Für die Analyse des abströmenden Gases ist eine Reihe bekannter physikalischer, physikalisch-chemischer und chemischer Analysenverfahren verwendet und eine Vielzahl neuer Methoden entwickelt worden. Die Bestimmung der Zusammensetzung des aus der Kolonne abströmenden Gases kann dabei entweder durch Messung einer physikalischen Eigenschaft des unveränderten Gases (physikalische Detektoren) oder des chemisch, z. B. durch Verbrennung, veränderten Gases (physikalisch-chemische Detektoren) sowie durch chemische Reaktion, etwa Titration, (chemische Detektoren) erfolgen. Die physikalischen Detektoren sind im allgemeinen auf alle Gase anwendbar und deshalb auch weit verbreitet, während die physikalisch-chemischen und chemischen Detektoren auf Substanzen beschränkt bleiben, die geeigneten chemischen Reaktionen zugänglich sind. Ergänzend können noch die „biologischen Detektoren" erwähnt werden, die Substanzen durch schnell eintretende Reaktionen lebender Organismen anzeigen.

Neben der hier gewählten Einteilung der Detektoren erweist sich eine Unterteilung nach KAISER (63) in Detektoren 1. und 2. Art als zweckmäßig. Detektoren 1. Art erfassen eine Eigenschaft der im Trägergas enthaltenen Substanz direkt, während Detektoren 2. Art einen Mischwert aus Substanzeigenschaft und Trägergaseigenschaft anzeigen. Da bei der Gaschromatographie die Konzentrationen der zu registrierenden Substanzen relativ zum Trägergas gering sind, sind die Detektoren 1. Art sehr viel empfindlicher und daher denen 2. Art vorzuziehen.

Eine weitere Unterteilung richtet sich nach der Art der zeitlichen Registrierung der Meßergebnisse. Wird vom Detektor die momentane Konzentration der nachzuweisenden Substanz registriert, so erfolgt die Anzeige differentiell (Differentialdetektor), wird dagegen die Eigenschaft der austretenden Substanz fortlaufend addiert, so ist die Anzeige integral (Integraldetektor). Durch geeignete mechanische oder elektronische Umformer (Differentiatoren, Integratoren) läßt sich die eine Anzeige in die andere umwandeln.

Folgende Forderungen sollten von einer guten und brauchbaren Analysenmethode für die Gaschromatographie erfüllt werden:

1. Hohe Empfindlichkeit,
2. schnelles Ansprechen,
3. Linearität zwischen Anzeige und Konzentration,
4. allgemeine Verwendbarkeit,
5. Unempfindlichkeit gegen Schwankungen des Drucks, der Strömungsgeschwindigkeit und der Temperatur,
6. kleiner Betriebsinhalt der Meßzelle,
7. Anwendbarkeit in einem weiten Temperaturbereich,
8. einfache, leichte Konstruktion; niedrige Kosten; einfacher Betrieb.

Nicht alle in der Gaschromatographie eingesetzten Analysenverfahren erfüllen gleichzeitig alle gestellten Forderungen. Einige von ihnen sind speziellen Problemen angepaßt. Allgemein verwendbar sind hauptsächlich die Wärmeleitfähigkeitszelle, das Gasdichtemeter nach MARTIN und JAMES und die Methoden der Ionisationsmessung.

4.431 Physikalische Detektoren

4.4311 Wärmeleitfähigkeitszelle

Die Messung der Wärmeleitfähigkeit erfolgt nach SCHLEIERMACHER. Gemessen wird der temperaturabhängige, elektrische Widerstand eines strombeheizten, dünnen Drahtes, der an seine Umgebung Wärme durch Leitung verliert. Bei der Gaschromatographie strömt das Gas durch die Meßanordnung, wodurch neben der Abhängigkeit der Anzeige von der Wärmeleitfähigkeit eine Abhängigkeit von der Strömungsgeschwindigkeit auftritt. Die empfindlichste

Meßanordnung benutzt vier Heizdrähte. In einem Metallblock (vgl. Abb. 93) befinden sich vier gleiche Bohrungen mit je einem darin aufgespannten Platindraht [vgl. CLAESSON (8)]. Diese vier Drähte bilden die Widerstände einer WHEATSTONEschen Brücke, in deren Nullzweig ein registrierendes Galvanometer geschaltet wird (Abb. 93). Die Brücke wird mit konstanter Stromstärke gespeist; ein Potentiometer erlaubt die Nullpunkteinstellung. Die Drähte 1 und 2 befinden sich im Trägergas, bevor dieses in die Kolonne eintritt; durch die Bohrungen 3 und 4 strömt das Abgas aus der Kolonne. Das Leitungsvolumen von der Kolonne bis zur Meßzelle und das Volumen der Bohrungen 3 und 4 (Betriebsinhalt) sollen möglichst klein sein, damit keine Rückvermischung eintritt und keine „Überlappung" der Zonen in der Meßzelle stattfindet. Es soll nicht vorkommen, daß sozusagen bei Bohrung 3 eine neue Zone eintritt, während bei Bohrung 4 die vorhergehende Zone gerade austritt.

Die Meßanordnung wird thermostatiert, so daß keine Kondensation von Substanzen des Chromatogramms möglich ist. Die Wärmekapazität des Blocks dient zur Dämpfung kurzfristiger Temperaturschwankungen und zur Herstellung einer definierten Umgebungstemperatur für die Drähte.

Empfindlich ist die Wärmeleitfähigkeitszelle gegen Druckschwankungen und Änderungen der Trägergasgeschwindigkeit: Damit keine Druckschwankungen auftreten können, darf die Zelle in keine Anordnung mit merklichem Strömungswiderstand münden, da sich sonst bei verschiedenen Gasgeschwindigkeiten der Staudruck ändert. Änderungen der Strömungsgeschwindigkeit kompensiert die Anordnung nach Abb. 93 mit vier Heizdrähten weitgehend selbsttätig.

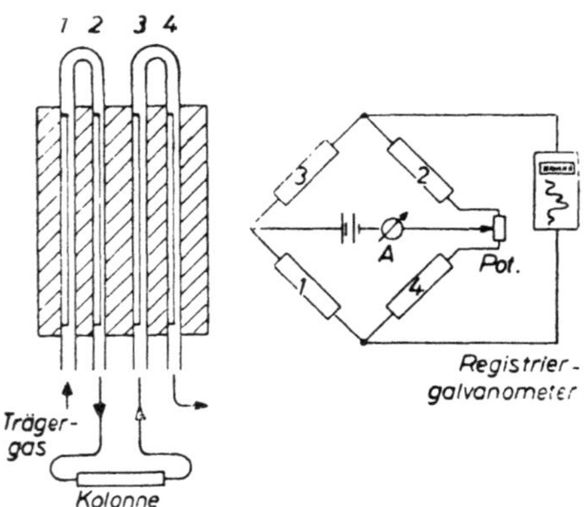

Abb. 93. Wärmeleitfähigkeitszelle, schematisch, und elektrische Meßanordnung. Drahtwiderstand $\approx 10\,\Omega$; Potentiometer $1\,\Omega$; 0,1 bis 0,3 Amp. Brückenstrom; 8 V. Bohrung 5 mm, Länge 80 mm.

Unter Umständen besitzt die Anordnung mit vier Drähten ein zu großes Betriebsvolumen (Bohrungen 3 und 4). Dann verwendet man eine Meßzelle mit nur zwei Platindrähten, z. B. 1 und 4, während 2 und 3 Rheostaten sind. Dieser Aufbau liefert nur noch die Hälfte an Empfindlichkeit, Änderungen der Strömungsgeschwindigkeit werden aber noch kompensiert (vgl. Abb. 86 links oben).

Schließlich kann die Anordnung noch weiter vereinfacht werden, indem überhaupt nur ein Heizdraht im Abgas der Kolonne verwendet wird (Abb. 86 rechts oben). Da ein möglichst hoher Widerstand des Drahtes bei kleinstem Zellenvolumen erwünscht ist, kann der Draht gewendet werden. Änderungen der Strömungsgeschwindigkeit werden hier nicht mehr kompensiert. Die Zelle wird aus Glas gebaut und in den Thermostatenmantel der Kolonne einbezogen.

Das Volumen der Meßzelle kann weiter verkleinert werden, wenn statt aufgespannter, langer Platindrähte die sehr kleinen NTC-Widerstände (Thermistoren) verwendet werden, wie AMBROSE und COLLERSEN (64) vorgeschlagen haben (vgl. Abb. 94). Die Anzeige der Wärmeleitfähigkeitszellen mit Thermistoren ist gleich empfindlich wie mit Hitzdrähten, aber die Instabilität der NTC-Widerstände bereitet noch Schwierigkeiten, vgl. BECK (65). Hinzu kommt die chemische Empfindlichkeit der Thermistoren gegen reduzierende Substanzen, z. B. Wasserstoff. Trotzdem werden Thermistoren auch in den Wärmeleitfähigkeitszellen käuflicher Gaschromatographen verwendet und haben sich bei Arbeitstemperaturen bis zu 150 °C bewährt. Die Instabilität macht sich besonders bei hohen Temperaturen störend bemerkbar; dort ist auch die Empfindlichkeit gering, vgl. OGILVIE, SIMMONS und HINDS (66).

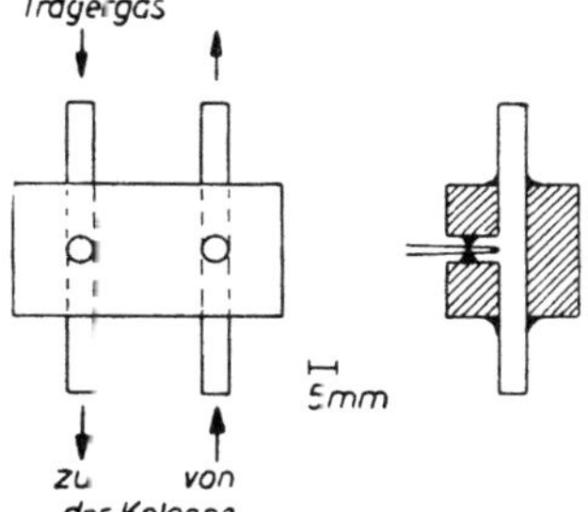

Abb. 94. Wärmeleitfähigkeitszelle mit Thermistoren. 2000 Ω, direkt beheizt, Schutzhülle aufgeschnitten, in Metallblock einzementiert. 390 Ω für die beiden anderen Zweige der Wheatstone-Brücke; 3–4 V Brückenspannung; registr. Galvanometer 3 mV.

Eine weitere Variationsmöglichkeit in der Konstruktion von Wärmeleitfähigkeitszellen besteht in der Art, den Gasstrom an den Hitzdraht oder Thermistor heranzuführen. Man unterscheidet Durchfluß-, Diffusions- und Teilstromzellen; die Abb. 95 zeigt schematisch diese drei Typen.

In der Durchflußzelle (Typ a) wird der gesamte Gasstrom am Hitzdraht vorbeigeführt. Die Anzeige erfolgt daher sehr schnell. Leider ist gleichzeitig die Empfindlichkeit gegen Änderungen der Strömungsgeschwindigkeit sehr groß. Dagegen ist die Diffusionszelle (Typ b) unempfindlich gegen Schwankungen des Gasstromes, aber die Anzeige erfolgt nicht so rasch und ist nur bei geringen Konzentrationsänderungen im Gasstrom linear. Als Kompromiß zwischen

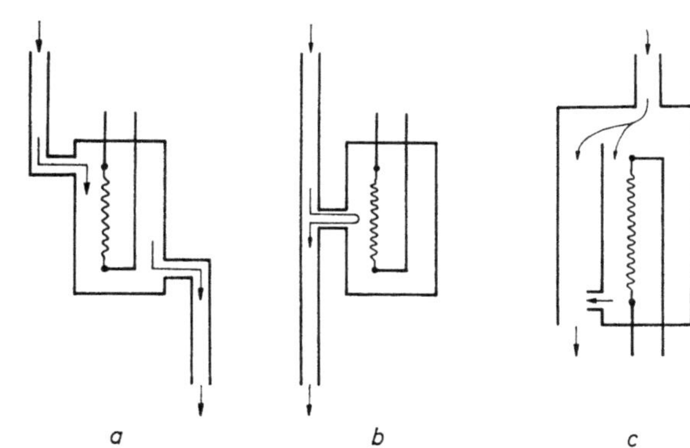

Abb. 95. Verschiedenartige Führung des Gasstromes in der Wärmeleitfähigkeitszelle   a) Durchflußzelle, b) Diffusionszelle,   c) Teilstromzelle.
[Nach KAISER (73)]

den Vor- und Nachteilen beider Typen ist die Teilstromzelle (Typ c) im allgemeinen vorzuziehen. Hier besteht eine große Anpassungsmöglichkeit in der Wahl des Teilstromverhältnisses, vgl. die Untersuchungen von KAISER [(73), S. 123].

Die Wärmeleitfähigkeitszelle spricht auf den Unterschied der Wärmeleitfähigkeit der betreffenden Substanz gegenüber der des Trägergases an. Numerische Werte der Wärmeleitfähigkeit einiger Stoffe enthält Tab. 17. Vom Standpunkt einer empfindlichen Anzeige sind Wasserstoff oder Helium die besten Trägergase.

Tab. 17. Wärmeleitfähigkeit λ in 10^{-4} kal/cm · sek · Grad bei Atmosphärendruck

Stoff	0 °C	100 °C	200 °C
H_2	4,19	5,47	—
He	3,43	4,08	6,34
N_2	0,57	0,73	0,85
CO_2	0,34	0,50	0,68
CH_4	0,73	—	—
C_2H_6	0,43	0,77	—
i-Pentan	0,30	0,52	0,82
Benzol	0,21	0,41	0,68
Äthylazetat	0,22	0,39	0,58
CCl_4	0,14	0,21	0,27

Betrachtet man die Temperaturabhängigkeit der λ-Werte von Stickstoff und z. B. i-Pentan, so erkennt man die bei Temperaturerhöhung abnehmende Empfindlichkeit dieser Analysenmethode. Das ist auch an den Werten der Tab. 18 zu erkennen; hier wird auch noch die Abhängigkeit der Anzeige vom Brückenstrom für Mischungen von Stickstoff mit je 1 Vol.-% des betreffenden Stoffes angegeben [nach HARVEY und MORGAN (67)].

Tab. 18. Anzeigeempfindlichkeit. Metallblockzelle mit zwei Bohrungen; Pt-Draht 0,025 mm Durchmesser, 25 Ω; 6 V Brückenspannung; Brücke symmetrisch; 1 Vol.-% in N_2

Block-temperatur	Brückenstrom mA	Anzeige mV		
		Benzol	Toluol	Äthylbenzol
60 °C	100	0,34	0,44	0,50
	125	0,66	0,78	0,96
	150	1,08	1,28	1,56
	175	1,58	1,80	2,36
	200	2,24	2,44	2,76
100 °C	100	0,26	0,34	0,32
	125	0,46	0,64	0,70
	150	0,76	1,04	1,10
	175	1,14	1,28	1,68
	200	1,50	1,80	2,18

Die Abhängigkeit vom Brückenstrom ist nichts anderes als die Abhängigkeit der Anzeige von der Drahttemperatur. Aus den Tabellen 17 und 18 muß der Schluß gezogen werden, daß die Zelle dann mit der größten Empfindlichkeit arbeitet, wenn die Umgebungstemperatur so niedrig wie möglich ist, ohne daß Kondensation eintritt. Dies bedeutet, daß bei thermostatierten Kolonnen die Zelle am besten in einen gesonderten, niedriger temperierten Thermostaten zu setzen wäre.

Nach Tab. 18 steigt die Empfindlichkeit bei höheren Brückenströmen stark an. Wenn die Drahttemperaturen aber zu groß werden, treten einige nachteilige Effekte auf, die bis zur „Umkehrung des Zackens" führen können, vgl. Abb. 96. Die Erklärungen für dieses Phänomen sind entweder Zersetzung der Substanz an dem heißen Platindraht oder Anomalien der Konzentrationsabhängigkeit der Wärmeleitfähigkeit, vgl. Abb. 97. BOHEMEN und PURNELL (68) weisen auf

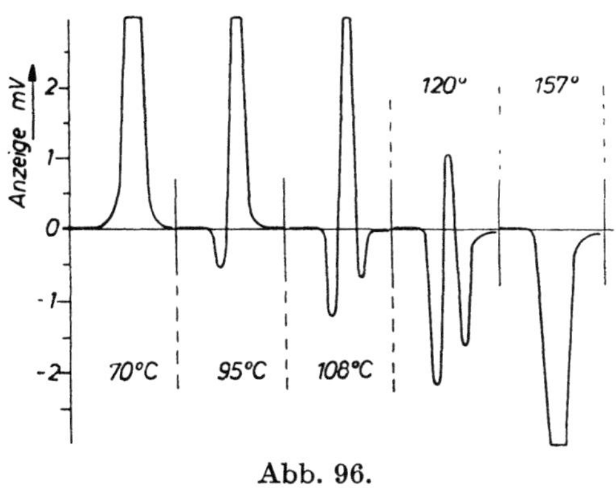

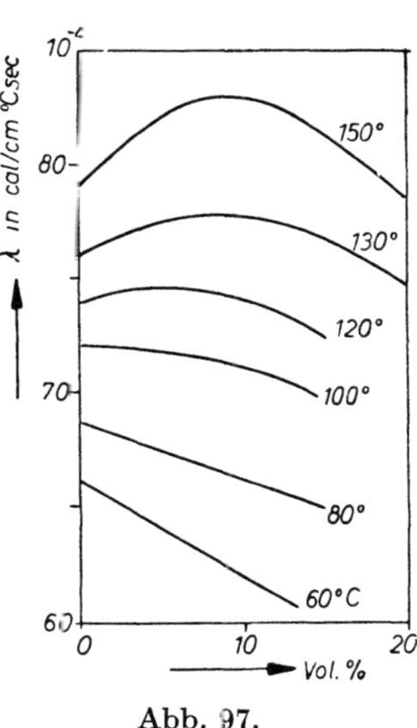

Abb. 96.   Abb. 97.

Abb. 96. Registrierung ein und desselben Profils (CH_3OH) bei konstanter Umgebungs-, aber verschiedener Drahttemperatur, nach KEPPLER, DIJKSTRA, SCHOLS (71); N_2 als Trägergas.

Abb. 97. Anomale Konzentrationsabhängigkeit der Wärmeleitfähigkeit von Gemischen mit wenig Methanol in viel Stickstoff nach HARVEY und MORGAN (67).

die Fragwürdigkeit von HETP-Werten hin, die unter diesen Umständen aus der Ausmessung des Zackens berechnet werden, auch wenn die Drahttemperatur noch so niedrig ist, daß von der eigentlichen Inversion nichts zu bemerken ist. PIETSCH (69) hat die Zackeninversion bzw. die Anomalien der Konzentrationsabhängigkeit der Wärmeleitfähigkeit von wenig H_2 in He (bei 20 °C) untersucht. Die Zumischung von H_2 zu He bewirkt anfangs eine Verringerung der Wärmeleitfähigkeit; das Minimum liegt bei 8 Vol.-% H_2.

MELLOR (70) hat festgestellt, daß die Anzeigeempfindlichkeit mit wachsendem Durchmesser des den Draht umgebenden Rohres zunimmt. Als Kompromiß mit der Forderung nach geringem Betriebsvolumen schlägt er 5 mm vor. KEPPLER, DIJKSTRA und SCHOLS (71) empfehlen die horizontale Lage des Meßdrahtes. Bei vertikaler Lage und sehr kleinen Strömungsgeschwindigkeiten ist mit Thermodiffusionseffekten zu rechnen. Es muß auch dafür gesorgt werden, daß die Meßdrähte in dem Rohr nicht zu Schwingungen erregt werden können; zusammen mit kurzfristigen Druckschwankungen ergibt das einen Beitrag des Meßdrahtes zum ,,Rauschen" (Nullpunktsinstabilität), falls die Zelle sonst gut thermostatiert ist. Man kann in die Zweige einer mit Wechselstrom von 50 Hz betriebenen WHEATSTONEschen Brücke Filter einbauen, die das Rauschen unterdrücken.

MELLOR (70) empfiehlt zur Spurenanalyse C-haltiger Verbindungen durch Wärmeleitfähigkeit folgendes Verfahren (besonders bei hohen Kolonnentemperaturen): Chromatogrammgas bei 700 bis 900 °C über CuO leiten, H_2O mit $CaCl_2$ oder P_2O_5 entfernen, dann bei Raumtemperatur mit der Wärmeleitfähigkeitszelle auf CO_2 analysieren.

4.4312 Gasdichtemeter nach MARTIN und JAMES

Im Gegensatz zu den üblichen Gaswaagen, mit denen die Dichte eines ruhenden Gases bestimmt werden kann, ist das Problem der Gasdichtemessung in einer Gasströmung erheblich komplizierter. Das aus der Kolonne abströmende Gas muß kontinuierlich analysiert werden. Dabei müssen bei der Dichtemessung Druckdifferenzen infolge der Strömungsvorgänge kompensiert werden, damit die Anzeige nur noch auf Dichteunterschiede des Chromatogrammgases reagiert.

MARTIN und JAMES (74) haben ein derartiges Gasdichtemeter für strömendes Gas entwickelt und ausführlich beschrieben; die Abb. 98 zeigt den schematischen Aufbau der Anordnung. Als Detektor für die kleinen auftretenden Druckdifferenzen wird ein Thermoelement in Kombination mit einem Heizdraht verwendet, vgl. Abb. 98. Der Heizdraht wird mit konstanter Heizleistung erhitzt, wodurch die symmetrisch zum Heizdraht angebrachten Lötstellen des Thermoelements auf gleiche Temperatur erwärmt werden, wenn kein Gas durch den Detektor strömt. Besteht aber zwischen den beiden Enden des Detektors eine Druckdifferenz, so wird eine der Lötstellen durch das strömende Gas gekühlt, die andere stärker beheizt. Diese Temperaturdifferenz beider Lötstellen bewirkt eine Thermospannung, die über einen Verstärker angezeigt wird.

Der Heizer und die Lötstellen sind exzentrisch in einer scheibenförmigen Höhlung untergebracht, die für die Empfindlichkeit der Anzeige eine wesentliche Rolle spielt, in dieser Höhlung bilden sich Konvektionsströmungen aus. Die Anzeige wird um so empfindlicher, je größer die Heizleistung und je dünner der Mittelteil des Thermoelements (Temperaturausgleich durch Wärmeleitung) ist. Als Optimum für den Abstand der Lötstellen geben MARTIN und JAMES (74) die Weite der Höhlung an.

Die Vermeidung der Anzeige von Druckdifferenzen infolge der Strömung geschieht mit einer Brückenanordnung. Das Chromatogrammgas wird in zwei

Ströme geteilt, $ABCDE$ und $AB'C'D'E$. Die verschiebbaren Stäbe N und N' werden zu Beginn des Experiments so eingestellt, daß durch den Detektor kein Gas strömt, also zwischen L und L' keine Druckdifferenz besteht. Bei diesem Einregulieren der Stäbe N und N' strömt noch kein Vergleichsgas durch die Anordnung; der Hahn Ha ist geschlossen. Nun wird auch Ha geöffnet, wonach Vergleichsgas längs der beiden Wege $GHJKD$ und $G'H'J'K'D'$ zum gemeinsamen Auslaß E strömt. Die verschiebbaren Stäbe P und P' werden nun wieder so eingestellt, daß der Detektor die Anzeige Null liefert. Die Kanäle DD' und GG' müssen sehr eng sein, damit Dichtedifferenzen ohne Einfluß auf die Gasströmung in ihnen bleiben. Als Vergleichsgas verwendet man das reine Trägergas, das evtl. eine gleichartige Kolonne passiert wie das Chromatogrammgas. N_2 gibt eine etwa zehnmal bessere Empfindlichkeit als H_2 (wegen größerer Dichte und schlechterer Wärmeleitfähigkeit). Zur Stabilisierung sind die Kanäle CK und $C'K'$ geneigt.

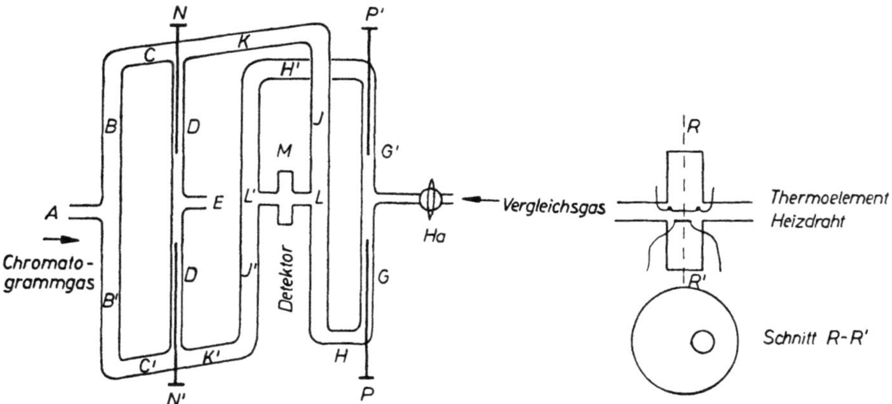

Abb. 98. Gasdichtemeter nach MARTIN und JAMES (74) für strömende Gase. Die Bedeutung der Buchstaben wird im Text erläutert.

Wenn nun im Chromatogrammgas eine Zone austritt, so ändert sich die Dichte im Schenkel DD'. Dadurch wird am Detektor eine Druckdifferenz erzeugt, es strömt Vergleichsgas durch den Detektor. Es ist also nicht etwa das Chromatogrammgas, das durch den Detektor strömt. Damit sind pyrolytische Effekte nicht zu befürchten. Bei kleinen Konzentrationen ist die elektrische Anzeige direkt proportional zur Dichtedifferenz. MARTIN und JAMES (74) haben Pentanol in N_2 bei einem Molenbruch von 10^{-4} nachweisen können. Diese Empfindlichkeit entspricht etwa der Genauigkeit üblicher Gaswaagen für ruhendes Gas. Hohe Strömungsgeschwindigkeiten sind im Gasdichtemeter wegen der dann einsetzenden Turbulenz zu vermeiden; notfalls schickt man nur einen Teil des Gasstroms durch die Anordnung.

Die Gaskanäle des Gasdichtemeters nach Abb. 98 werden in einen Kupfer-oder Aluminiumblock gebohrt, der dann in demselben Thermostatenmantel untergebracht wird, in dem auch die Kolonne sitzt. Die Temperaturschwankungen im Metallblock dürfen nicht größer als 0,01 °C sein. Ins einzelne gehende Konstruktionszeichnungen des Gasdichtemeters geben MARTIN und JAMES (74) an.

MUNDAY und PRIMAVESI (75) haben die Eigenschaften des Gasdichtemeters nach MARTIN und JAMES untersucht und festgestellt, daß die Linearität der Anzeige mit der Dichte des Chromatogrammgases bis zu einer relativen Dichteänderung von etwa 4% erhalten bleibt. Die Methode ist also sehr gut zum Nachweis kleinster Konzentrationen bei der analytischen Chromatographie geeignet.

LIBERTI, CONTI und CRESCENZI (76) verwenden die EVG in Kombination mit dem Gasdichtemeter nach MARTIN und JAMES zur Molmassebestimmung.

4.4313 β-Strahlen-Ionisationsdetektor

BOER (77) beschreibt einen Detektor, der mit der Ionisation des Chromatogrammgases durch ein radioaktives Präparat arbeitet. Das aus der Kolonne austretende Gas durchströmt eine Ionisationskammer, in der sich ^{90}Sr (größenordnungsmäßig 10 mC) als β-Strahler befindet. Der zwischen den Elektroden der Ionisationskammer fließende Sättigungsstrom ist abhängig von der Zusammensetzung des Chromatogrammgases und wird mit Hilfe eines Gleichstromverstärkers mit Schreiber registriert. Die Empfindlichkeit des β-Strahlen-Ionisationsdetektors ist besonders hoch, wenn nach LOVELOCK (78) Argon als Trägergas verwendet wird. Durch die β-Strahlung werden wegen der hohen Ionisationsenergie von Argon (15,76 eV) nur wenige A-Ionen gebildet (kleiner Ionisierungsstrom), die aber durch Zusammenstoß andere A-Atome in einen metastabilen, angeregten Zustand (11,6 eV) überführen, dessen Energie ausreicht, organische Moleküle (etwa 5 bis 9 eV Ionisierungsenergie) zu ionisieren, vgl. JESSE und SADUSKIS (79).

Eine weitere Empfindlichkeitssteigerung um etwa das 10^3-fache ist LOVELOCK (80) durch den Einbau einer zusätzlichen Ringelektrode zur Unterdrükkung des Grundionisationsstromes gelungen (Triodedetektor).

Zusammenfassungen über Ausführungsformen und Abarten des Argon-Detektors nach LOVELOCK geben LOVELOCK (80; 164) und EVANS (81).

SMITH und MERRITT (171) nutzen den großen Unterschied der Beweglichkeit von Elektronen und negativen Ionen im elektrischen Feld aus, wenn sie an die Elektroden ihres β-Strahlen-Ionisationsdetektors eine hochfrequente Wechselspannung legen. Zwischen beiden Elektroden befindet sich zusätzlich eine positiv geladene Gitterelektrode, an der sich die durch Elektroneneinfang gebildeten negativen Ionen sammeln. Der zur Gitterelektrode fließende Ionisationsstrom wird verstärkt und dient zur Anzeige.

4.4314 Elektroneneinfangdetektor

Der Elektroneneinfangdetektor ist eine weitere Abart des β-Strahlen-Argon-Detektors und wurde erstmalig von LOVELOCK und LIPSKY (165) beschrieben.

Die Rekombination zwischen positiven und negativen Ionen ist um den Faktor 10^5 bis 10^8 schneller als die Rekombination zwischen freien Elektronen und positiven Ionen. Tritt eine Substanz mit hoher Elektronenaffinität in den Detektor, so bilden sich negative Ionen, die schnell rekombinieren und damit den Ionisationsstrom vermindern. Für solche Substanzen ist der Elektroneneinfangdetektor wesentlich empfindlicher als der Flammenionisationsdetektor. Unter den organischen Stoffen weisen die halogen- und sauerstoffhaltigen Verbindungen eine hohe Elektronenaffinität auf. Der Elektroneneinfangdetektor eignet sich besonders zu ihrem Nachweis, wobei seine Spezifität für funktionelle Gruppen eine wertvolle Eigenschaft darstellt, vgl. LOVELOCK und GREGORY (172).

Ähnliche Eigenschaften zeigt der von HUDSON, KING und BRANDT (173) beschriebene Raumladungsdetektor. Die Autoren (173) verwenden eine Diode mit Glühfadenkathode bei Atmosphärendruck. Um die Kathode bildet sich eine Raumladung; der Sättigungsstrom ist etwa um das 10^4-fache geringer als bei einer hochevakuierten Diode. Durch die Diode strömt das Chromatogrammgas, wobei organische Moleküle je nach ihrer Elektronenaffinität Elektronen einfangen und aus der Raumladungszone hinausführen. Die Folge ist eine starke registrierbare Änderung des Anodenstromes. Leider kommen in diesem Detektor die organischen Substanzen mit dem Glühfaden in Berührung, dieser muß von Zeit zu Zeit gereinigt oder ausgewechselt werden.

Die Ionisierung von organischen Komponenten des Chromatogrammgases durch einen β-Strahler (^{90}Sr) kann auch in einem Durchfluß-Proportionalzähler erfolgen, vgl. WIESNER und Mitarb. (174). Die am Zählrohr liegende Spannung wird so gewählt, daß es beim Durchgang von reinem Trägergas (Edelgas) zu keiner Stoßionisation kommt. Beim Eintritt von organischen Substanzen erfolgt jedoch Stoßionisation; die Stromstöße sind proportional zur Konzentration im Chromatogrammgas. Die Registrierung der Stromstöße stellt nicht so hohe Ansprüche an die Verstärkertechnik wie die Messung eines Ionisationsstromes bei den oben beschriebenen Detektoren.

4.4315 Photoionisationsdetektor

Die Ionisierung organischer Bestandteile im Chromatogrammgas unter Bedingungen, bei denen das inerte Trägergas noch nicht ionisiert wird, ist nach LOVELOCK (82) durch Bestrahlung des Chromatogrammgases mit ultraviolettem Licht möglich. Praktisch liefert jede Glimmentladung in einem Edelgas, in

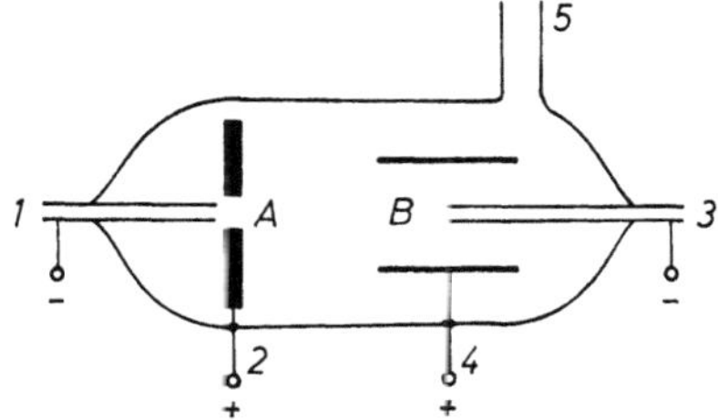

Abb. 99. Photoionisationsdetektor nach LOVELOCK (82). A Entladungsteil; 1 Einlaß für das Entladungsgas, Kathode; 2 Anode; B Ionisationskammer; 3 Einlaß für das Chromatogrammgas, Kathode; 4 Anode; 5 Pumpstutzen.

Stickstoff oder Wasserstoff Photonen mit einer Energie, die für die Ionisierung fast aller mehratomiger Moleküle, nicht aber der einfachen ein- und zweiatomigen Moleküle ausreicht.

Die Glimmentladung findet zwischen dem Einlaßrohr 1 für das Entladungsgas (gleichzeitig Kathode) und der Anode 2 des Entladungsteils A statt, vgl. Abb. 99. Bei Entladungen in Wasserstoff, Stickstoff oder Argon muß der Detektor auf etwa 100 Torr evakuiert werden; mit Helium lassen sich noch Glimmentladungen bei Atmosphärendruck erzeugen, insbesondere bei Anregung durch hochfrequente Wechselspannung.

Chromatogrammgas tritt durch das Einlaßrohr 3 (gleichzeitig Kathode) in den Ionisationsraum B ein und wird der UV-Bestrahlung aus dem Entladungsteil ausgesetzt. Gemessen wird der Ionisationsstrom zwischen den Elektroden 3 und 4.

Die Genauigkeit der Anzeige ist weitgehend unabhängig von der Beladung der Wände mit Verunreinigungen oder Zersetzungsprodukten aus dem Chromatogrammgas.

4.4316 Ionisationskammer nach RYCE und BRYCE

RYCE und BRYCE (83) haben einen Ionisationsdetektor beschrieben, bei dem Chromatogrammgas bei vermindertem Druck (etwa 0,2 Torr) durch die Meßröhre eines kommerziellen Ionisationsvakuummeters strömt, vgl. Abb. 100.

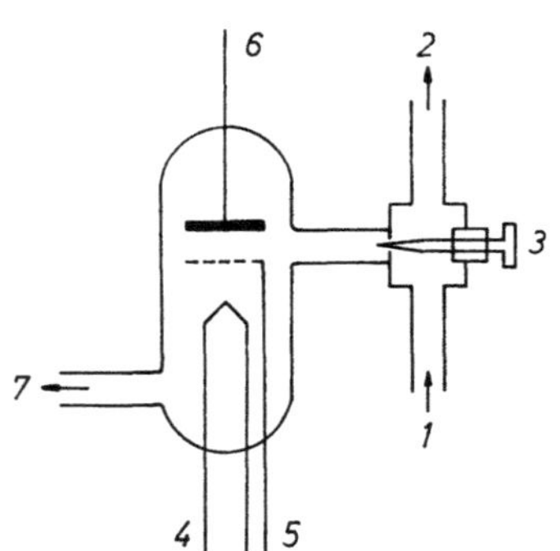

Zwischen dem Glühfaden 4 und dem Gitter 5 liegt eine zur Ionisierung des Trägergases

Abb. 100. Schema eines Ionisationsdetektors nach RYCE und BRYCE.

1 Chromatogrammgas von der Kolonne
2 zum Gasfallensystem
3 Nadelventil
4 Glühfaden
5 Gitter
6 Scheibenkathode
7 Pumpstutzen

Helium (Ionisierungsenergie 24,5 eV) nicht ausreichende Spannung von z. B. 18 V. Tritt nun mit dem Trägergas eine organische Substanz in die Meßröhre ein, so werden positive Ionen gebildet. Der zur Scheibenkathode 6 fließende Ionisationsstrom wird verstärkt und registriert. Wie bei allen Detektoren, die mit thermischen Elektronen arbeiten, kommen jedoch die organischen Substanzen mit dem Glühfaden in Kontakt, der sich rasch mit Zersetzungsprodukten belegt und unbrauchbar wird.

Die Anzeige dieses einfachen, empfindlichen Detektors ist unabhängig von der Umgebungstemperatur und von Druckschwankungen am Ende der Kolonne. Ein weiterer Vorteil ist, daß nur etwa 0,5% des Chromatogrammgases zur

Messung verwendet werden; die Hauptmenge der getrennten Substanz kann sofort einem Gasfallensystem zugeführt werden.

4.4317 Gasentladungsrohr

HARLEY und PRETORIUS (84) führten das Gasentladungsrohr als Detektor für die Gaschromatographie ein. Bei dieser Analysenmethode wird von der Tatsache Gebrauch gemacht, daß die Spannung an einem Gasentladungsrohr nicht nur vom Druck, sondern auch stark von der Zusammensetzung des Füllgases abhängt; sie ändert sich um mehrere Volt, wenn geringe Mengen anderer Gase zugegen sind. Das Entladungsrohr, vgl. Abb. 101, enthält eine Scheibenkathode aus Platin,

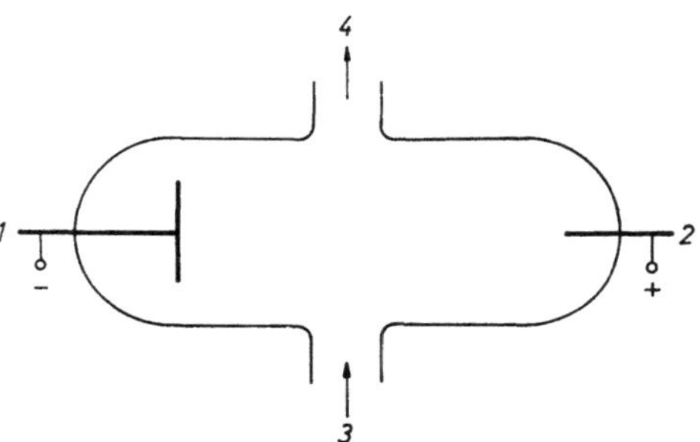

Abb. 101. Gasentladungsdetektor nach HARLEY und PRETORIUS (84).

1 Pt-Scheibenkathode
2 W-Drahtanode
3 Chromatogrammgaseintritt
4 Strömungsregler, Pumpe

eine Anode aus Wolframdraht und bildet einen Zweig einer mit 900 Volt Wechselspannung betriebenen WHEATSTONEschen Brücke. Spannungsänderungen an der Gasentladungsröhre verstimmen die Brücke und werden im Nullzweig mit einem Kompensationsschreiber registriert. Auch hier empfiehlt sich die Verwendung einer Vergleichsröhre für das reine Trägergas.

Auf diese Weise lassen sich nach HARLEY und PERTORIUS (84) noch 10^{-10} Mole einer Substanz im Chromatogrammgas nachweisen. Wie der Photoionisationsdetektor kann auch das Gasentladungsrohr mit Helium als Trägergas bei Atmosphärendruck betrieben werden, insbesondere bei Anregung der Glimmentladung durch hochfrequente Wechselspannung.

4.4318 Halbleiterdetektor

SEIYAMA und Mitarb. (175) beschreiben diesen neuen Detektortyp, bei dem die Abhängigkeit der elektrischen Leitfähigkeit eines dünnen n-Halbleiterfilmes von der Beladung seiner Oberfläche mit Elektronendonatoren oder -akzeptoren bei etwa 400 °C zur Analyse des Chromatogrammgases dient.

Die Anordnung ist sehr einfach, vgl. Abb. 102, und zeigt eine gewisse Ähnlichkeit mit der Wärmeleitfähigkeitszelle. Das Chromatogrammgas strömt in einer kleinen Durchflußzelle aus Borosilikatglas am Halbleiterfilm vorbei. Solange reines Trägergas hindurchtritt, bleibt der elektrische Widerstand des Filmes konstant, tritt aber eine zusätzliche Substanz in die Zelle ein, so werden Trägergasmoleküle desorbiert und an ihrer Stelle Moleküle der Zusatzkomponente proportional ihrer Konzentration im Chromatogrammgas adsorbiert.

Die Folge ist eine Widerstandsvergrößerung oder -verkleinerung, je nachdem es sich bei dem neu adsorbierten Stoff um einen Elektronenakzeptor, z. B. O_2, oder -donator, z. B. CO_2, C_6H_6, C_2H_5OH usw., handelt. Die Widerstandsänderungen des Halbleiterfilmes sind so groß, daß sie bequem durch die Registrierung des Spannungsabfalls an einem in Serie geschalteten Widerstand mit einem Kompensationsschreiber verfolgt werden können. Bei etwa 400 °C sind die Desorptions- und Adsorptionsvorgänge an der Halbleiteroberfläche hinreichend schnell, so daß der Detektor ohne Verzögerung anzeigt.

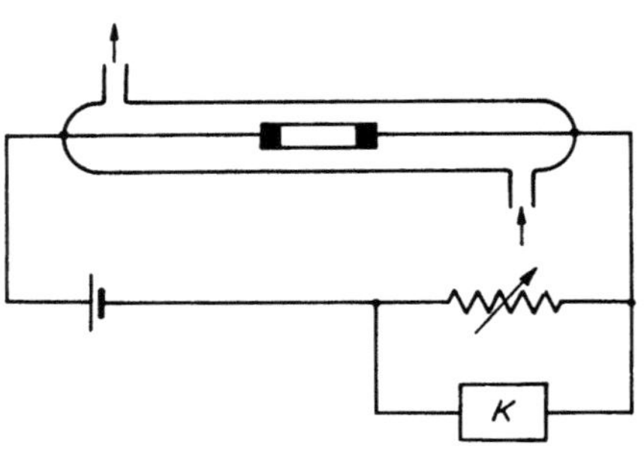

Abb. 102. Schema des Halbleiterdetektors nach SEIYAMA und Mitarb. (175). *K* Kompensationsschreiber.

Die Autoren (175) wählten als Halbleitermaterial Zinkoxid und stellten einen Film von etwa 20 bis 1000 Å Stärke durch Aufdampfen von Zink im Vakuum auf ein Trägerplättchen aus Borosilikatglas und anschließende Oxydation der Zinkschicht an der Luft bei 450 °C her. Die Enden des Trägerplättchens (20 mm lang, 4 mm breit) werden platiniert, damit Zuleitungsdrähte angelötet werden können.

Selbst bei der einfachen Art der Widerstandsmessung (vgl. Abb. 102) übertrifft die Empfindlichkeit des Halbleiterdetektors die der Wärmeleitfähigkeitszelle schon um zwei Zehnerpotenzen, sie kann durch größeren Meßaufwand (WHEATSTONEsche Brücke, Vergleichszelle für das Trägergas) noch gesteigert werden.

4.4319 Messung weiterer physikalischer Eigenschaften des Chromatogrammgases

Von GRIFFITHS, JAMES und PHILLIPS (89) wurden Analysenmethoden vorgeschlagen, die auf der Messung verschiedener physikalischer Eigenschaften des Chromatogrammgases beruhen.

Die Autoren (89) messen z. B. den Druckabfall an einer im Gasstrom befindlichen Düse und bestimmen damit die Konzentration der Komponenten im Abgas der Kolonne.

Beim Oberflächenpotential-Detektor nach PHILLIPS und Mitarb. (89; 90) wird die EMK eines Kondensators mit vibrierenden, im Gasstrom befindlichen Platten gemessen. Die Anzeige ist sehr empfindlich, besitzt aber neben der Nichtlinearität noch andere Nachteile.

Weitere von GRIFFITHS, JAMES und PHILLIPS (89) vorgeschlagene Meßgrößen sind die spezifische Wärme, die Adsorptionswärme und die Dielektrizitätskonstante. Detektoren dieser Art zeigen aber im allgemeinen keine besonderen Vorteile und haben deshalb auch keine verbreitete Anwendung gefunden.

KNIAZUK und PREDIGER (91) messen die Schallgeschwindigkeit im Chromatogrammgas und beschreiben einen akustischen Gasanalysator.

TURKEL'TAUB und Mitarb. (92) sowie KÖGLER (176) haben ein Gas-Interferometer zur Analyse des Chromatogrammgases benutzt. HAAHTI und FALES (95) analysierten kontinuierlich mit Hilfe der Infrarot- und Ultraviolettspektroskopie, MARTIN (177) schlägt vor, weiche Röntgenstrahlen zu verwenden, und JOHANNSON (178) beschreibt einen Mikrowellendetektor.

Die kontinuierliche qualitative Analyse mit einem Massenspektrometer in Kombination mit irgendeinem anderen Detektor zur quantitativen Analyse beschreiben HENNEBERG (93) sowie LINDEMAN und ANNIS (94). Die Verwendung eines Massenspektrometers als Analysengerät in der Chromatographie bietet die Möglichkeit, bei nicht getrennten Substanzen eine Bande etwa an ihrem Anfang und am Ende getrennt zu analysieren und auf diese Weise evtl. eine Anreicherung innerhalb der Bande festzustellen.

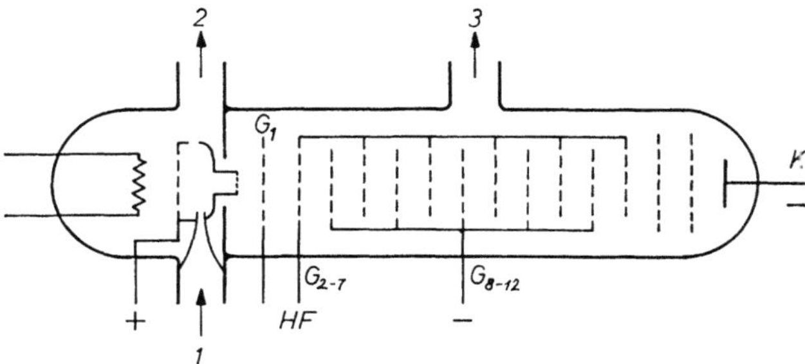

Abb. 103. Doppeldetektor nach VARADI (179); 1 Eintritt für Chromatogrammgas, 2 und 3 Pumpstutzen.

Besonders interessant ist in diesem Zusammenhang eine Anordnung nach VARADI (179), die einen Detektor nach RYCE und BRYCE zur quantitativen Anzeige mit einem Massenfilter zur qualitativen Untersuchung vereinigt, vgl. Abb. 103. Das Chromatogrammgas mit Helium als Trägergas tritt bei 10^{-3} Torr durch eine Einlaßdüse in die trichterförmige Anode des Ionisationsteiles nach RYCE und BRYCE. Zur quantitativen Anzeige wird der Ionisationsstrom zur Gitterelektrode G_1 registriert. Ein Teil der positiven Ionen durchdringt das Gitter G_1 und erreicht die Kathode K, je nach Teilchenmasse und bei einer ganz bestimmten Frequenz der Wechselspannung an den Gittern G_2–G_7. Durch Abfahren des in Frage kommenden Frequenzbereiches kann das gesamte Massenspektrum des Teilchenstromes zur Kathode K aufgenommen werden.

4.432 Physikalisch-chemische Detektoren

4.4321 Wasserstoff-Flammen-Detektor

SCOTT (96; 97) hat diesen eleganten Detektor konstruiert. Das aus der Kolonne austretende Gas wird bei der Verwendung eines inerten Trägergases vor dem Eintritt in den Detektor mit Wasserstoff gemischt und auf einer kleinen Düse unter Luftzutritt verbrannt. Das Zumischen von Wasserstoff erübrigt sich natürlich dann, wenn Wasserstoff selbst als Trägergas verwendet wird. Wenn ein organischer, brennbarer Stoff in dem Brenngas enthalten ist, wird die Flamme länger und umhüllt dann ein Thermoelement, das wenig oberhalb der normalen Flamme angebracht ist. Die Änderung der Temperatur des Thermoelements hängt mit der Verbrennungswärme der betreffenden Substanz zusammen.

SCOTT (97) bezeichnet als besondere Vorteile das kleine Betriebsvolumen (bzw. tote Volumen zwischen Kolonne und Flamme) dieses Detektors, die einfache Konstruktion und die Verwendbarkeit bei höheren Kolonnentemperaturen. Empfindlichkeit: $2\mu g$ Benzol bei einer Konzentration von $0,1\mu g/cm^3$ im Gasstrom können nachgewiesen werden.

Die im folgenden beschriebenen beiden Flammendetektoren sind Varianten des SCOTTschen Flammendetektors.

4.4322 Flammenemissionsdetektor

An Stelle der Flammentemperatur kann nach GRANT und Mitarb. (98; 99) die Lichthelligkeit einer Wasserstoff-Flamme mit einer Photozelle registriert werden. Zur Erhöhung der Empfindlichkeit der Flamme wird dem Chromatogrammgas vor der Verbrennung soviel Benzol zugegeben, daß sich die Flamme bereits dicht unterhalb der Leuchtschwelle befindet.

4.4323 Flammenionisationsdetektor

HARLEY, NEL und PRETORIUS (100) führten als Analysenmethode die Messung der Ionisation des Chromatogrammgases in einer Wasserstoff-Flamme ein. Wie beim SCOTTschen Flammendetektor wird entweder Wasserstoff selbst als Trägergas verwendet oder dem Chromatogrammgas vor dem Eintritt in den Detektor zugemischt. Das brennbare Gas wird dann an einer Glaskapillare im Luftstrom entzündet, vgl. Abb. 104. Wenige Millimeter über der Kapillaröffnung sind zwei Platinelektroden angebracht, die in die Flamme hineinragen, und mit denen ein Ionisationsstrom gemessen werden kann.

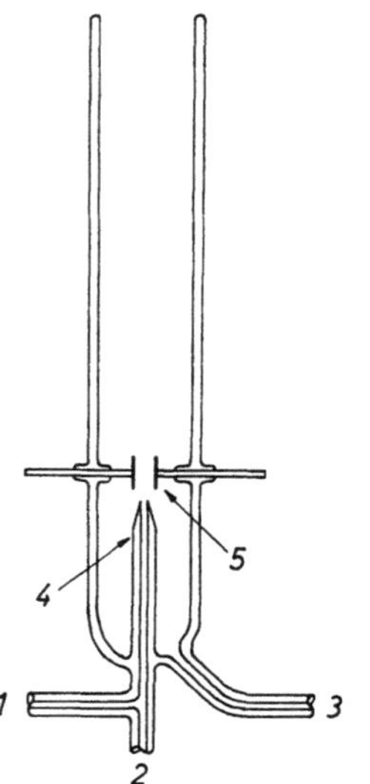

Abb. 104. Schema eines Flammenionisationsdetektors nach HARLEY, NEL und PRETORIUS (100).

1 Eintritt für das Chromatogrammgas
2 H_2-Eintritt
3 Luftzutritt
4 Glaskapillare
5 Pt-Elektroden

Dieser einfache Detektor eignet sich besonders gut für die Anzeige bei hohen Temperaturen. Er besitzt ein kleines Betriebsvolumen und die Anzeige ist für die meisten organischen Verbindungen über einen Konzentrationsbereich von etwa 4 Zehnerpotenzen linear. Er erfaßt alle brennbaren organischen Substanzen, dabei ist die Anzeige weitgehend unabhängig von der Struktur der Verbindungen und proportional der C-Atomzahl. Anorganische, nicht leicht ionisierbare Verbindungen wie H_2, N_2, O_2, Edelgase oder H_2O, H_2S, CO, CO_2, SO_2 usw. werden nicht angezeigt.

Auf die hohe Empfindlichkeit des Flammenionisationsdetektors haben auch McWILLIAM und DEWAR (101) hingewiesen und den Aufbau einer sehr empfindlichen Anordnung beschrieben, bei der Trägergas gleicher Zusammensetzung durch eine Vergleichskolonne geschickt und an einer zweiten Kapillare im Detektor entzündet wird. Gemessen wird die Differenz der elektrischen Leitfähigkeit beider Flammen, wobei Schwankungen der Trägergaszusammensetzung, des Trägergas- und des Luftstromes weitgehend kompensiert werden. Die theoretische Empfindlichkeitsgrenze eines Flammenionisationsdetektors und ihre praktische Erreichbarkeit diskutieren MIDDLEHURST und KENNETT (180).

4.4324 Ultrarotabsorptionsschreiber

Bei einer Anzahl von Detektoren werden die organischen Bestandteile des Chromatogrammgases nach dem Austritt aus der Kolonne verbrannt, und das gebildete Kohlendioxid wird nachgewiesen, z. B. durch Ultrarotabsorption. Diese Methode von MARTIN und SMART (102) ist besonders geeignet für die quantitative Analyse kleinster Mengen C-haltiger Substanzen. Das aus der Kolonne austretende Gas passiert ein Verbrennungsrohr mit Kupferoxid, wo alle organischen Verbindungen zu Kohlendioxid verbrannt werden. Wasser und andere Reaktionsprodukte können aus dem Gasstrom entfernt werden, stören aber die Bestimmung nicht. Anschließend leitet man den Gasstrom durch die Küvette eines Ultrarot-Spektrographen (z. B. den URAS der Fa. Hartmann u. Braun), der auf eine optimal empfindliche, störungsfreie Wellenlänge eingestellt ist; die CO_2-Absorption wird als Funktion der Zeit registriert. Vorteilhaft ist, daß die Absorptionsmessung bei Raumtemperatur erfolgt, auch wenn die Trennung in der Kolonne bei höheren Temperaturen stattfindet.

MARTIN und SMART (102) erhielten mit einer 30 cm-Küvette vollen Skalenausschlag bei 0,01 % CO_2 in Stickstoff.

Die Empfindlichkeit der Meßanordnung steigt mit der Küvettenlänge, andererseits besteht dann aber die Gefahr der „Überlappung" von Zonen innerhalb der Küvette (zu großer Betriebsinhalt).

4.4325 Messung des Gasvolumens

JANAK (45; 46) hat mit dem CO_2-Azotometer wohl die einfachste und billigste Analysenmethode in die Gaschromatographie eingeführt; sie ist jedoch auf

Substanzen beschränkt, die sich nicht in Kalilauge lösen und bei Zimmertemperatur gasförmig sind, es sei denn, man oxydiert mit Kupferoxid zu CO_2 und H_2O und setzt das gebildete Wasser mit Aluminiumkarbid zu Methan um.

Das Trägergas ist reinstes Kohlendioxid. Nach Passieren der Kolonne tritt das Chromatogrammgas in ein mit Kalilauge gefülltes Azotometer ein, in dem das Kohlendioxid absorbiert wird. Die Substanzen des Chromatogramms sammeln sich gasförmig im Azotometer an, und man bestimmt das Gasvolumen bei konstantem Druck und konstanter Temperatur als Funktion der Zeit. Die Anzeige ist integral (Integralkurve, $\int c'' dt$). Die selbsttätige Umformung in eine differentielle Anzeige oder die nachträgliche Differentiation der Registrierkurve liefert die übliche Zackenkurve (Differentialkurve, c'').

JANAK-Detektoren mit automatischer Registrierung sind von JANAK (46; 104; 105) selbst, von LEIBNITZ, HRAPIA und KÖNNECKE (106) sowie von KASSNER (107) beschrieben worden.

Besonders einfach und elegant ist die Volumenanzeige mit einer Mikrobürette, die SUROVY (181) beschreibt, vgl. Abb. 105. Die Mikrobürette besteht aus einem offenen, horizontalen Kapillarglasrohr mit einem beweglichen Quecksilberstopfen und ist mit einem Ende an das Absorptionsgefäß angeschlossen. Durch das zweite offene Ende sind zwei parallele Platinwiderstandsdrähte in das Röhrchen eingeführt; sie werden durch den Quecksilberstopfen kurzgeschlossen und bilden einen Zweig

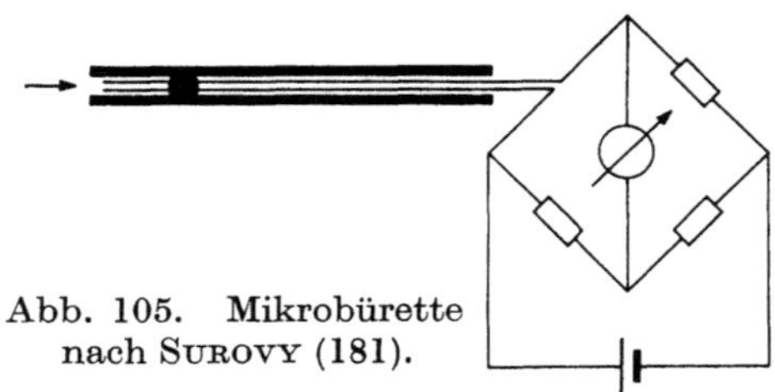

Abb. 105.   Mikrobürette
nach SUROVY (181).

einer WHEATSTONEschen Brücke. Dringt nun nichtabsorbiertes Gas in das Röhrchen, so verschiebt sich das Quecksilberkügelchen; die Volumenänderung wird als Widerstandsänderung des Platindrahtes registriert.

Bei Substanzen, für die der JANAK-Detektor nicht anwendbar ist, kann man die Volumenzunahme bei der Verbrennung über Kupferoxid messen, vgl. BEHRENDT (196).

4.4326 Messung des Gasdruckes

Die Abb. 106 zeigt eine Anordnung nach VAN DE CRAATS (108) für die Messung des Gasdruckes der Komponenten des Chromatogramms bei konstantem Volumen und konstanter Temperatur. Als Trägergas wird wiederum Kohlendioxid verwendet. Das Chromatogrammgas tritt bei 1, vgl. Abb. 106, in die Apparatur ein und durchströmt ein Absorptionsrohr (50 cm lang, 5 mm innerer Durchmesser) aus Stahl. Aus dem Vorratsbehälter 4 läuft 50 Gew.-%ige Kalilauge in die Apparatur und dem Chromatogrammgas im Absorptionsrohr entgegen. Für gute Durchmischung sorgt ein elektromagnetischer Vibrator, der das Absorptionsrohr ständig schüttelt. Das Kohlendioxid wird hierbei völlig absorbiert, und die freiwerdende Reaktionswärme erhöht die Temperatur der Kalilauge auf etwa 60 °C. Der Niveauregler 5 sorgt dafür, daß das Volumen der Anordnung konstant bleibt. Treten mit dem Chromatogrammgas nicht in Kalilauge absorbierbare Komponenten ein, so gelangen sie bis in die Kammer 6 und erhöhen dort den Druck, der mit einem elektromagnetischen Präzisionsmanometer nach KINKEL (109) gemessen wird.

Die Anzeige ist hier wie bei der Volumenmessung nach JANAK integral. Ebenso ist diese Methode auch auf den Nachweis von Substanzen beschränkt, die bei etwa 60 °C in der Kalilauge nicht löslich sind und bei Zimmertemperatur nicht kondensieren.

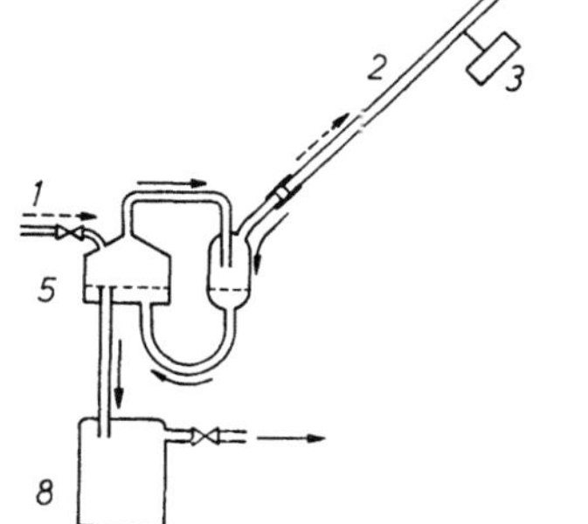

Abb. 106. Messung des Gasdruckes nach VAN DE CRAATS (108).

1 Eintritt des Chromatogrammgases
2 Absorptionsrohr
3 Vibrator
4 Vorratsgefäß für KOH
5 Niveauregler für KOH
6 Druckkammer
7 Manometer
8 Ablaufgefäß für verbrauchte KOH

4.4327 Anzeige radioaktiver Substanzen

Die Anzeige von Komponenten des Chromatogrammgases durch Messung der Radioaktivität kann im wesentlichen auf dreierlei Weise geschehen: 1. Entweder sind die gaschromatographisch zu trennenden Substanzen selbst radioaktiv*), oder sie werden 2. nach der Trennung und dem Austritt aus der Kolonne durch Neutronenbeschuß aktiviert bzw. 3. durch Isotopenaustausch oder Reaktionen mit radioaktiven Reagenzien markiert.

Das Chromatogrammgas strömt zur kontinuierlichen, differentiellen Anzeige durch ein GEIGER-Durchflußzählrohr oder einen Szintillationszähler; die Anzeige wird integral, wenn die radioaktiven Komponenten im Zähler selbst durch Absorption, vgl. KARMEN und TRITCH (182) sowie LOWE und MOORE (183), oder Kondensation, vgl. BLYHOLDER (184), vollständig gesammelt werden. Für die Messung bei höheren Temperaturen eignen sich diese Geräte nicht, in den meisten Fällen empfiehlt es sich deshalb, nach JAMES und PIPER (110) das Chromatogrammgas bei 700 °C über Kupferoxid zu leiten, wobei die organischen Komponenten zu Kohlendioxid oxidiert werden. Die Aktivität

---

*) Die Umkehrung dieser Methode, nämlich die Verwendung von radioaktivem Trägergas ($^{14}CO_2$) bei der Trennung inaktiver Substanzen gibt BÜRGER (185) an.

des Kohlendioxids kann dann bei Zimmertemperatur im Durchflußzähler gemessen werden.

Die erste Arbeit über die gaschromatographische Trennung radioaktiver organischer Substanzen stammt von KOKES, TOBIN und EMMET (111). Die Neutronen-
aktivierung organischer Bestandteile des Chromatogrammgases nach dem
Austritt aus der Kolonne (112) ist wegen der erforderlichen hohen Neutronen-
flüsse kein Verfahren, das verbreitete Anwendung gefunden hat. Dagegen ist
es häufig leicht, eine Markierung durch Isotopenaustausch vorzunehmen.

Nach BEHRENDT (113) wird das bei etwa 700 °C über Kupferoxid geleitete
Chromatogrammgas durch ein U-Rohr geführt, das mit ^{14}C-markiertem
Natriumkarbonat (etwa 1 mC $Na_2^{14}CO_3$) gefüllt ist und auf 200 °C aufgeheizt
wird. Bei dieser Temperatur findet ein hinreichend rascher Isotopenaustausch
mit dem aus der Verbrennung der organischen Bestandteile erhaltenen Kohlendioxid statt; es treten ^{14}C-markierte CO_2-Zonen aus dem U-Rohr aus.

Auf ähnliche Weise können durch radioaktive Reagentien auch Markierun-
gen etwa mit ^3H, ^{35}S, ^{31}Si und ^{18}F vorgenommen werden.

4.4328 Messung der elektrischen Leitfähigkeit

Bei dieser von BOER (114) vorgeschlagenen Analysenmethode wird das
Chromatogrammgas durch eine geeignete Absorptionsflüssigkeit geschickt,
wobei nur die organischen Komponenten des Chromatogramms absorbiert werden, nicht aber das inerte Trägergas. Die Konzentrationsbestimmung in der
Absorptionsflüssigkeit geschieht durch Messung der elektrischen Leitfähigkeit.

Die Wahl der Absorptionsflüssigkeit richtet sich nach der Art der Substanzen, die chromatographiert werden. So wird man z. B. für die Absorption von
Säuren Laugen, für Amine Säuren und für Aldehyde und Ketone Hydroxyl-
aminchloridlösung verwenden. Befinden sich im Chromatogrammgas Kompo-
neten verschiedener Stoffgruppen, so können sie unter Umständen nicht gleichzeitig durch Absorption in der gleichen Flüssigkeit erfaßt werden. Entweder
schaltet man dann verschiedene Absorptionsflüssigkeiten hintereinander oder
begnügt sich jeweils mit der Bestimmung der Komponenten einer Stoffgruppe
und führt die Analyse mehrmals hintereinander mit verschiedenen Absorptionsflüssigkeiten aus. Gewöhnlich wird jedoch das Chromatogrammgas nach einer
Komponentenverbrennung mit Kupferoxid in Bariumhydroxidlösung geleitet.
Die Empfindlichkeit der Anzeige läßt sich noch steigern, wenn nach PIRINGER
und PASCALAU (186) als Absorptionsflüssigkeit strömendes Leitfähigkeits-
wasser verwendet wird, wobei die Anzeige differentiell ist.

4.433 Chemische Detektoren

4.4331 Acidimetrische Mikrotitration

JAMES und MARTIN (2), JAMES, MARTIN und SMITH (115) und JAMES (116)
haben die elegante Methode der kontinuierlichen Mikrotitration von flüchtigen

Säuren und Basen entwickelt. Das aus der Kolonne austretende Gas perlt durch eine wäßrige Indikatorlösung. Wird von dem Gas z. B. eine Säure in die Lösung transportiert, so ändert sich der p_H-Wert und der Indikator schlägt um, z. B. von farbig nach farblos. Durch diese Indikatorlösung hindurch wird eine Photozelle belichtet, die auf die farblichen Veränderungen der Lösung in der Weise anspricht, daß über ein Relais ein Motor eingeschaltet wird, der einen Tauchkörper in eine Mikrobürette mit n/100 NaOH hineinschiebt. Die Titrationsflüssigkeit fließt solange aus, bis die Lösung wieder farbig wird; dann schaltet die Photozelle den Motor wieder aus. Die Tauchtiefe des Tauchkörpers wird als Funktion der Zeit registriert (Integralkurve). Die integrale Anzeige kann auch hier mechanisch oder elektronisch sofort in eine differentielle Anzeige überführt werden.

McINNES (117) hat einige Verbesserungen der Anordnung von JAMES und MARTIN angegeben. Nach Verbrennung mit Kupferoxid zu Kohlendioxid können alle organischen Stoffe in dieser Weise durch acidimetrische Mikrotitration bestimmt werden, vgl. BLOM und EDELHAUSEN (118).

4.4332 Coulometrische Mikrotitration

Ein hochempfindliches und einfaches Verfahren zur quantitativen Bestimmung von Komponenten mit aktiven funktionellen Gruppen, z. B. Säuren, Basen, Aldehyden, Ketonen usw., ist die coulometrische Titration. LIBERTI (188) beschreibt ein Coulometer, das als Detektor für die Gaschromatographie entwickelt worden ist. Die Komponenten des Chromatogrammgases werden in einer geeigneten Lösung absorbiert und dort kontinuierlich mit einem elektrolytisch gebildeten Reagens titriert. Die Endpunktsbestimmung erfolgt photometrisch, amperometrisch oder potentiometrisch. Wie die acidimetrische Titration ist auch diese Methode zur Bestimmung aller organischer Substanzen geeignet, wenn diese vorher zu Kohlendioxid verbrannt werden.

COULSON und Mitarb. (189) haben eine spezielle Methode für halogenhaltige Stoffe (z. B. Schädlingsbekämpfungsmittel, Brennstoffzusätze usw.) angegeben, wobei die bei der Komponentenverbrennung entstehende Halogenwasserstoffsäure coulometrisch mit Silbernitrat titriert wird.

BEHRENDT (197) beschreibt einen coulometrischen Verbrennungsdetektor, bei dem das Chromatogrammgas (O_2 als Trägergas) durch ein Rückschlagrohr auf eine Lockflamme geleitet wird. Gelangt mit dem Chromatogrammgas eine brennbare Komponente an die Lockflamme und wird die Zündgrenze überschritten, so schlägt die Lockflamme in das Rohr zurück. Die dabei im Rohr frei werdende Wärme dient zur Auslösung eines HOFMANNschen Wasserzersetzungsapparates. Der elektrolytisch gebildete O_2 wird dem Chromatogrammgas zugemischt, der H_2 dient zur volumetrischen, integralen Anzeige.

4.4333 Spezifische qualitative Nachweisreaktionen

Handelt es sich um Komponenten mit charakteristischen, funktionellen Gruppen, so können häufig ohne großen Aufwand spezifische chemische

Reaktionen, z. B. Farbreaktionen, zum qualitativen Nachweis der Komponenten im Chromatogrammgas verwendet werden. WALSH und MERRITT (187) teilen den Chromatogrammgasstrom nach dem Durchgang durch eine Wärmeleitfähigkeitszelle in mehrere Teile und leiten die Teilströme in spezifische Reagentien für Substanzen mit verschiedenen funktionellen Gruppen ein. Während des Chromatographierens müssen die Reagenzlösungen beobachtet werden, ob und wann eine Farbreaktion auftritt. Das vermeiden CASU und CAVALLOTTI (190), indem sie das Chromatogrammgas nicht in ein Gefäß, sondern auf einen schmalen Glasstreifen leiten, der eine mit Reagenzlösung getränkte Schicht aus Silikagel und Kreide trägt, und sich mit der gleichen Geschwindigkeit wie der Schreiberstreifen des verwendeten Detektors für die quantitative Bestimmung bewegt. Dies ermöglicht eine bequeme und sichere Zuordnung von Farbreaktion und Schreiberausschlag.

Ergänzend sei hier noch erwähnt, daß auch biologische Objekte zum Nachweis verwendet werden können. Voraussetzung ist, daß diese vom Chromatogrammgas umspülten lebenden Organismen hinreichend schnell auf die Komponenten des Chromatogramms reagieren und diese Reaktion deutlich beobachtet werden kann. BAYER und ANDERS (119; 120) haben an einem Beispiel besonders eindrucksvoll gezeigt, wie empfindlich eine solche Nachweismethode sein kann. Sie verwendeten Seidenspinnermännchen als Detektoren bei der gaschromatographischen Trennung der Sexuallockstoffe der Seidenspinnerweibchen. Die männlichen Seidenspinner reagierten auf die Lockstoffkomponenten im Chromatogrammgas, indem sie in charakteristischer Weise mit den Flügeln zu schlagen anfingen und einen Schwirrtanz aufführten. SCHNEIDER (121) hat den bei der Einwirkung des Sexuallockstoffs auftretenden Nervenimpuls durch Einführung von Mikroelektroden und Verstärkung registriert und auf einem Oszillographen sichtbar gemacht. Es lassen sich auf diese Weise nach BAYER (61) noch $10^{-11}\,\gamma$ Lockstoff pro cm^3 Trägergas nachweisen. Ein solcher biologischer Detektor ist um mehrere Zehnerpotenzen empfindlicher als die beste physikalische Analysenmethode.

4.44 Qualitative und quantitative Analyse mit der EVG

Die qualitative Analyse eines Stoffgemisches auf Zahl und Art der Komponenten wird mit Hilfe der Rückhaltevolumina bzw. der Austrittszeiten der Maxima der Zonen ausgeführt; diese sind charakteristisch für den betreffenden Stoff, vgl. die Gln. [4, 8; 9; 29a; 31]. Gesetzmäßigkeiten für homologe Reihen nach Art der Gl. [4,34] sind hier sehr nützlich, vgl. Abb. 80. Die schlüssige Identifizierung einer Substanz geschieht am besten durch ein „Mischchromatogramm". Man setzt hierbei die vermutete Substanz der Ausgangsprobe zu und untersucht an mindestens zwei sehr verschiedenen Trennsäulen, ob in diesem Chromatogramm genau so viele Zacken auftreten, wie bei dem Chromatogramm der Ausgangsprobe. Ist dies der Fall, tritt also kein neuer Zacken auf, und ist der betreffende Zacken infolge des Zusatzes größer geworden, dann ist mit größter Wahrscheinlichkeit die zugesetzte Substanz mit einem der Stoffe in der Ausgangsprobe identisch. Eine derartige Untersuchung kann mit einem Minimum an Probematerial (20 bis 50 mg) und an Zeitaufwand ausgeführt werden. Die Analyse von Gas- und Flüssigkeitsgemischen auch sehr komplexer Zusammensetzungen ist durch die EVG sehr erleichtert worden. In Abb. 107 ist eine qualitative Analyse von technischem Tetrachlorkohlenstoff wiedergegeben [nach WHITHAM (122)].

Zur quantitativen Analyse wird die Registrierkurve ausgewertet. Primär ist dies in den meisten Fällen eine mV-Zeit-Kurve; zu ihrer Auswertung werden einige, zum Teil sehr weitgehende Annahmen gemacht. Diese Annahmen sind um so eher gültig, je kleiner die Konzentrationen bzw. die Probemengen sind. Die wesentlichste Annahme ist, daß die mV-Zeit-Kurve als Konzentrations-(c'')-Zeit-Kurve interpretiert werden kann. Dann muß einerseits die zur Analyse verwendete Meßgröße, im Beispiel der Abb. 101 die Wärmeleitfähigkeit des Gasgemisches (Trägergas + Substanz), linear von c'' abhängig sein, und es muß andererseits die Anzeige der elektrischen Anordnung bzw. allgemein die Meßwertumwandlung linear mit den Änderungen der Wärmeleitfähigkeit gehen. Das Integral

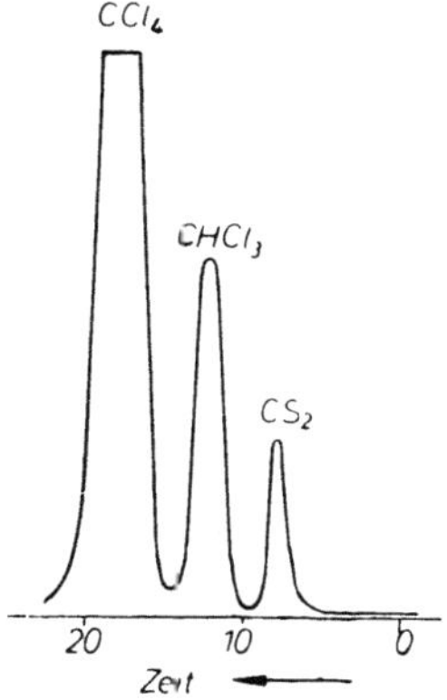

Abb. 107. Qualitative Analyse von Tetrachlorkohlenstoff. Kolonnenlänge 1,84 m, Durchmesser 6 mm, Paraffinöl auf Celite 545; 65 °C, Strömungsgeschwindigkeit 35 cm³ N₂/min. Zweizellen-Kupferblockwärmeleitfähigkeitszelle, zylindrisch, 13 cm lang, 6,3 cm Durchmesser; zwei Bohrungen mit 0,31 cm Durchmesser; 25 μ-Pt-Draht. Registrierendes Galvanometer, 2,5 mV, entsprechend 25 cm Schreibbreite.

$\int c_i'' \mathrm{d}t$ ist dann ein Maß für die Menge s_i der jeweiligen Substanz. Sind alle Stoffe einer Analysenprobe flüchtig, und erscheinen sie alle auf dem Chromatogramm, so gilt

$$s_i \simeq \int c_i'' \mathrm{d}t; \quad \sum_i s_i = S,$$

wobei S die Gesamtmenge in Molen ist. Der Molenbruch der Komponente i in der Ausgangsprobe ist also

$$x_i = \frac{s_i}{S} = \frac{\int c_i'' \mathrm{d}t}{\sum_i \int c_i'' \mathrm{d}t} . \qquad [4,35]$$

Eine weitere Annahme ist hierbei, daß – um beim Beispiel der Abb. 107 zu bleiben – alle Stoffe die gleichen Unterschiede der Wärmeleitfähigkeit gegenüber dem Trägergas aufweisen. Diese Annahme mag bei so gut wärmeleitenden Trägergasen wie Wasserstoff oder Helium zutreffen, ist aber für Chromatogramme mit Stickstoff als Trägergas unzulässig. Wenn $\Delta\lambda_i$ der Unterschied der Wärmeleitfähigkeiten von Trägergas und Substanz i ist, so kann Gl. [4,35]

in grober Näherung durch

$$x_i = \frac{s_i}{S} = \frac{\dfrac{1}{\varDelta\lambda_i}\displaystyle\int c_i{}''\,\mathrm{d}t}{\displaystyle\sum_i \dfrac{1}{\varDelta\lambda_i}\int c_i{}''\,\mathrm{d}t} \qquad\qquad [4{,}36]$$

ersetzt werden, wobei $s_i \simeq \dfrac{1}{\varDelta\lambda_i}\int c_i{}''\,\mathrm{d}t$ ist. Unter diesen Umständen ist es
also nicht nötig, die Probemenge S vorher genau zu kennen (schwierige
Dosierung solch kleiner Mengen). Die gesamte quantitative Analyse wird allein
mit der Registrierkurve ausgeführt. Durch Planimetrieren erhält man den Wert
des Integrals $\int c_i{}''\,\mathrm{d}t$. Dieses etwas umständliche, aber genaueste Verfahren
kann bei symmetrischen Gauss-Profilen durch ein abgekürztes Verfahren ersetzt werden. Zum Beispiel wird oft mit dem Produkt aus Zackenhöhe h_i und
Halbwertsbreite P_i gerechnet:

$$\int c_i{}''\,\mathrm{d}t \sim h_i P_i\,,$$

oder man benutzt die Gl. [4,11 a], die aber schon sehr spezielle Voraussetzungen
hat,

$$\int c_i''\,\mathrm{d}t \simeq c_{i,\,\mathrm{max}}'' \sqrt{t_{\mathrm{max},\,i}}\;.$$

Rosie und Grob (123) vertreten die Auffassung, daß das Integral $\int c_i{}''\,\mathrm{d}t$
eher ein Maß für die Konzentration in Gew.-% als in Mol-% ist. Diese Ansicht
wird auch von Browning und Mitarb. (124), Nunez und Mitarb. (125) sowie
Pietsch (69) vertreten.

Die relative Genauigkeit solcher Konzentrationsbestimmungen ist nicht
besser als $\pm$ 2%. Für genauere quantitative Analysen muß ein voraussetzungs-
freies Verfahren angewendet werden. Es bleibt dann nur die direkte Eichung
mit verschiedenen Mengen der betreffenden Substanz unter sonst gleichbleiben-

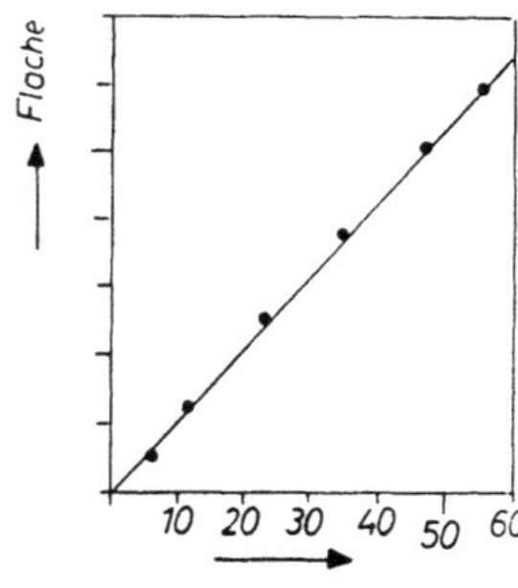

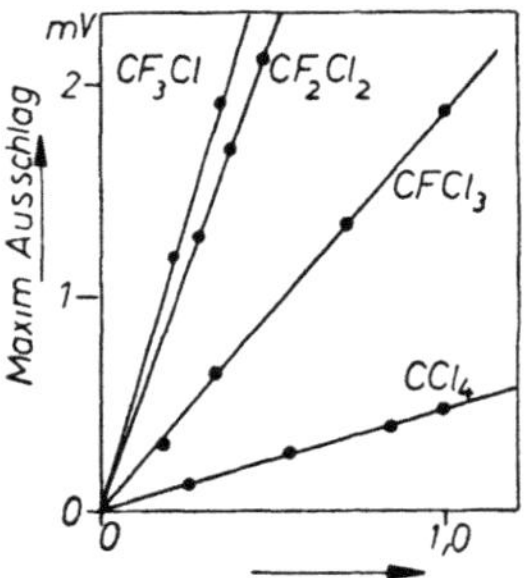

Abb. 108. Fläche unter dem Zacken in
Abhängigkeit von der Probemenge;
n-Propylazetat auf Silikonöl/Kieselgur;
77 °C; vgl. Phillips und Mitarb. (36).

Abb. 109. Eichkurven einiger Halogen-
methane, maximaler Ausschlag als
Funktion der Probemenge.

den Bedingungen. Entweder arbeitet man dann mit der Fläche unter dem Zacken $\left(\int c_i{''}\,\mathrm{d}t\right)$ oder bei sehr scharfen Zacken mit dem Maximalausschlag $(c_{i,\,max}'')$ und zeichnet entsprechende Eichkurven, z. B. Maximalausschlag gegen Probemenge. Solche Diagramme zeigen die Abbn. 108 und 109. Die Tab. 19 gibt einen Eindruck von der Reproduzierbarkeit, und Tab. 20 zeigt die Analysenergebnisse an Mischungen bekannter Zusammensetzung.

Die relative Genauigkeit beträgt hier 1 bis 1,5%. Voraussetzung für die Aufnahme von Eichkurven ist eine genaue Dosierung der Menge; die exakte Bestimmung der Probemenge ist auch für den Fall nötig, daß nicht alle Komponenten der Probe im Chromatogramm erscheinen.

Tab. 19. Analyse eines quaternären Gemisches; Kolonne nach Abb. 86, rechts unten; $L = 90$ cm, Innendurchmesser 4 mm; 1 Teil Dibutylphthalat auf 2,2 Teile Kieselgur Celite 545; 24 °C; 2 Wärmeleitfähigkeitszellen, 8 Ω; 0–5 mV registrierendes Galvanometer; vgl. GREEN (126). Die Zahlen geben Mol-% an. Probemenge maximal 1 cm³ gasförmig NTP

Probe Nr.	$CClF_3$	CCl_2F_2	CCl_3F	CCl_4
1	4,3	77,0	17,0	1,7
	4,0	77,0	17,5	1,5
2	0,3	69,5	22,3	7,9
	0,3	70,0	21,2	8,5
3	3,7	76,5	15,2	4,6
	3,7	77,5	13,7	5,1
4	4,5	81,2	9,1	5,1
	4,4	81,8	8,6	5,2

Tab. 20. Analyse eingewogener binärer Mischungen

CCl_2F_2		CCl_3F	
gemessen	eingewogen	gemessen	eingewogen
33,8	33,9	76,2	76,1
53,8	54,0	46,2	46,0
58,0	58,0	42,0	42,0
77,6	76,8	22,4	23,2
88,2	87,2	11,8	12,8

Die quantitative Analyse von Spuren von Verunreinigungen ist durch Erhöhung der Probemenge und der Empfindlichkeit der Meßanordnung möglich. Dabei ist es gleichgültig, ob die Verunreinigung vor oder nach dem Hauptzacken erscheint, vgl. Abb. 110.

Eine nähere qualitative oder quantitative Untersuchung der Ausgangsprobe kann auch nach dem Auskondensieren einzelner Fraktionen mit Hilfe der üblichen Mikromethoden vorgenommen werden, vgl. CHERONIS (127; 128).

Substanzen, die auch bei 300 °C nur wenig flüchtig sind (z. B. Hochpolymere), lassen sich nach einem Vorschlag von DAVISON und Mitarb. (129) dadurch identifizieren, daß man sie einer Pyrolyse unter standardisierten Bedingungen unterwirft und die flüchtigen Pyrolyseprodukte chromatographiert. Dieses Vorgehen entspricht etwa der massenspektrographischen Analyse: Nach Zerschlagung des Moleküls werden Art und Menge der Bruchstücke bestimmt, woraus über Eichkurven eine Analyse möglich ist.

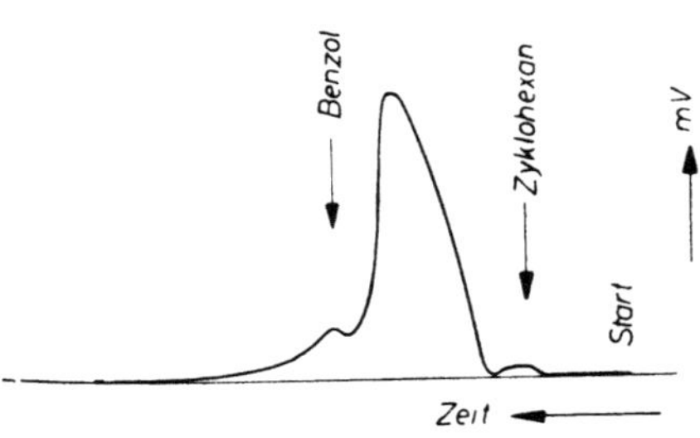

Abb. 110. Nachweis von Verunreinigungen in 1-3-Zyklohexadien. Kolonne L = 56 cm, Innendurchmesser 5 mm; Anilin auf Celite. Probemenge 0,050 cm³ flüssig; Kolonnentemperatur 20 °C; 30 cm³ Luft/min; eigener Versuch.

Die *gaschromatographische Analyse von Hochpolymeren* beschreibt VOIGT (208) in drei eingehenden Arbeiten. Diese Technik hat BRAUN (209) auf die Analyse von Farben und Lacken angewendet. BEROZA und SARMIENTO (210) verwenden diese Methode zur Bestimmung des Kohlenstoffgerüstes und anderer struktureller Faktoren von Hochpolymeren.

Wie problematisch und unter Umständen irreführend die vollständige qualitative und quantitative Analyse eines Mehrkomponentengemisches sein kann, zeigt der Vergleich zweier Chromatogramme (Abbn. 111 a und b) einer hochsiedenden Terpenölfraktion nach CONDON (191). In Abb. 111 a ist das mit einer üblichen, gefüllten Trennsäule erhaltene, „quantitativ gut auswertbare" Chromatogramm wiedergegeben. Man erschrickt dann über die Fülle der Komponenten, die das – leider nicht gut quantitativ auswertbare – Kapillarchromatogramm (Abb. 111 b) offenbart. Dieser Vergleich macht besonders anschaulich, wie sehr die Kapillarchromatographie infolge ihrer hohen Trenn-

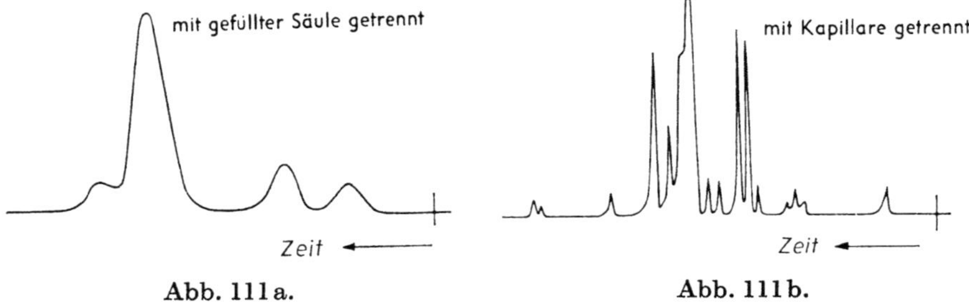

Abb. 111 a. Abb. 111 b.

Abb. 111. Chromatogramm einer hochsiedenden Terpenölfraktion; nach CONDON (191). a) mit einer gefüllten Trennsäule, b) mit einer Kapillartrennsäule.

schärfe zu einer notwendigen Ergänzung der Chromatographie mit gefüllten Säulen geworden ist.

4.45 Injektion der Probe, Sammeln der Fraktionen, Strömungsregler

Die Injektion der Probe in den Strömungsgang soll möglichst schnell erfolgen, damit die Breite des Anfangsprofils möglichst klein wird. Ein breites Anfangsprofil hat breite, sich überlappende Zonen zur Folge, vgl. (33).

Gasförmige Proben (0,1 bis 10 cm³) können über eine Gasbürette (Abb. 112) in das Trägergas gedrückt werden. Sehr kleine Mengen bestimmt man am

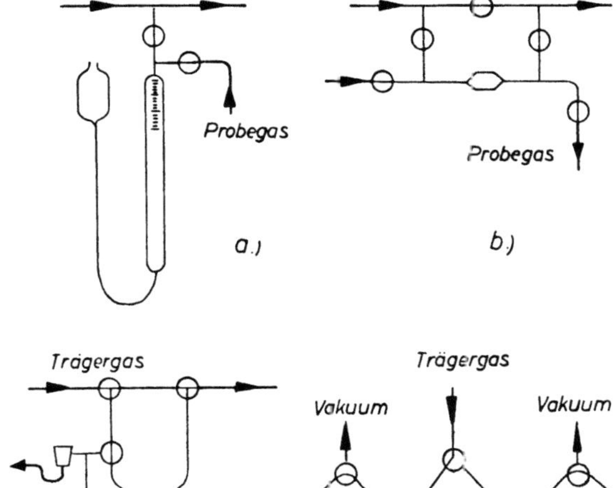

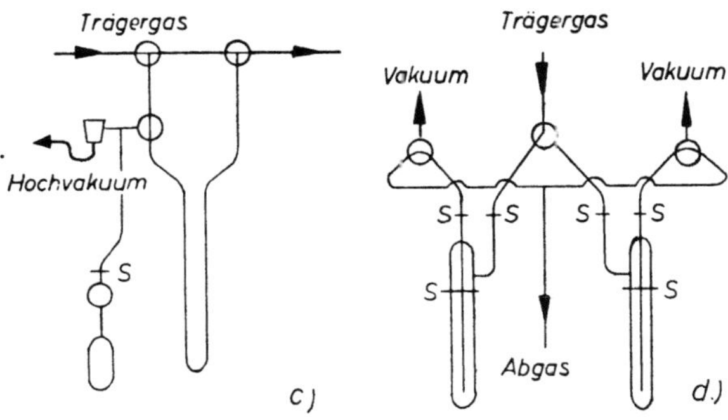

Abb. 112. a) Dosiervorrichtung mit Gasbürette, b) Dosiervorrichtung mit Gaspipette, c) Kühlfallensystem, vgl. (130; 131), d) Kühlfallensystem, vgl. (122), Falle 10 cm lang, Innenrohr hat Innendurchmesser 2 mm, S bedeutet jeweils ein Schliffpaar.

besten durch Abmessen bei vermindertem Druck; sie können nachträglich mit Inertgas verdünnt werden. Eine weitere Möglichkeit bietet die Verwendung einer Gaspipette mit einem umschaltbaren Strömungsgang (Abb. 112). Einfacher ist die Verwendung einer Injektionsspritze mit dünner Kanüle und gut eingeschliffenem Glaskolben. Entweder wird durch einen Silikongummischlauch oder durch einen Verschluß nach Art der selbstschließenden Serumflaschenstopfen gestochen, vgl. Abb. 86 oben. Das Probegas wird mit solcher Geschwindigkeit in das Trägergas gedrückt, daß die Länge des Anfangsprofils möglichst klein wird, aber doch so langsam, daß das Trägergas die Substanz gleichmäßig auf die Kolonne befördert, ohne daß ein Rückstau eintritt.

Etwas schwieriger ist die genaue Dosierung von flüssigen Proben, weil einmal sehr kleine Volumina (0,005 bis 0,1 cm³) abgemessen werden müssen und

andererseits für eine schnelle Verdampfung gesorgt werden muß, damit das
Anfangsprofil schmal bleibt. Die nötigen Injektionsspritzen lassen sich leicht
aus Metall herstellen. Der Stempel hat dann einen sehr kleinen Durchmesser
(3 mm); er wird mit Hilfe einer Mikrometerspindel bewegt. Empfohlen wird
auch die Verwendung eines Teflonstempels in einem Metallkolben. Die üblichen
Kanülen (engste Sorte) können verwendet werden.

Ein anderes Prinzip der Dosierung kleiner Flüssigkeitsmengen beschreiben
Tenney und Harris (132). Die Abmessung erfolgt mit Kapillar-Pipetten, die
mit Hilfe eines Spezialventils in den Strömungsgang eingebracht werden. Die
eingespritzte Flüssigkeit verdampft im Trägergasstrom und wird auf die
Kolonne transportiert. Zur Beschleunigung dieses Vorgangs kann die Substanz
auf eine gesondert beheizte Verdampferfläche gespritzt werden oder direkt auf
die oberste Schicht der Kolonne, die dann noch zusätzlich geheizt wird. Hat die
eingespritzte Flüssigkeit bei Kolonnentemperatur einen genügend hohen Dampfdruck, so
erübrigt sich ein besonderer Verdampfer.

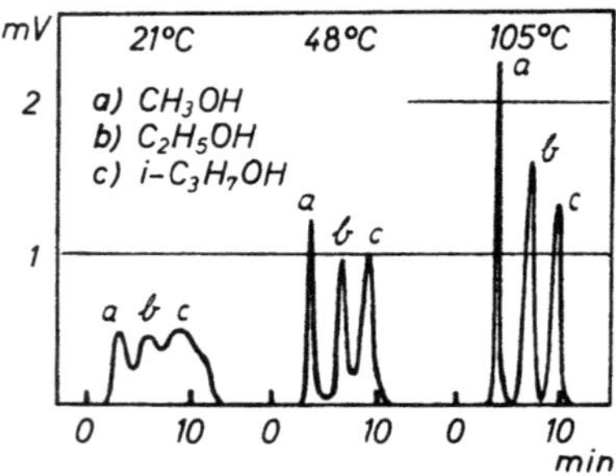

Abb. 113. Trennung von Methanol/Äthanol/Iso-
propanol; Kolonnenlänge: 80 cm, innerer Durchmesser: 4 mm; 2 g Dinonylphthalat auf Kieselgur; 50 cm³ N₂/min. Die Injektionstemperaturen
waren 21°, 48°, 105 °C, während die Kolonnentemperatur 40 °C betrug [nach Pollard und
Hardy (133)].

Eine genaue und im Prinzip einfache Dosierung von Flüssigkeiten ist die
Einführung abgewogener Mengen in zugeschmolzenen Glasampullen, die dann
im Trägergasstrom innerhalb einer geheizten Kammer durch einen Stößel zer-
trümmert werden, wonach die Flüssigkeit schnell verdampft [s. McCreadie
und Williams (192)]. Diese Methode haben Dubsky und Janak (193) durch
die Verwendung von Ampullen aus Woodschem Metall verfeinert. Die ein-
geschlossene tiefsiedende Substanz sprengt selbst die im Verdampfer erwei-
chende Metallhülle und liegt dann sofort dampfförmig vor, so daß das Ausgangsprofil scharf wird.

Die Wirkung der Injektionstemperatur (d. i. die Temperatur des gesonderten
Verdampfers) auf die Trennung des ternären Gemisches Methanol/Äthanol/
Isopropanol zeigt Abb. 113 [nach Pollard und Hardy (133)]. Es wurde festgestellt, daß die Zackenhöhe von der Injektionstemperatur abhängig ist, nicht
aber die Zackenfläche. Bei analytischer Anwendung der Zackenhöhe muß also
auf standardisierte Injektionsbedingungen geachtet werden [vgl. Harrison
(72); Pollard und Hardy (133)].

Nachdem das Chromatogrammgas die Analysenvorrichtung passiert hat,
können die interessierenden Substanzen mit einem Kühlfallensystem abgefangen werden. Wegen der hohen Verdünnung, mit der die einzelnen Stoffe im
Chromatogrammgas vorliegen, ist eine quantitative Kondensation sehr schwer;

es bilden sich leicht Nebel aus festen oder flüssigen Teilchen, die sich nicht zusammenballen, und die vom Trägergas mitgerissen werden. Zur Vermeidung dieses Effektes werden Kühlfallen für kleine Mengen mit Glaspulver oder -wolle, schließlich auch mit Silikagel oder Aktivkohle gefüllt, um eine restlose Abscheidung zu gewährleisten. Kühlmittel ist flüssiger Stickstoff oder flüssige Luft.

Bei quantitativen Arbeiten [z. B. Auffangen von Fraktionen für eine spätere massenspektrographische Analyse; siehe DREW und MCNESBY (130), DREW (131)] wird das Fallensystem vorher hoch evakuiert, damit am Glas adsorbierte Substanzen entfernt werden. Nach dem Auskondensieren werden die betreffenden Stoffe unter Hochvakuum von der Kühlfalle in abnehmbare Probebehälter destilliert; Abb. 112 zeigt je eine Anordnung für kleine und große Mengen. Die Leitungen zwischen Kolonne und Fallensystem werden bei Bedarf elektrisch geheizt. Flexible Verbindungen lassen sich mit Silikongummischlauch (bis 200 °C stabil) oder aus geglühten, biegsamen Kupferkapillaren herstellen.

Die Regulierung der Strömungsgeschwindigkeit erfolgt nach den bekannten Prinzipien. Hält man das Ende der Kolonne auf Atmosphärendruck, so wird am besten der Ausfluß des Trägergases aus der Vorratsbombe geregelt. Speziell für die Gaschromatographie geschaffene Anordnungen beschreiben CLAESSON (8), PHILLIPS (9), JAMES und PHILLIPS (134), JAMES und MARTIN (2), LITTLEWOOD, PHILLIPS und PRICE (36). Letzten Endes beruhen alle diese Anordnungen auf der Herstellung eines definierten Überdruckes am Anfang der Kolonne; aus der Bombe austretendes überschüssiges Gas wird abgeblasen.

Tritt dagegen das Trägergas mit Atmosphärendruck in die Kolonne ein, so regelt man den Druck am Ende der Kolonne bzw. hinter der Analysenvorrichtung und dem Fallensystem. Einfache und komplizierte Manostaten sind oft beschrieben worden, vgl. die einschlägigen Handbücher.

Die Messung der Strömungsgeschwindigkeit geschieht am einfachsten mit einem Kapillarströmungsmesser. Übliche Strömungsgeschwindigkeiten sind 5 bis 50 cm³ Gas NTP/min bei normalen Kolonnendurchmessern von 4 bis 6 mm (innen). Entsprechend höhere Geschwindigkeiten werden bei großen Innendurchmessern (präparative Kolonnen) angewendet. Rotameter können auch die Kontrolle des Gasstromes übernehmen. Hält man das Ende der Kolonne auf Atmosphärendruck, so läßt sich der Seifenblasen-Strömungsmesser mit Vorteil verwenden.

4.46 *Präparative EVG*

Zur Trennung im präparativen Maßstab sind mehrere Wege beschritten worden, von denen die folgenden beschrieben werden:

1. Vergrößerung des Durchmessers und der Länge der Kolonne.
2. Mehrmalige Wiederholung des Trennvorganges mit einer gewöhnlichen Kolonne.
3. Kontinuierliche Trennung in einem Satz von parallelen Säulen, der sich senkrecht zur Strömungsrichtung des Trägergases bewegt.

4. Bewegen der „stationären Phase" mit einer solchen Geschwindigkeit im Gegenstrom zum Gas, daß eine kontinuierliche Auftrennung des fortlaufend aufgegebenen Gemisches in einzelne Fraktionen erfolgt.

4.461 Kolonnen mit großem Querschnitt

Will man von der Trennung kleiner Mengen (bis zu etwa 0,1 g), wie bei der analytischen Gaschromatographie, zur präparativen Trennung von Substanzmengen bis zu 1 kg übergehen, so liegt es nahe, eine Vergrößerung des Kolonnenquerschnitts vorzunehmen. Schon vor den systematischen Untersuchungen von BAYER und Mitarb. (24; 135; 136) über den Einfluß des Säulenquerschnitts auf die Eigenschaften einer Kolonne wurden für präparative Arbeiten Säulen mit vergrößertem inneren Durchmesser verwendet. EVANS und TATLOW (137; 53) bedienten sich der präparativen EVG zur Isolierung und zur Reindarstellung von flüchtigen fluorierten Kohlenwasserstoffen aus Reaktionsgemischen. Mit einer 5 m langen Kolonne mit 3 cm Innendurchmesser und einem gesonderten Probenverdampfer konnten getrennt werden: 0,5 g bei schwieriger Trennung (1° Siedepunktsunterschied), 8 bis 10 g bei leichter Trennung; im Mittel 3 g. Feste flüchtige Stoffe wurden als Lösung in einem leicht abtrennbaren Lösungsmittel injiziert. Als stationäre Phase wurde 10 Gew.-% Silikonöl auf gemahlenem Silikongummi verwendet, die Strömungsgeschwindigkeit war 6 l N_2/h. In einer späteren Arbeit führten EVANS und Mitarb. (138) präparative Trennungen in Kolonnen mit Innendurchmessern bis zu 7,5 cm aus.

Es fehlten bis zu diesem Zeitpunkt jedoch genaue Untersuchungen über die Trennleistung größerer Säulen. CARLE und JOHNS (139) hatten mitgeteilt, daß Säulen mit Durchmessern über 1,5 cm gegenüber analytischen Säulen eine wesentlich geringere Trennwirkung aufweisen würden und damit eine weitere Querschnittsvergrößerung nutzlos wäre. Diese Ansicht wurde auch durch theoretische Betrachtungen von GOLAY (140) gestützt.

Bei gepackten Säulen mit größerem Querschnitt kann die Randgängigkeit des Chromatogrammgases nicht mehr durch Querdiffusion ausgeglichen werden. Die Folge sind konkave Strömungsprofile, wie sie von HUYTEN und Mitarb. (141)

Tab. 21. Einfluß der Einfüllart der Packung auf die Trennwirkung nach HUYTEN und Mitarb. (141); Kolonne: 1 m lang, 7,6 cm Innendurchmesser; stationäre Phase: 30 Gew.-% Silikonöl auf Silocel 30/40; 22 °C; Trägergasdurchfluß: 6,4 l N_2/min; Testsubstanz: n-Pentan

Einfüllart	Trennstufenzahl
Einschütten	250
Einschütten mit anschließendem leichten Schlagen gegen die Säule	120
Einschütten unter starkem Schütteln der Säule	220
Einschütten unter Schlagen gegen die Säule; Einfüllungsgeschwindigkeit 20 g/min	500
Einschütten unter starkem Schütteln und Schlagen	400

experimentell nachgewiesen worden sind. Inhomogenitäten in der Packung verursachen eine unregelmäßige Gasströmung und damit eine Verwaschung der Zonen. Es kommt also sehr stark auf eine sorgfältige Einfüllung des Kolonneninhalts an; Tab. 21 zeigt den Einfluß der Einfüllart auf die Trennwirkung einer 1 m langen Kolonne mit 7,6 cm Innendurchmesser.

Die Schwierigkeit, eine homogene Packung zu erreichen, führt sicherlich mit größer werdendem Innendurchmesser zu einer Verschlechterung der Trennwirkung, bei sorgfältiger Säulenfüllung besteht jedoch größenordnungsmäßig kein Unterschied zwischen Kolonnen mit sehr großem Durchmesser und analytischen Säulen. Das bestätigen Untersuchungen von BAYER und Mitarb. (24; 135; 136) über die Abhängigkeit der Trennwirkung und der Belastbarkeit (d. i. die Menge Substanz, welche getrennt werden kann, ohne daß es zu einer Bandenverbreiterung kommt) vom Säulendurchmesser im Bereich von 1 bis 10,1 cm. Die mit n-Pentan als Testsubstanz erhaltenen Ergebnisse zeigt Tab. 22, aus der auch hervorgeht, daß die Belastbarkeit einer Säule dem Säulenquerschnitt direkt proportional ist. Auch in dieser Beziehung sind präparative Säulen den analytischen nicht unterlegen. Daneben sind es aber eine Reihe apparativer und konstruktiver Einzelheiten, die bei der präparativen Gaschromatographie beachtet werden müssen.

Tab. 22. Trennwirkung und Belastbarkeit in Abhängigkeit vom Säulendurchmesser, nach BAYER und Mitarb. (135); Säulenlänge: 1,8 m; stationäre Phase: 20 Gew.-% Dinonylphthalat auf Sterchamol (0,2–0,3 mm $\varnothing$); 20 °C; Trägergasdurchfluß: 9 l H$_2$/min; Testsubstanz: n-Pentan

Säulendurchmesser (cm)	1	1,77	2,79	4,1	10,1
Säulenquerschnitt (cm²)	0,75	2,4	6,2	13,2	80,0
HETP (mm)	2,0	2,2	2,6	2,9	3,0
Belastbarkeit (g Pentan)	0,1	0,32	0,80	1,4	9,5
Belastbarkeit pro Querschnittseinheit (g/cm²) .	0,13	0,13	0,13	0,11	0,12

Zur raumsparenden Anordnung werden die Kolonnen als hintereinandergeschaltete U-Rohre ausgebildet, wobei nach BAYER und WITSCH (24) die ungefüllten, gekrümmten Verbindungsstücke den gleichen Durchmesser wie die Trennsäulen haben sollen, da sonst die Trennwirkung stark herabgesetzt wird. Der Grund dafür ist wahrscheinlich in einer störenden Wirbelbildung bei starker Verengung des Rohrquerschnitts zu suchen. Am Anfang und Ende der Trennsäule läßt sich beim Übergang auf das übrige Rohrleitungssystem eine Rohrverengung nicht vermeiden; sie soll dann kontinuierlich und nicht zu plötzlich erfolgen.

Die Körnung der Füllung muß ebenfalls den veränderten Verhältnissen angepaßt werden. WHITHAM (143) empfiehlt 0,28 bis 0,38 mm Korndurchmesser, keineswegs feiner, da sonst der Druckabfall zu groß wird und die optimalen Betriebsbedingungen dann nur für ein kleines Stück der Kolonne vorhanden sind (vgl. Abb. 74 und 75).

Besondere Aufmerksamkeit kommt der Einführung des zu trennenden Substanzgemisches in die Trennsäule zu, vgl. HAARHOFF, VAN BERGE und PRETORIUS (142). Wird die Substanz möglichst schnell in den Trägergasstrom eingebracht, so erhält man ein scharfes Ausgangsprofil. Auf jeden Fall muß die Flüssigkeit vor dem Eintritt in die Säule vollständig verdampft sein, weil sonst leicht stationäre Phase vom Trägermaterial abgewaschen wird.

Die einfachste Anordnung beschreibt WHITHAM (143). Am Anfang der Kolonne befindet sich ein 4 cm langes, mit Glaswolle gefülltes, extra beheiztes Stück, in das die flüssige Substanz eingespritzt wird. Die Temperatur des Verdampfers wird 30° über Kolonnentemperatur gehalten (Kontrolle mit Thermoelement), damit die Verdampfung schnell erfolgt. BAYER, HUPE und WITSCH (136) beschreiben eingehend eine Verdampfungskammer, die mit Metallwolle gefüllt ist und auf eine Temperatur aufgeheizt wird, die 30 bis 60° über der Siedetemperatur der am tiefsten siedenden Komponente liegt. In diese Kammer wird das Substanzgemisch gegeben, und erst wenn alles verdampft ist (Kontrolle durch ein Manometer), wird der Trägergasstrom umgeleitet und durch die Verdampfungskammer auf die Trennsäule geführt.

Nach erfolgter Trennung müssen die Komponenten des Chromatogrammgases nacheinander aus dem Trägergasstrom abgeschieden werden. Die Abscheidung größerer Substanzmengen erfordert geeignet konstruierte Kühlfallen; von ihrer Wirksamkeit hängt es ab, wie klein die Übergangsfraktionen beim Auskondensieren gehalten werden kann, wie klein also der Verlust an reiner Substanz ist. Die hohen Trägergasdurchsätze bei präparativen Säulen führen in den Kühlfallen zu relativ hohen Gasgeschwindigkeiten und damit zu kurzen Verweilzeiten. Trotz starker Kühlung werden daher leicht Substanzen, besonders höher siedende, als Nebeltröpfchen mitgerissen. Eine Abscheidung der Nebeltröpfchen gelingt am besten durch Anwendung der Zentrifugalkraft.

BAYER und Mitarb. (135; 136) haben einen einfachen und wirksamen Abscheider entworfen, vgl. Abb. 114. Das Chromatogrammgas tritt bei 1 in den aus Metall gefertigten Abscheider und streicht wendelförmig an einem Rippenrohr vorbei. Diese Anordnung bewirkt erstens einen guten Wärmeübergang zwischen Gas und Kühlfläche, und zum anderen wird das Gas in eine schnell kreisende Bewegung versetzt, so daß Nebeltröpfchen an

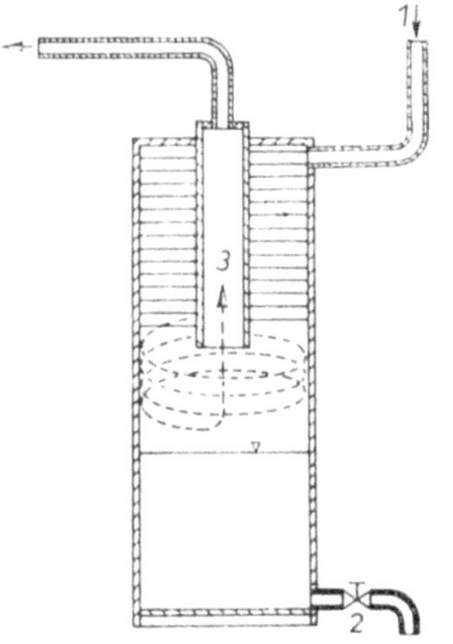

Abb. 114. Abscheider nach BAYER und Mitarb. (135; 136).

1 Gaseintritt
2 Ausfluß für abgeschiedene Substanz
3 Austritt

die Wandung des Außenrohres geschleudert werden. Sie können dort ablaufen und sich am Boden des Gefäßes sammeln. Das Trägergas verläßt die Falle durch das Rippenrohr 3.

WEHRLI und KOVATS (144) haben einen Zentrifugalkühler zur Abscheidung schnee- oder nebelförmiger Substanzen aus dem Trägergasstrom beschrieben. Das Chromatogrammgas wird in eine mit etwa 7000 U/min rotierende, bis auf etwa $-30\ ^\circ$C kühlbare Kühltasche geleitet. Dem Gas wird hierbei ebenfalls eine rotierende Bewegung aufgezwungen, so daß kondensierte Teilchen an die Gefäßwand geschleudert werden. Mit Hilfe von Hebe- und Schwenkmechanismen können innerhalb von 2 sek. die Kühltaschen gewechselt werden.

Diese Anordnung hat den Vorteil, daß die Substanzen in relativ kleinen Volumina ohne Verstopfungsgefahr mit hoher Ausbeute gesammelt werden können; sie eignet sich besonders für das Auskondensieren kleiner Mengen bei kleinen Trägergasdurchsätzen.

4.462 Zyklische Wiederholung des Einzelprozesses

In der Erkenntnis, daß die EVG ein absatzweiser Prozeß ist und (zu dieser Zeit) im Zweifel, ob es zweckmäßig ist, die Kolonnendimensionen weiter zu vergrößern und die Probemenge zu erhöhen, haben AMBROSE und COLLERSON (145) ein Verfahren zur zyklischen Wiederholung des Einzelprozesses entwickelt.

Unter konstanten Kolonnenbedingungen erscheint jede Substanz i zu einer bestimmten Zeit $t_{\mathrm{max},\,i}$ nach Injektion der Probe. Konstruiert man eine Uhr, die zum Zeitpunkt t_0 ein Ventil öffnet, wodurch die gasförmige Probe aus Stoff 2 und 3 in den Trägergasstrom injiziert wird, und die zu einem geeigneten Zeitpunkt $(t_{\mathrm{max},\,2} + t_{\mathrm{max},\,3})/2$ durch Ventilbetätigung den Strömungsgang von einer zur anderen Kühlfalle umlenkt, so werden die Stoffe 2 und 3 getrennt. Zyklische Wiederholung dieses Prozesses führt zur Trennung von Substanz 2 und 3 im präparativen Maßstab. Der Zeitpunkt der Umlenkung des Gasstroms wird durch die Anzeige des Analysengerätes ermittelt. Es ist wichtig, daß die Anzeige der Analysenvorrichtung mit den Zeitpunkten in Phase bleibt, zu denen die Uhr schaltet. Dies wird gewährleistet durch 1. Konstanz der Kolonnentemperatur, 2. Konstanz der Strömungsgeschwindigkeit und 3. Sättigung des Trägergases mit der Flüssigkeit der stationären Phase vor Eintritt in die Kolonne; man muß also die in die Gln. [4,8] oder [4,8a] eingehenden Größen konstant halten.

AMBROSE und COLLERSON (145) haben nach dieser Methode in einer 1 m langen Kolonne mit 1,5 cm Innendurchmesser bei 0 °C C_4-Kohlenwasserstoffe getrennt. Bei einem Trägergasdurchsatz von 30 l/h dauerten die Zyklen je 15 bis 20 min. Pro Zyklus konnte 1 g Substanz durchgesetzt werden, also eine Menge von 70 bis 80 g am Tag. Die Kühlfallen wurden mit aktiviertem Aluminiumoxid gefüllt, damit die niedrig siedenden Stoffe restlos abgefangen werden konnten.

Die häufige Wiederholung der Zyklen und der damit verbundene Zeitaufwand für die Wartung rechtfertigen eine Vollautomatisierung, so wie sie von ATKINSON und TUEY (146) an einer 3 m langen Kolonne mit 2 cm Innendurchmesser vorgenommen worden ist. Durch einen Zeitgeber, dessen Schaltprogramm beliebig variiert werden kann, werden Steuerimpulse gegeben, welche die Abnahme einer Charge aus der Flüssigkeitsprobe, die Verdampfung und Injektion in den Trägergasstrom und die Umschaltung des Gasstroms auf die einzelnen Kühlfallen zum jeweils richtigen Zeitpunkt auslösen. Nach jedem Zyklus erfolgt automatisch eine Rückstellung der Steuermechanismen in die Ausgangsposition. Gleiche Fraktionen aus dem Chromatogrammgas werden in die gleichen Kühlfallen geleitet, bis die gesamte Menge getrennt ist.

Bei der Steuerung der Kolonne und ihrer Hilfseinrichtungen durch einen Zeitgeber besteht immer die Gefahr, daß durch Inkonstanz der Betriebsbedingungen Kolonne und Zeitgeber außer Phase geraten. Deshalb empfiehlt es sich, die Steuerung nicht nach einem festgelegten Zeitplan, sondern durch Signale vorzunehmen, die vom Detektor gegeben werden, vgl. HEILBRONNER, KOVATS und SIMON (147). Man verwendet zweckmäßig zur Registrierung der Detektoranzeige Schreiber, die mit einstellbaren Grenzkontakten ausgerüstet sind. Damit nicht durch geringe Nullpunktsschwankungen am Schreiber bereits Steuersignale ausgelöst werden können, bringt man die Grenzkontakte etwas oberhalb der Nullinie an. Bei der Registrierung von Substanzen im Detektor wird die Grenzmarkierung überschritten und damit ein Steuersignal für das Kühlfallensystem ausgelöst. Die betreffende Kühlfalle wird wieder geschlossen, wenn der Schreiberausschlag auf Null zurückgeht. Treten Überlappungen von Banden auf, so können zusätzliche Grenzkontakte in Höhe des Schnittpunkts oder der Wendepunkte zwischen den Banden eingestellt werden. Haben alle Komponenten die Kolonne verlassen, löst ein weiteres Signal die Wiederholung des Zyklus aus.

Eine solche Anlage arbeitet praktisch tagelang wartungsfrei und kann bei der Verwendung von Säulen mit mäßig großem Innendurchmesser (etwa 1,5 bis 3 cm) sowohl zur Trennung von Mengen um 1 bis 10 g (wenige Zyklen) als auch bis zu 1 kg (viele Zyklen) dienen.

4.463 Kontinuierliche Trennung in einem Satz von bewegten parallelen Säulen

Die Abb. 115 zeigt einen Satz von parallelen Säulen. Die Säulen sind untereinander völlig gleich, ihre Länge sei L. Gemeinsam bewegen sie sich mit einer Geschwindigkeit v_s senkrecht zur Strömungsrichtung des Trägergases. An ein und derselben Stelle wird bei jedem Durchgang einer Säule eine dosierte Probemenge aufgegeben. Je nach ihren Austrittszeiten $t_{\mathrm{max},\,i}$ erscheinen die Komponenten des zu trennenden Gemisches nunmehr auch örtlich getrennt an verschiedenen Stellen der Kühlfallenbatterie. Die „Spur der Zacken" jeder Komponente i bei einer Momentanaufnahme, wie sie Abb. 115 darstellt, ergibt eine Gerade mit der Neigung

$$\operatorname{tg}\alpha_i = \frac{v_s \cdot t_{\mathrm{max},\,i}}{L}.$$

Dinelli, Polezzo und Taramasso (166) haben den Säulensatz auf einem rotierenden Zylinder angebracht und damit ein Verfahren zur kontinuierlichen Trennung durch EVG entwickelt, vgl. Abb. 116. Auf diese Weise werden immer wieder frische Säulen an der Injektionsstelle vorbeigeführt, wobei aber nicht verlangt wird, daß alle Komponenten des Gemisches aus der Säule ausgetreten sein müssen, bevor

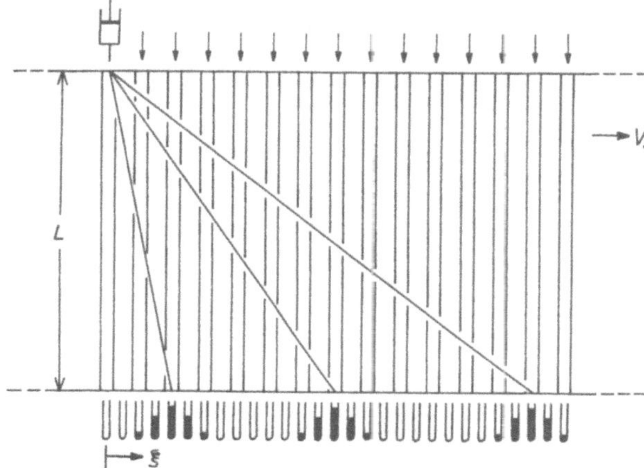

Abb. 115. Schema des Verfahrens zur kontinuierlichen Trennung durch EVG in einem Satz von bewegten parallelen Säulen.

eine neue Probe aufgegeben wird. Die Anordnung erreicht im Gegenteil ihre größte Trennleistung, wenn die Komponente n mit der größten Austrittszeit $t_{max,\,n}$ unmittelbar hinter der Komponente 1 mit der kürzesten Austrittszeit $t_{max,\,1}$ in die Fallen gelangt. Das bedeutet notgedrungen, daß mindestens die Komponente n über eine volle Zylinderumdrehung hinaus in den Säulen mitgeführt wird. Ist r der Radius des Zylinders und ω seine Winkelgeschwindigkeit, so erscheint jede Komponente an der Stelle $\xi_i = \omega r t_{max,\,i} = 2\pi r n t_{max,\,i}$ (Injektionsstelle: $\xi_i = 0$; $0 \leqslant \xi_i \leqslant 2\pi r$ für $n = 1$); n ist die Zahl der Umdrehungen in der Zeiteinheit. Die Bedingung für höchste Trennleistung

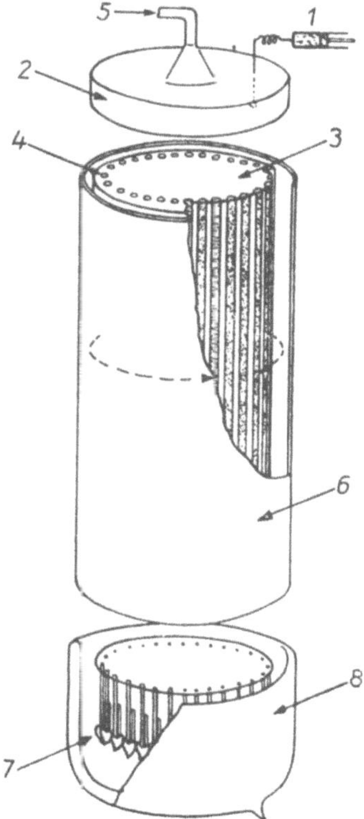

Abb. 116. Anordnung nach Dinelli, Polezzo und Taramasso (166).

1 Probengeber
2 Gasdichter Deckel
3 Kopfplatte
4 Rohrmündungen
5 Trägergaseinlaß
6 Heizmantel
7 Kühlfallen
8 Kühlbad

läßt sich grob so formulieren: $\xi_n - 2\pi r \simeq \xi_1$. Daraus folgt

$$v_s \simeq \frac{2r}{t_{\text{max},\,n} - t_{\text{max},\,1}},$$

$$n \simeq \frac{1}{t_{\text{max},\,n} - t_{\text{max},\,1}}.$$

Eine eingehende theoretische Behandlung geben POLEZZO und TARAMASSO (169).

Die Anordnung nach DINELLI und Mitarb. (166) hat neben der kontinuierlichen Arbeitsweise einige weitere bemerkenswerte Vorteile: 1. Die Anlage selbst ist einfach, sie läuft wartungsfrei und ohne komplizierte Regelmechanismen, 2. Ein Detektor erübrigt sich; es ist also nirgends ein Totvolumen vorhanden, das die Trennschärfe vermindert, 3. Der gleichzeitige Betrieb vieler Säulen führt zu einer beachtlichen Zeitersparnis. Eine im Prinzip völlig gleiche Anordnung ist bereits von SVENSSON und Mitarb. (207) für die Flüssig-Chromatographie beschrieben worden.

Erwähnt sei noch, daß schon von MARTIN (167) und später von GIDDINGS (168) vorgeschlagen worden ist, den Ringspalt zwischen zwei weiten konzentrischen Rohren mit stationärer Phase zu füllen und eine solche „Ringspaltkolonne" in der oben geschilderten Weise zu betreiben. Das hat sich aber praktisch nicht bewährt, da die Verbreiterung der „Zackenspuren" durch die ungehinderte Querdiffusion im Ringspalt die Trennwirkung stark beeinträchtigt.

4.464 EVG als Gegenstromprozeß

Die EVG in ihrer üblichen Ausführungsform ist, wie schon mehrmals erwähnt, ein Durchlaufprozeß. Durch geeignete experimentelle Abwandlung läßt sie sich jedoch in ein Gegenstromverfahren überführen, das zur kontinuierlichen Trennung von Substanzgemischen dienen kann und ein verfahrenstechnisches Analogon zur extraktiven Destillation darstellt.

Wir betrachten eine senkrechte Trennsäule der Länge L (Abb. 117a), in der sich in der Zeiteinheit das Volumen v' an „stationärer Phase" im Gegenstrom zum Volumen v'' an aufsteigendem Trägergas abwärtsbewegt. Die Phasendurchsätze v' und v'' werden innerhalb der Trennsäule konstant gehalten. Für jede Komponente i eines zu trennenden Substanzgemisches gilt für die Verteilung zwischen beiden Phasen $\varkappa_i = c_i'/c_i''$. Der Verteilungsquotient ist im allgemeinen temperatur- und konzentrationsabhängig. Durch Thermostatierung der Kolonne ist jedoch $T = $ konst., und für hinreichend kleine

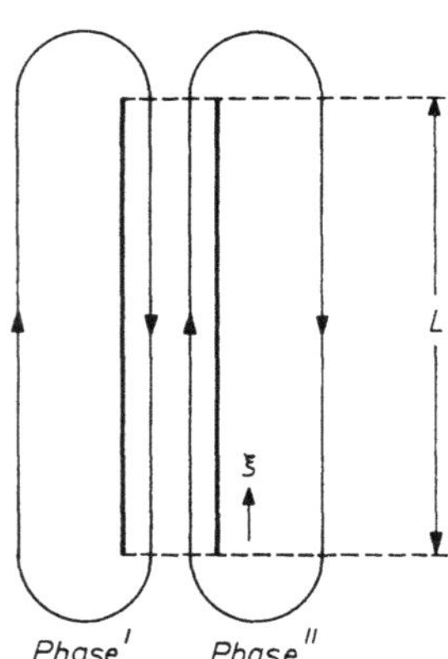

Abb. 117a. Schema der EVG als Gegenstromprozeß bei konstanter Kolonnentemperatur.

Konzentrationen c_i gilt $\varkappa_i = c_i'/c_i'' =$ konst. längs der Kolonne (vgl. [Gl. 4,4a]).

Wir legen nun an einer beliebigen Stelle $\xi\,(0 \leqslant \xi \leqslant L)$ einen horizontalen Schnitt durch die Kolonne und definieren $v' < 0$, $v'' > 0$, d. h. der Aufwärtstransport wird positiv gezählt. Der Massentransport m_i der Komponente i in der Zeiteinheit durch den betrachteten Säulenquerschnitt hindurch setzt sich aus den Beiträgen der beiden Phasenströme wie folgt zusammen:

$$m_i = m_i{}' + m_i{}'' = -\,c_i'\,|v'| + c_i''v'' = c_i''(v'' - \varkappa_i|v'|).$$

Es ist

$$\frac{m_i}{|v'|} = c_i''\left(\frac{v''}{|v'|} - \varkappa_i\right).$$

Wie man an dieser Gleichung sieht, ist für $v''/|v'| > \varkappa_i$ der Massentransport durch jeden beliebigen Säulenquerschnitt positiv, d. h. die Komponente i wandert aufwärts. Für $v''/|v'| < \varkappa_i$ ist m_i negativ, d. h. die Komponente i wandert abwärts. Die kontinuierliche Trennung etwa eines Zweikomponentengemisches $(i = 2,3)$ kann nun durch geeignete Wahl von $v''/|v'|$ erreicht werden. Wird das Gemisch aus den Komponenten 2 und 3 kontinuierlich in der Mitte der Trennsäule aufgegeben und ist z. B. $\varkappa_2 < \varkappa_3$, so wandern die Komponenten von der Injektionsstelle aus in entgegengesetzte Richtungen, wenn die Bedingung

$$\varkappa_2 < \frac{v''}{|v'|} < \varkappa_3$$

eingehalten wird.

Eine nach diesem Prinzip arbeitende Anlage zur kontinuierlichen Trennung leichtflüchtiger flüssiger Substanzgemische beschreiben schon PICHLER und SCHULZ (200), später auch BARKER und CRITCHER (148); die Apparatur nach BARKER und CRITCHER (148) ist schematisch in Abb. 117b wiedergegeben. Aus einem Vorratsbehälter 1 am Kopf der Kolonne tritt das Füllmaterial (Trägermaterial mit Trennflüssigkeit beladen) in die Trennsäule 2 ein. Damit es

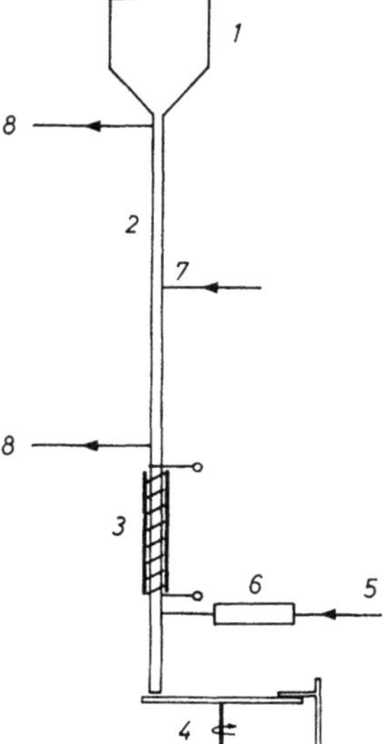

Abb. 117b. Gegenstrom-EVG-Kolonne nach BARKER und CRITCHER (148).

1 Vorratsbehälter für Trägermaterial mit stationärer Phase
2 trennwirksamer Abschnitt der Kolonne
3 Ausheizer
4 regelbarer Austrag der Kolonnenfüllung
5 Eintritt des Trägergases
6 Vorwärmer für das Trägergas
7 Injektionsstelle
8 zu den Kühlfallen

nicht zu Verstopfungen in der Kolonne kommt und die Kolonnenfüllung gleichmäßig nach unten rutscht, wird das Kolonnenrohr im unteren Viertel ständig durch den Klöppel einer elektrischen Klingel geklopft. Das Substanzgemisch $2 + 3$ wird bei 7 dampfförmig zugeführt. Wenn die Bedingung $\varkappa_2 < v''/|v'| < \varkappa_3$ erfüllt ist, wandert die Komponente 2 nach oben und verläßt mit dem Trägergas unterhalb des Vorratsbehälters die Kolonne. Mit Komponente 3 beladen erreicht die Kolonnenfüllung einen elektrisch beheizten Kolonnenabschnitt 3. Dort wird die Substanz 3 durch Ausheizen ausgetrieben und dicht oberhalb des Heizabschnitts mit einem Teil des Trägergases abgezogen. Das Trägergas wird bei 5 in einen Vorwärmer 6 geleitet, bevor es die thermostatierte Kolonne durchströmt. Am unteren Ende des Kolonnenrohres befindet sich eine rotierende Platte zum Abtransport des austretenden Füllmaterials. Durch Änderung des Abstandes zwischen Kolonnenende und Platte sowie deren Umlaufgeschwindigkeit läßt sich der Durchsatz an Füllmaterial bequem regeln. Da es etwa 4 bis 6 Stunden dauert, bis der Vorratsbehälter leer ist, lohnt sich ein ständiger Rücktransport in einem geschlossenen Kreislauf zum Vorratsbehälter nicht.

BARKER und CRITCHER (148) verwendeten für die Trennung Benzol/Zyklohexan eine Glaskolonne mit 120 cm trennwirksamer Länge und 2,5 cm Innendurchmesser. Die Ergebnisse unter verschiedenen Betriebsbedingungen sind in der Tab. 23 aufgeführt.

Tab. 23. Kontinuierliche Trennung Benzol/Zyklohexan nach BARKER und CRITCHER (148); Ausgangskonzentration: 50 Vol.-%; 25 Gew.-% Polyoxyäthylen (400)-diricinoleat auf C 22 Schamottemehl 10/20; Trägergas: Luft; 20 °C; $\varkappa_{\text{Benzol}} = 885$; $\varkappa_{\text{Zyklohexan}} = 298$

Versuch Nr.	1	2	3
Trägergasdurchsatz im Trennabschnitt (l/h)	44,2	76,9	115,7
Durchsatz an Füllmaterial (g/h)	630	665	600
v''/v'	290	470	780
Injektionsgeschwindigkeit (cm³/h)	30	30	30
Kopfprodukt (Vol.-% Zyklohexan)	99,9	99,9	98,9
Ausheizprodukt (Vol.-% Benzol)	99,2	99,9	99,9

Bei Gemischen aus mehr als zwei Komponenten ist es nach diesem Verfahren nur möglich, entweder die Komponente mit der kleinsten oder die mit der größten Wanderungsgeschwindigkeit von den anderen kontinuierlich abzutrennen. Sollen gleichzeitig mehrere Komponenten rein gewonnen werden, so muß man dafür sorgen, daß sie nicht aus den Enden der Kolonne hinauswandern, sondern sich an verschiedenen Stellen der Kolonne sammeln, wo sie abgezapft werden können (analog zur Destillationskolonne mit Seitenströmen).

Damit etwa eine aufwärtslaufende Komponente i ($\varkappa_i < v''/|v'|$) nicht am oberen Ende die Kolonne verläßt, muß vorher ($\varkappa_i - v''/|v'|$) das Vorzeichen wechseln. Analoges gilt für eine abwärtslaufende Komponente. Ein solches Verhalten ist denkbar, wenn $\varkappa_i$ nicht länger konstant ist, sondern an ver schiedenen Stellen der Kolonne verschiedene Werte annimmt. Um das zu erreichen, nutzt man die Temperaturabhängigkeit des Verteilungsquotienten aus und hält längs der Trennsäule ein Temperaturgefälle aufrecht, vgl. Abb. 118. Am oberen Ende ($\xi = L$) der Trennsäule sei die Temperatur T_L so gewählt, daß für alle Komponenten i $\varkappa_i(T_L) > v''/|v'|$ ist, d. h., dort würden alle Komponenten abwärts wandern. Am unteren Ende ($\xi = 0$) wird eine Temperatur T_0 vorgegeben, so daß alle $\varkappa_i(T_0) < v''/|v'|$ sind, d. h., dort würden alle Komponenten aufwärts wandern. Jede Komponente i eines an jeder beliebigen Stelle der Trennsäule zugegebenen Gemisches sammelt sich an der Stelle, wo $m_i = 0$, d. h. $\varkappa_i = v''/|v'|$ ist.

Ein solches Verfahren zur kontinuierlichen Trennung eines Gemisches mit mehreren Komponenten in einer Kolonne mit Temperaturgefälle beschreiben KUHN, NARTEN und THÜRKAUF (194). Der Trennsäule wird ein Temperaturgefälle $(T_0 - T_L)/L$ aufgezwungen. Geeignete Pumpen fördern in der Zeiteinheit die Volumina v' an Trennflüssigkeit und v'' an Trägergas im Gegenstrom durch die Säule. KUHN und Mitarb. füllen die Säule mit V_2A-Wendeln ($2{,}5 \times 2{,}5$ mm) und lassen die Trennflüssigkeit über die Füllkörper durch die Kolonne laufen. Das Substanzgemisch wird an einer Stelle im unteren Teil der Säule zugeführt, wo eine Temperatur herrscht, bei der noch alle Komponenten aufwärts wandern.

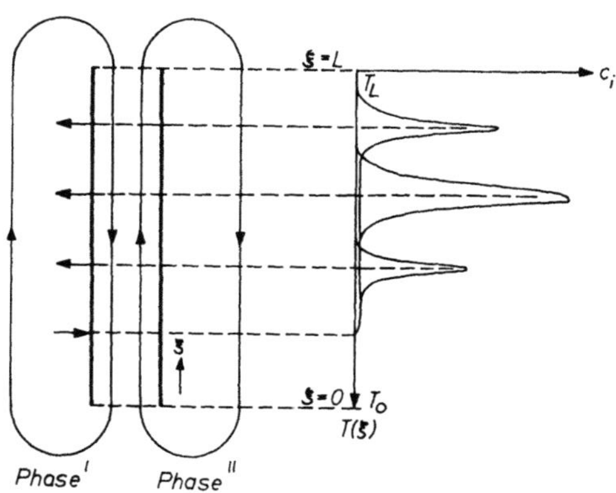

Abb. 118. Schema der EVG als Gegenstromprozeß mit Temperaturgefälle längs der Trennsäule.

Die Trennsäule besteht aus mehreren, durch Kugelschliffe miteinander verbundenen Teilstücken aus Glas von je 60 cm Länge und 2,5 cm Innendurchmesser. An Stelle eines linearen Temperaturgefälles werden die Temperaturen längs der Teilstücke durch Thermostaten konstant gehalten, so daß zwischen den Teilstücken ein Temperaturgefälle entsteht. Die Temperaturen der Teilstücke sind so gewählt, daß das zwischen ihnen auftretende Temperaturgefälle diejenigen Temperaturen einschließt, bei denen jeweils $m_i = 0$ ist. An diesen Stellen befinden sich Auffangkragen in der Kolonnenwand, wo sich flüssige Phase ansammelt und abgezapft werden kann. Die abgetrennte Komponente wird aus der Trennflüssigkeit ausgeheizt und diese gleich unterhalb des Auffangkragens wieder in die Säule gegeben, so daß v' praktisch konstant bleibt.

KUHN und Mitarb. (194) demonstrieren ihr Verfahren am Beispiel der Trennung Propionsäure/Buttersäure. Als Trennflüssigkeit wird Paraffinöl mit 10 Gew.-% Stearinsäure, als Trägergas Stickstoff verwendet. Bei einer stündlichen Zugabe von 0,1 cm³ Substanzgemisch aus je 50 Vol.-% Propion- und Buttersäure kann die Propionsäure mit einer Konzentration von 95 Vol.-% entnommen werden.

Die Möglichkeit, alle Komponenten gleichzeitig mit hoher Reinheit zu gewinnen, besteht, wenn absatzweise gearbeitet wird. Man wartet die Einstellung der stationären Konzentrationsverteilung ab und zapft dann die Proben. Bei der Trennung eines Zweikomponentengemisches kann die Ausgangsmischung zwischen den Entnahmestellen eingelassen werden, so daß auch bei kontinuierlicher Arbeitsweise beide Komponenten rein gewonnen werden können.

Die zuletzt geschilderten Verfahren entfernen sich mehr und mehr von der „Gaschromatographie"; ihre Zuordnung wäre besser gekennzeichnet durch „Extraktive Destillation mit einem inerten Hilfsgasstrom".

4.5 Adsorptions-Gaschromatographie]

4.51 *Entwicklungs-Adsorptions-Gaschromatographie EAG*

Der Unterschied dieses Verfahrens gegenüber der Entwicklungs-Verteilungs-Gaschromatographie besteht nur in der Verwendung von Adsorbentien als stationäre Phase. Für die Ausführung des Verfahrens ist dieser Unterschied unbedeutend, es werden dieselben Kolonnen und Hilfsapparaturen verwendet, wie sie in Abschnitt 4.4 beschrieben sind. Ein entscheidender Nachteil der EAG gegenüber der EVG liegt aber darin begründet, daß die Gleichgewichtsisothermen auch nicht näherungsweise linear sind. Die für die Beschreibung des Adsorptionsgleichgewichts annähernd gültige LANGMUIR-Isotherme lautet in unserer Schreibweise

$$c' = \frac{ac''}{b + c''}, \qquad\qquad [4{,}37]$$

wobei c' die Konzentration des adsorbierten Stoffes im Adsorbens (in der stationären Phase) ist; a und b sind Konstanten. Die Neigung der Gleichgewichtsisothermen ist dann

$$\frac{dc'}{dc''} = \frac{ab}{(b + c'')^2}. \qquad\qquad [4{,}38]$$

Sie ist stark von der Konzentration abhängig, und damit sind gemäß Gl. [4,8] auch die Geschwindigkeiten, mit der die Konzentrationen einer Zone wandern, verschieden:

$$u = \frac{vq_m}{q_s} \frac{(b + c'')^2}{ab}. \qquad\qquad [4{,}39]$$

Die hohen Konzentrationen laufen mit höherer Geschwindigkeit als die kleinen. Bei hohen Konzentrationen werden die Moleküle des adsorbierten Stoffes nicht mehr so fest gebunden und daher leichter vom Trägergas mitgenommen. Wenn die Isotherme nur eine geringe Krümmung hat, resultiert eine leichte Asymmetrie des Konzentrationsprofils. Bei Adsorbentien wie Kieselgel, Aluminiumoxid oder Aktivkohle ist die Krümmung der Isotherme so stark, daß die Gestalt der wandernden Profile wesentlich durch die besondere Art der Isotherme nach Gl. [4,37] bestimmt wird. Die Gleichgewichtseinstellung zwischen Gasphase (Trägergas) und Adsorbens (adsorbierte Phase) kann als dauernd vorhanden betrachtet werden. Verglichen mit der EVG fehlt ja der Diffusionsschritt in der flüssigen Phase; die Diffusion in den Poren und auf der Oberfläche des Adsorbens verläuft genügend schnell. Dann müßte die Gestalt des Profils durch Längsdiffusion, ungleichförmige Strömung und Art der Isotherme bestimmt werden. Die Experimente an ausgesprochen aktiven Adsorbentien zeigen, daß der letzte Einfluß vorherrschend ist, vgl. Abb. 119. Die hohen Konzentrationen „überholen" quasi die niedrigen, es bildet sich ein fast dreieckförmiges Profil mit erstaunlich scharfer Vorderfront und flacher Rückfront aus, vgl. WICKE (17). Diese Profile mit den langen „tails" sind aber in der Chromatographie sehr unerwünscht. Ein weiterer Nachteil ist die schwierige Reproduzierbarkeit des aktiven Zustands der Adsorbentien; dadurch können auch nur schwer reproduzierbare Werte für die Austrittszeiten bzw. Rückhalte-

Abb. 119. Analyse von 10 cm³ gasförmigem Butan. Kolonne 1,20 m lang, Innendurchmesser 6 mm; Kieselgel Em 0,15–0,30 der Fa. Gebr. Herrmann, Köln; 0° C (eigener Versuch).

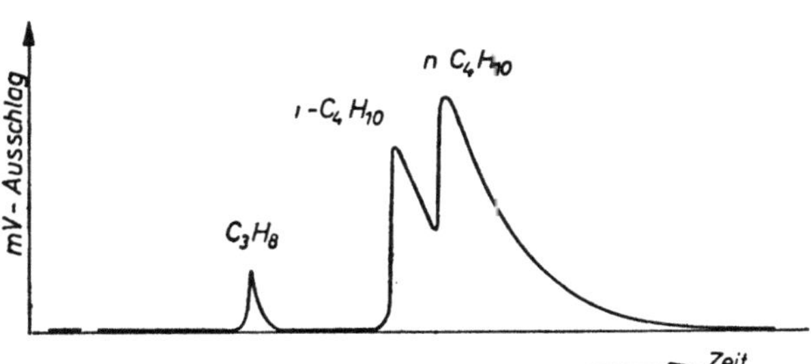

volumina erhalten werden. Nichtsdestoweniger bildet auch die EAG ein wertvolles, wenn auch in seinen Möglichkeiten beschränktes Hilfsmittel für die Analyse vor allem von Gasgemischen. Diese Anwendungen werden im folgenden kurz beschrieben.

Vorher sei noch auf einen interessanten Effekt hingewiesen, der die Grundlage für die unter 4.52 zu schildernden Verdrängungsverfahren bildet. In Abb. 119 ist zu erkennen, wie der i-C_4-Zacken eine geradlinige, der n-C_4-Zacken und der C_3-Zacken eine gekrümmte Rückfront besitzen. Es sieht so aus, als ob das stärker adsorbierte n-C_4 das schwächer adsorbierte i-C_4 vor sich her drückt bzw. verdrängt. Dieser hier als Nebenerscheinung auftretende Verdrängungseffekt ermöglicht das unter 4.6 zu behandelnde Trennverfahren.

JANAK (46) stellt in einem Vergleich die EAG der EVG gegenüber:

1. Die EAG hat einen größeren Konzentrierungseffekt. Es ist z. B. leicht möglich, bei relativ niedriger Kolonnentemperatur größere Mengen „schwerer" Substanzen (Pentan im Erdgas) eines Gasgemisches in der Kolonne zu speichern, und diese dann durch Erhöhen der Temperatur zu eluieren (Spurenanalyse).

2. Die stationäre Phase ist nicht flüchtig; es können stationäre Phasen größter Polarität angewendet werden.

3. In Spezialfällen gibt die EAG schärfere Trennung von Isomeren (n-Buten/i-Buten). Im Durchschnitt ist aber die EVG die Methode mit der besseren Trennschärfe.
4. Die EAG bietet die Möglichkeit zur Trennung und Analyse von Gemischen permanenter Gase (mit A-Kohle, bzw. mit Molekularsieben als Adsorbens).
5. Die Profile bei der EAG sind in den meisten Fällen unsymmetrisch; das „tailing“ kann aber in gewissem Maße durch Zugabe von geringen Mengen einer Flüssigkeit zum Adsorbens unterdrückt werden. Es sind jedoch bereits spezielle Adsorbentien entwickelt worden, mit denen symmetrische Profile erhalten werden, vgl. z. B. JANAK (198) sowie SCOTT (199).
6. Die Herstellung von Adsorbentien mit exakt reproduzierbaren Eigenschaften ist schwierig.

JANAK (45; 149; 46) spricht vom „Chromatographischen Spektrum“ der Gase und flüchtigen Verbindungen; dieser Begriff findet sich früher schon bei CREMER und Mitarb. (21; 20). Die Lage einer Substanz im Spektrum ist gegeben durch den Wert des Rückhaltevolumens U_i, bezogen auf 1 cm^3 Adsorbens, auf Normalbedingungen und den Druckabfall gleich Null reduziert (Gl. [4,29]). Bildet man

$$RT \ln \frac{U_2}{U_1} = \Delta G_{1,2}, \qquad [4,40]$$

so erhält man die Differenz der GIBBSschen Energien der Adsorption beider Stoffe. Nur wenn die Adsorptionsentropien gleich sind, erhält man nach Gl. [4,40] die Differenz der Adsorptionsenthalpien. Die Abb. 120 zeigt einige gaschromatographische Spektren nach JANAK (105).

Für die Temperaturabhängigkeit der U_i-Werte ergibt sich näherungsweise ebenfalls eine logarithmische Abhängigkeit von $1/T$ [JANAK (149), TURKELTAUB (150)].

Für das Verhältnis b/a der Konstanten der LANGMUIR-Gleichung erhält man aus deren kinetischer Ableitung in 1. Näherung

$$\frac{a}{b} \sim \exp\left\{\frac{\Delta H^0_{\text{ads}}}{RT}\right\}.$$

Das Rückhaltevolumen U für $c'' \to 0$ läßt sich aus Gl. [4,39] berechnen (vgl. S. 102)

$$\lim_{c'' \to 0} U = U^0 = \frac{v \cdot q_m}{q_s} \cdot \frac{b}{a},$$

$$V_r^0 = \frac{L \cdot w}{U^0} = L \cdot q_s \cdot \frac{a}{b},$$

$$\frac{V_r^0}{L q_s} = U = \frac{a}{b} \sim \exp\left\{\frac{\Delta H^0_{\text{ads}}}{RT}\right\},$$

also ist (in 1. Näherung)

$$\ln U = \text{konst.} + \frac{\Delta H^0_{\text{ads}}}{RT}.$$

Hier ist ΔH^0_{ads} die Adsorptionsenthalpie bei verschwindender Konzentration, und $L \cdot q_s$ ist das in der Kolonne befindliche Volumen Adsorbens. Die obige Beziehung ist zur Berechnung von Adsorptionsenthalpien benutzt worden [vgl. (21; 22; 151)].

Weiterhin konnte bestätigt werden, daß homologe Reihen von niederen Kohlenwasserstoffen eine Beziehung $\ln U_n = A \cdot n + B$ erfüllen, wobei n die Anzahl der C-Atome im Molekül ist, A und B sind Konstanten.

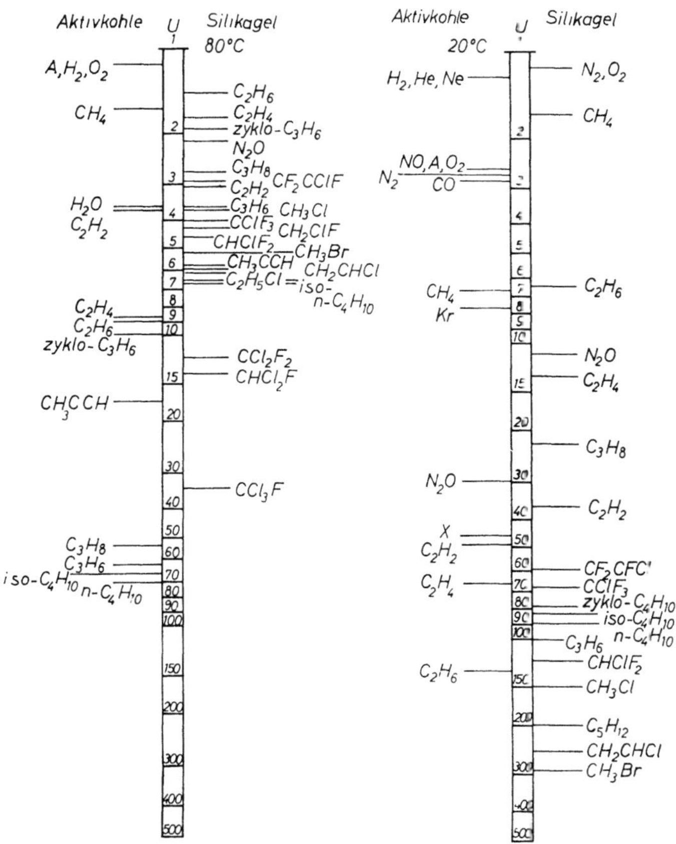

Abb. 120. Gaschromatographische Spektren für die Adsorbentien Aktivkohle und Silikagel bei 20 und 80 °C; nach JANAK (105); U_i-Werte in cm³/cm³ Adsorbens.

Besonders sei auf die Trennungen hingewiesen, bei denen der Erfolg durch die verschiedene Molekülstruktur bedingt ist, z. B. bei Propan/Propylen und Äthan/Äthylen. Moleküle mit Doppel- oder Dreifachbindung werden von Silikagel oder Zeolithen besonders stark adsorbiert; z. B. erscheint Propylen erst nach n-Butan auf einer Kolonne mit Na-Zeolith [JANAK (149)]. Ein für spezielle Fälle sicher sehr brauchbarer Vorschlag von JANAK (149) geht dahin, ein Rohr mit Zeolith und eines mit Dibutylphthalat auf Kieselgur hintereinanderzuschalten. Diese kombinierte Füllung gestattet in günstig gelagerten Fällen im ersten Teil eine Trennung nach Strukturunterschieden und im zweiten Teil eine Trennung nach Dampfdruckunterschieden.

Die stationären Phasen der EAG sind A-Kohle, Silikagel, Aluminiumoxid, Zeolithe, Bauxit und dgl. mehr. Aluminiumoxid und Silikagel zeigen keine großen Unterschiede in ihrer Fähigkeit zur Trennung von Gasgemischen; Aluminiumoxid adsorbiert CO_2 bis 155 °C irreversibel, vgl. GREENE und PUST (152). JANAK (46) weist darauf hin, daß durch Einbau von Kationen in Zeolithe deren Adsorptionsfähigkeit beeinflußt werden kann. Die Porengröße im Adsorbens kann auch für eine Trennung entscheidend sein (sterische Effekte).

Bei der Trennung von Gasen wird deren Rückhaltevolumen von der Art des Trägergases beeinflußt. GREENE und ROY (153) haben die Austrittszeiten t_{max} von Methan auf einer Kolonne mit Aktivkohle gemessen und verschiedene Trägergase verwendet, vgl. Tab. 24. Die Autoren (153) erklären die unterschiedlichen Retentionszeiten durch die in nachstehender Aufzählung zunehmende Adsorption des Trägergases, wodurch dem Methan weniger freie Adsorptionsplätze zur Verfügung stehen und seine Retentionszeit verkürzt wird.

Tab. 24. t_{max}-Werte für Methan; $L = 3$ m; 25 °C; A-Kohle, Körnung 0,2 bis 0,3 mm; nach GREENE und ROY (153)

Trägergas	He	A	N_2	Luft	C_2H_2
t_{max} (min)	34	22	16	15	5

PATTON, LEWIS und KAY (154) beschreiben die Anwendung der EAG auf Analyse und Trennung von Gasen und leichtflüchtigen Stoffen. Als Adsorbens dienten Aktivkohle, Kieselgel und Aluminiumoxid, Körnung 0,28 bis 0,5 mm, in der Kolonne bei 150 bis 200 °C getrocknet. Kolonne: $L = 1,10$ m; Innendurchmesser: 5 mm; $w = 50$ cm³/min; Trägergas: H_2, N_2 oder CO_2; Probemengen: bis 15 cm³ gasförmig, 0,01 bis 0,1 cm³ flüssig.

JANAK (149) gibt Methoden an für die Analyse von Edelgasen auf A-Kohle bei 20 °C (He + Ne/A/Kr/X); von Olefinen auf Silikagel, 20 bis 80 °C; von Stickoxydul auf A-Kohle und Kieselgel bei 20 bis 80 °C. Dies ist nur eine kleine Auswahl seiner zahlreichen Untersuchungen.

CREMER und Mitarb. (21; 22) wandten die Methode zur Trennung niedrig siedender, ungesättigter Kohlenwasserstoffe an.

RAY (48) bearbeitete die Trennung von $CH_4/C_2H_6/C_2H_4/C_2H_2$ mit einer 0,35 m langen Kolonne; Innendurchmesser: 4 mm, A-Kohle mit Körnung 0,1 mm; $w = 30$ cm³ N_2/min; Druckabfall: 90 Torr.

WICKE (17) trennte Propan/Propylen auf Bauxit.

WENCKE (155) entwickelte eine Methode zur chromatographischen Analyse von Synthesegas bzw. Stadtgas; sie benutzte eine Kolonne mit $L = 2,10$ m, 5 mm inneren Durchmesser, A-Kohle bei 20 °C, und bestimmte damit die

Konzentrationen von $N_2 + O_2$, CO, CH_4 und H_2. CO_2 läßt sich bei 20 °C nur sehr schlecht aus A-Kohle eluieren. Wenn das Trägergas selbst in dem zu analysierenden Gasgemisch enthalten ist, kann seine Konzentration bei Wiederholung der Analyse mit einem zweiten Trägergas bestimmt werden.

Die Abbn. 121 und 122 zeigen den Nachweis von Verunreinigungen in technischen Gasen (eigene Versuche); Kolonne 2,40 m lang, Innendurchmesser: 5 mm; Kieselgel, Körnung 0,15 bis 0,30 mm. Abb. 121: $w = 10$ cm³ Luft/min; $-10°$ C; 5 cm³ Probe. Abb. 122: $w = 30$ cm³ Luft/min; 20 °C; 10 cm³ Probe.

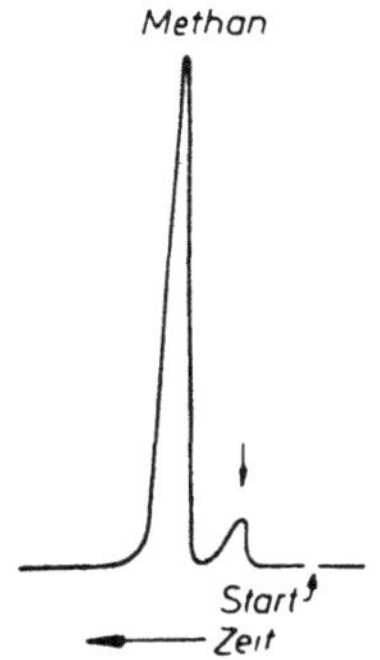

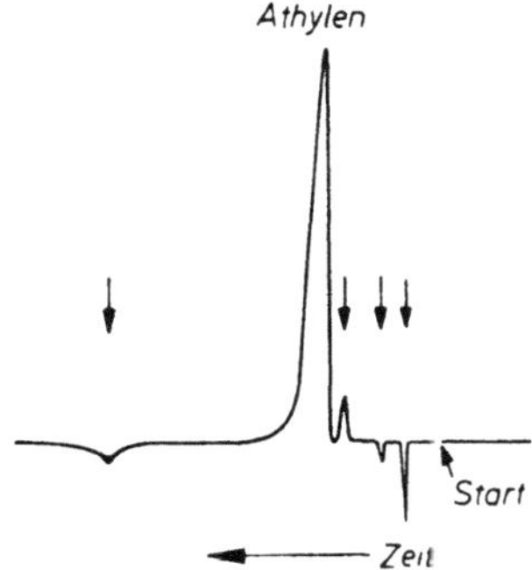

Abb. 121. Nachweis einer Verunreinigung in technischem Methan.

Abb. 122. Nachweis von Verunreinigungen in technischem Äthylen.

PATTON und Mitarb. (154) stellten fest, daß eine kontinuierliche Erhöhung der Kolonnentemperatur während der Elution eine bessere und schnellere Trennung bei Gemischen ergibt, deren Komponenten sehr weit auseinander liegende Siedepunkte besitzen. Für die EVG gilt dasselbe, doch weisen LICHTENFELS und Mitarb. (156) darauf hin, daß bei einer Anwendung zur quantitativen Analyse sowohl Aufheizgeschwindigkeit als auch Trägergasgeschwindigkeit konstant und exakt reproduzierbar sein müssen; die Fläche unter dem Zacken hängt von diesen beiden Variablen ab. Während des Aufheizens verringert sich der Trägergasdurchsatz infolge der thermischen Ausdehnung des Gases in der Kolonne. Zur Erzielung eines konstanten Trägergasdurchsatzes wird der Druck am Kolonnenanfang laufend erhöht. Eine solche Anordnung haben GREENE, MOBERG und WILSON (157) angegeben (vgl. Abb. 123); die

Abb. 123. Schematische Anordnung nach GREENE, MOBERG und WILSON (157).

1 Kolonne
2 Probegefäß
3 Wärmeleitfähigkeitszelle
4 Einlaß für Trägergas
5 Druckregler
6 Strömungsmesser

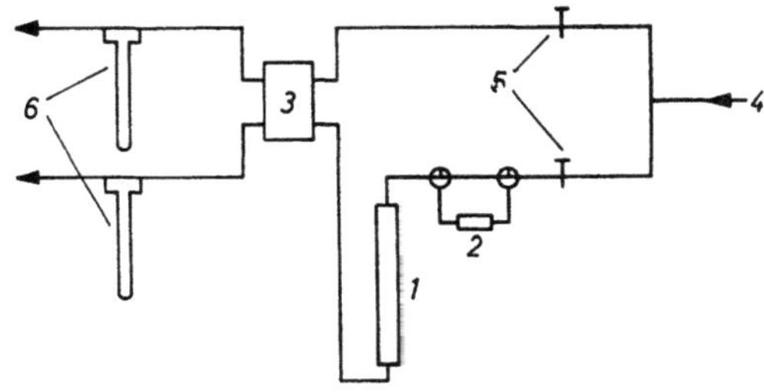

Wärmeleitfähigkeitszelle und die beiden Strömungsmesser bleiben auf Zimmer-temperatur. Die Abb. 124 zeigt die Trennung eines Gasgemisches mit einer 2,70 m langen A-Kohle-Kolonne, Aufheizung von 20 bis 170 °C, nach GREENE und Mitarb. (157).

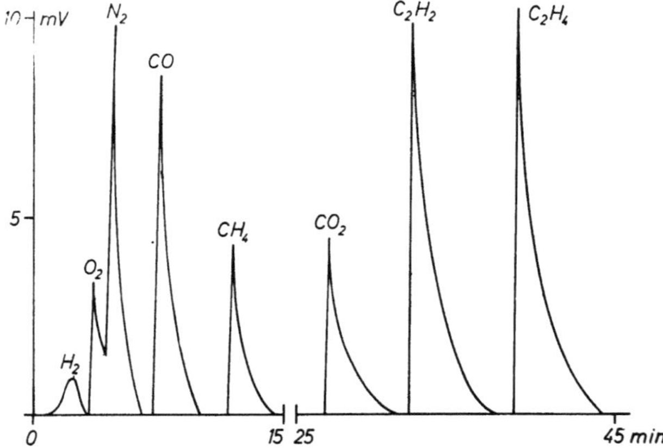

Abb. 124. Trennung eines Gasgemisches nach GREENE, MOBERG und WILSON (157). 2,70 m lange A-Kohle-Kolonne; Aufheizung von 20 bis 170 °C.

4.52 Verdrängungs-Adsorptions-Gaschromatographie VAG

Dieses Verfahren hat weitgehende Ähnlichkeit mit dem in den Abschnitten 3.3 bis 3.6 geschilderten Verfahren der flüssig-fest-Adsorptions-Verdrängungs-Chromatographie mit dem wesentlichen Unterschied, daß die mobile Phase gasförmig ist. Die Hilfsapparaturen sind dieselben wie bei der EVG.

Das Substanzgemisch wird in einen Gasstrom konstanter Strömungs-geschwindigkeit eingebracht und von ihm auf die Kolonne befördert. Unmittel-bar danach schaltet man eine Waschflasche in den Strömungsgang, in der sich die thermostatierte Verdrängerflüssigkeit befindet (z. B. Äthylazetat bei 20 °C). Das Trägergas bringt also dauernd neue Mengen des Verdrängers in gasförmiger Form auf die Kolonne, so daß diese sich fortschreitend mit dem „Desorbens" (d. i. Verdränger) belädt. Den Verdränger wählt man so aus, daß er jede der im aufgegebenen Gemisch enthaltenen Substanzen aus der stationären Phase ver-drängt, d. h. der Verdränger muß stärker adsorbiert werden als alle anderen Komponenten. Dadurch wird die zu Anfang aufgegebene Mischung über immer frische Schichten des Adsorbens getrieben. Je nach ihrer Adsorbierbarkeit findet dann all-mählich eine Trennung der Kom-ponenten des Gemisches statt [vgl. die Kolonnentheorie von ROSSINI (S. 72)]. Dieses Verdrängungsver-

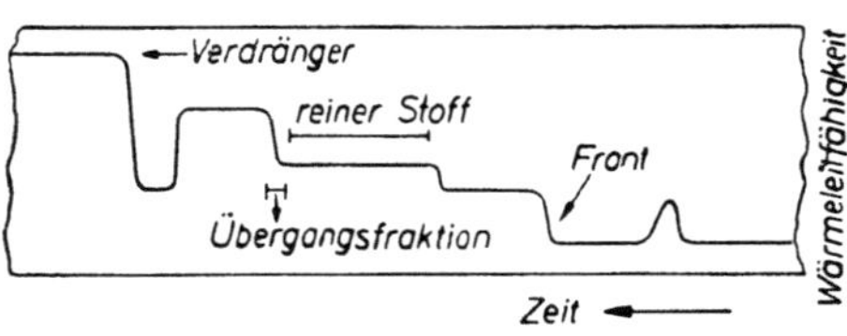

Abb. 125. Schematisches Bild eines Regi-strierstreifens der VAG.

fahren bietet gute Chancen für die präparative Verwendung [vgl. (13).] Bei der analytischen Verwendung interessiert man sich für die Länge und Höhe der „Stufen" (vgl. Abb. 125). Die Stufenhöhe ist charakteristisch für die Art der Substanz (qualitative Analyse), während die Länge ein Maß für die Menge der Substanz ist unter der Voraussetzung konstanter Kolonnenbedingungen. Die Abb. 125 zeigt schematisch einen Registrierstreifen. Substanzen, die nur sehr wenig adsorbiert werden, laufen als „Entwicklungszacken" vor dem eigentlichen Verdrängungschromatogramm her. In Abb. 126 ist die Registrierkurve zu den verschiedenen Konzentrations/Zeit-Kurven „aufgeschlüsselt" worden. Die Anwendung der VAG ist empfehlenswert für den Fall nicht-linearer Isothermen.

Die in der Literatur (8; 9; 10; 89) beschriebenen Kolonnen sind alle erheblich kürzer als die Kolonnen der Entwicklungsverfahren. Der entscheidende Unterschied ist aber der gegen das Ende der Kolonne hin immer kleiner wer-

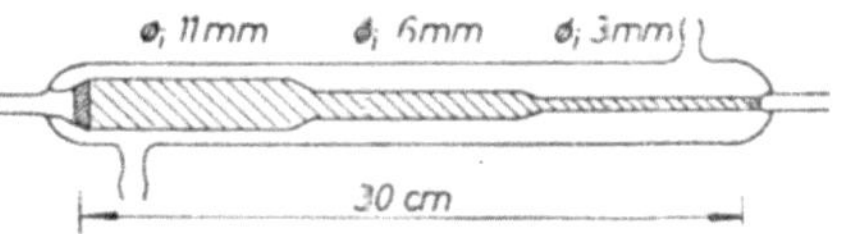

Abb. 127. Kolonne für Verdrängungsgaschromatographie mit Thermostatenmantel.

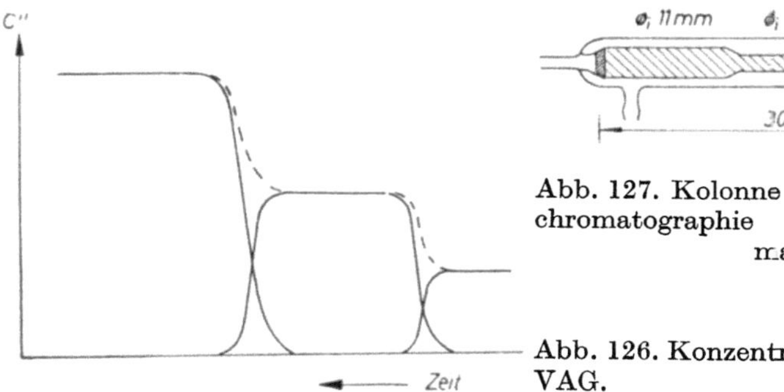

Abb. 126. Konzentrations/Zeit-Kurve der VAG.

dende Durchmesser. PHILLIPS (9) hat nachgewiesen, daß damit schärfere Fronten zu erzielen sind, bzw. daß die Übergangsfraktionen kleiner werden, vgl. Abb. 128. Die in Abb. 127 dargestellte Kolonne haben JAMES und PHILLIPS (10) angegeben; sie verwendeten A-Kohle, Körnung 0,35 bis 0,5 mm, bei 120 °C getrocknet. Je kleiner und gleichmäßiger die Körnung ist, desto kleiner werden die Übergangsfraktionen. Für sehr kleine Körnungen wird aber wieder der Druckabfall zu groß, so daß man einen Kompromiß schließen muß. Die Reversibilität der Adsorption unter den Bedingungen der Verdrängungschromatographie ist gesichert (10); Ausnahmen: Aldehyde und Säuren an A-Kohle.

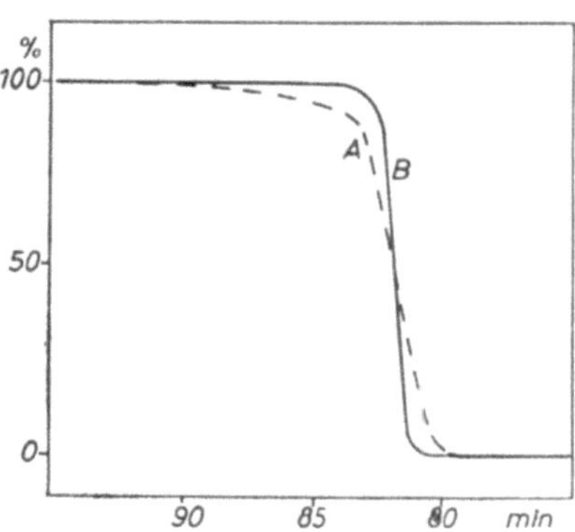

Abb. 128. Fronten für Äthylazetat (in N_2, 80 cm³/min). *A:* durch eine Kolonne mit 9 mm Innendurchmesser, 4 cm³ *A*-Kohle. *B:* durch dieselbe Kolonne wie *A*, aber anschließend Kolonne mit 2,5 mm Innendurchmesser und 0,5 cm³ *A*-Kohle.

Der Siedepunkt des Verdrängers soll höher sein als die Siedepunkte der zu verdrängenden Substanzen. Für die Verdrängung niedrig siedender Kohlenwasserstoffe empfiehlt PHILLIPS (9) Äthylazetat bei 0 °C, Kolonnentemperatur 20 °C; für höher siedende Stoffe Brombenzol bei 77 °C, Kolonnentemperatur 100 °C (10).

Im allgemeinen verdrängt die höher siedende Substanz die niedriger siedende; Ausnahmen an A-Kohle sind z. B. Thiophen vor Benzol, Pyridin vor Toluol, Zyklohexan vor Benzol, n-Butanol vor Pyridin Diese Ausnahmen sind durch Strukturunterschiede bedingt.

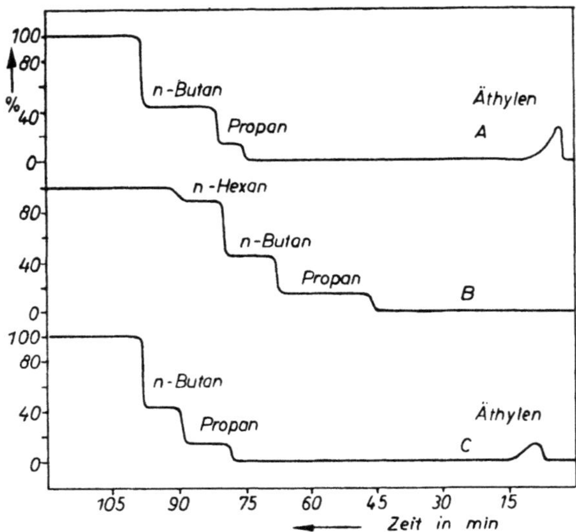

Abb. 129. Verdrängungschromatogramme von Kohlenwasserstoffmischungen, vgl. (9). Aufgetragen ist der prozentuale Ausschlag des Registrierinstruments; Verdrängerkonzentration = 100%.

Die Verdrängerkonzentration im Trägergas stellt man so ein, daß sie einen Vollausschlag des verwendeten Meßinstrumentes bewirkt, oder man paßt den Meßbereich der Verdrängerkonzentration an. Niedrige Verdrängerkonzentrationen ergeben eine kleine Stufenhöhe, aber längere Stufen. 10 Mol-% Verdränger im Trägergas ist das tragbare Maximum.

Mit der in Abb. 127 dargestellten Kolonne erhielten JAMES und PHILLIPS (10) deutliche Stufen für Mengen von 0,02 bis 0,04 g (evtl. 0,01 g). Die Genauigkeit der quantitativen Analyse beträgt in günstigen Fällen weniger als 1% absolut, durchschnittlich 2% relativ. Man mißt die Stufenlänge (praktisch eine Zeitmessung) und vergleicht sie mit der Stufenlänge einer Eichung.

Für die qualitative Analyse ist es von Nachteil, daß die Wärmeleitfähigkeiten organischer Dämpfe nicht sehr verschieden sind. Sehr oft sind die Stufenhöhen kaum voneinander zu unterscheiden, wenn nämlich zwei Stoffe mit praktisch gleicher Wärmeleitfähigkeit und mit gleicher „Stufenkonzentration" (vgl.

Abb. 125) austreten (Isomere). Obwohl die Kolonne auch in diesem Fall eine gute Trennung bewirkt hat, erkennt man auf der Registrierkurve nur eine Stufe. Zur Trennung zweier derartiger Stufen gibt man eine weitere Substanz zu, deren Stufe zwischen den beiden gleich hohen Stufen liegt, die aber selbst eine andere Höhe besitzt.

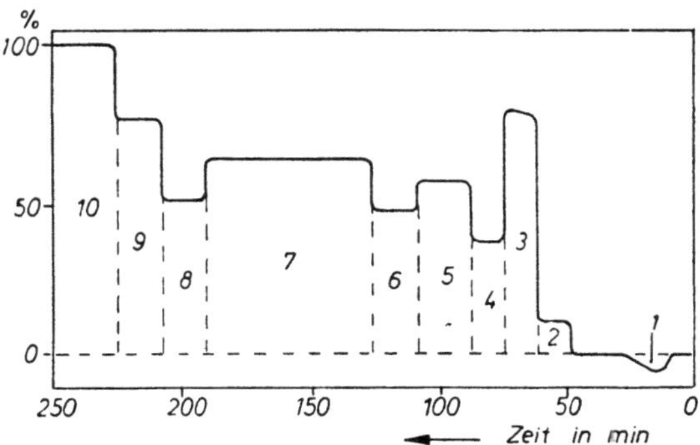

Abb. 130. Verdrängungschromatogramm, vgl. (10). – 1 Wasser, 2 Äther, 3 Chloroform, 4 Äthylazetat, 5 Thiophen, 6 Dioxan, 7 Pyridin, 8 Butylazetat, 9 Chlorbenzol, 10 Brombenzol. Vgl. Legende 129.

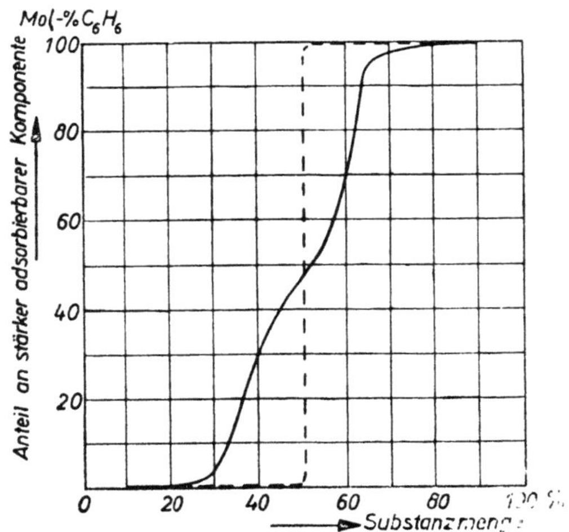

Abb. 131. Präparative Trennung mit VAG, Zyklohexan/Benzol, vgl. HESSE (13) und S. 168.

Eine andere Möglichkeit ist die Identifizierung einzelner Fraktionen mit Mikromethoden [Siedepunkt, Schmelzpunkt, Dichte, vgl. (89; 127)] oder Verwendung anderer Analysenmethoden (vgl. Abschnitt 4.43). Neben dieser evtl. auftretenden Nichtunterscheidbarkeit von Stoffen ist noch das Auftreten von Übergangsfraktionen als entscheidender Nachteil gegenüber den Entwicklungsverfahren zu nennen.

Den Zeitbedarf geben JAMES und PHILLIPS (10) mit 20 Minuten für eine
Analyse von 0,1 g und 200 Minuten für 1 g Gemisch an; die Strömungsgeschwindigkeit betrug dabei 47 cm³ N_2/min, Kolonne nach Abb. 127.

Der Einfluß der Kolonnentemperatur auf die Stufenhöhe ist nicht so groß
wie auf das Rückhaltevolumen bei der Entwicklungsmethode; die Änderung
der Stufenhöhe pro Grad beträgt etwa 0,5%. Die Austrittszeiten hängen nicht
mit dem Produkt $p_1 \cdot f_i^0$ zusammen, wohl aber die Reihenfolge des Austritts
(f_i^0 = Aktivitätskoeffizient in der adsorbierten Phase).

Sehr schwach adsorbierte Substanzen erscheinen vor der Folge von Stufen
als „Entwicklungszacken", vgl. Abb. 130.

Interessant ist die Feststellung von PHILLIPS (9), daß an Kieselgel die gesättigten Kohlenwasserstoffe von Äthylazetat verdrängt werden, die ungesättigten dagegen nicht.

In kleiner Konzentration vorliegende schwerflüchtige Komponenten eines
Gemisches können in der Kolonne angereichert und quantitativ analysiert
werden.

Die Abb. 129 zeigt die Analyse dreier Gemische von Kohlenwasserstoffen;
Verdränger: Äthylazetat bei 0 °C; 40 cm³ N_2/min; 2 cm³ A-Kohle.

Das Verdrängungschromatogramm eines sehr komplexen Gemisches ist in
Abb. 130 zu sehen; Kolonne nach Abb. 127; A-Kohle bei 100 °C; Verdränger:
Brombenzol, 77 °C.

Ein Beispiel für präparative VAG gibt die Abb. 131. 16,7 g Gemisch 1:1
Zyklohexan/Benzol wurden auf Kieselgel mit Wasser verdrängt; Kolonne
66 cm lang mit 1,5 cm Innendurchmesser; 21 cm³ N_2/min. Die gestrichelte
Kurve würde sich bei idealer Trennung ergeben, vgl. (13).

Die Verdrängung der zu trennenden Komponenten beim Durchgang durch
die Trennsäule kann auch auf eine andere Weise als durch einen desorbierenden
Verdrängerdampf geschehen. Dazu kann ein Ofen auf der Eingangsseite über die
Trennsäule geschoben werden; der Ofen erzeugt dann in der Trennsäule einen
steilen Temperaturgradienten, wobei die höchste Temperatur zunächst am
Säuleneingang herrschen soll. Dort wird das Substanzgemisch mit dem Trägergasstrom eingegeben; die Komponente durchwandern schnell die heiße Zone
und gelangen in den kalten Teil der Trennsäule. Der Ofen wird langsam über die
Säule geschoben, er nimmt die Komponenten mit sich.

Diese Arbeitstechnik hat sich aus der Mikrodestillation im Trägergasstrom,
vgl. WITGERT (201) sowie v. ELBE und SCOTT (202), entwickelt. Sie wurde erstmalig von BERG (203) auf die Adsorptionschromatographie übertragen und
wird inzwischen häufig angewendet. ZHUKOVITSKII und Mitarb. (92) beschreiben die Trennung von Kohlenwasserstoffen nach diesem Verfahren. Ebenfalls
von ZHUKHOVITSKII und Mitarb. (204) stammt eine Anordnung zur ständig
wiederholten Analyse eines kontinuierlich anfallenden Gasgemisches mit sich
langsam ändernder Zusammensetzung. Die Trennsäule bildet eine ringförmige
Schleife, auf der ständig ein Ofen langsam umläuft. Das zu analysierende Gasgemisch sammelt sich am Eingang der kalten Trennsäule, bis der Ofen diese
Stelle erreicht und den Substanzpfropfen mitnimmt. Ist der Ofen über den

Säulenanfang hinweggelaufen, so sammelt sich dort bis zum Beginn des nächsten Umlaufs erneut Substanz an.

Die gleiche Wirkung, die ein bewegter Ofen ausübt, erhält man mit einem Ofen mit Gradientenheizwicklung. In diesem Fall befindet sich die Trennsäule vollständig im Ofen, mit der Eingangsseite am heißen Ende. Wird nun die Heizleistung des Ofens kontinuierlich erhöht, so wandert ein immer steiler werdender Temperaturgradient vom heißen Ende her durch die Trennsäule. Auch diese Technik wurde zunächst bei der Mikrodestillation oder -sublimation im Temperaturgradienten angewendet, vgl. BEHRENS und FISCHER (206).

Die VAG mit beweglichen Öfen verläuft nicht mehr isotherm. Die mit dem Ofen wandernden Komponenten sind einem Temperaturgefälle ausgesetzt. Die sich daraus ergebenden Folgen für die Form des Konzentrationsprofils der Komponenten (Bandenverengung) soll nicht behandelt werden, vgl. hierzu OHLINE und DE FORD (205). Es ist aber durchaus vorteilhaft, alle Komponenten des Substanzgemisches dem Temperaturgefälle des Ofens auszusetzen und mit diesem wandern zu lassen. Wenn der Ofen nicht zu kurz bzw. der Temperaturgradient nicht zu steil ist, so daß keine gegenseitigen Verdrängungseffekte mehr auftreten können, findet innerhalb des Temperaturgradienten eine Art „Entwicklung" der Komponenten statt, bis sich ein stationärer Zustand einstellt. Jede Komponente wandert dann mit der gleichen Geschwindigkeit wie der Ofen an einer Stelle mit einer für sie unter den gegebenen Versuchsbedingungen charakteristischen Temperatur (vgl. S. 157). Die auf diese Weise erhaltenen Zacken können sehr scharf sein, liegen aber enger als etwa bei der isothermen EVG.

4.6 Literatur zu Abschnitt 4

1. MARTIN, A. J. P. und R. L. M. SYNGE, Biochem. J. **35**, 1358 (1941).
2. MARTIN, A. J. P. und A. T. JAMES, Biochem. J. **50**, 679 (1952).
3. BRUNSCHWIG, H., Liber de arte distillandi (1512).
4. BAYER, E., Naturwiss. **47**, 433 (1960).
5. HESSE, G., Adsorptionsmethoden im chemischen Laboratorium, Reihe: Arbeitsmethoden der modernen Naturwissenschaften (Berlin, 1943).
6. TURNER, N. C., Petrol. Refiner **22**, 140 (1943).
7. SCHUFTAN, P., Gasanalyse in der Technik (Leipzig, 1931).
8. CLAESSON, S., Arkiv Kemi, Min. Geol. A. Nr. 1 (1946).
9. PHILLIPS, C. S. G., Discuss. Faraday Soc. **7**, 241 (1949).
10. JAMES, D. H. und C. S. G. PHILLIPS, J. Chem. Soc. **1953**, 1600.
11. JAMES, D. H. und C. S. G. PHILLIPS, J. Chem. Soc. **1954**, 1066.
12. HESSE, G., EILBRACHT, H. und F. REICHENEDER, Liebigs Ann. **546**, 251 (1941).
13. HESSE, G. und B. TSCHACHOTIN, Naturwiss. **30**, 387 (1942).
14. DAMKÖHLER, G. und H. THEILE, Angew. Chem. **56**, 353, 354 (1943).
15. DAMKÖHLER, G. und H. THEILE, Beih. Ver. Dtsch. Chem. Nr. 49.
16. LUX, H., Anorgan.-Chem. Experimentierkunst (Leipzig, 1954), S. 449.
17. WICKE, E., Angew. Chem. B **19**, 15 (1947).
18. KOFLER, W., Mh. Chem. **80**, 694 (1949).
19. TSWETT, M., Arb. Naturforschg. Ges. Warschau **14** (1903); Ber. Dtsch. botan. Ges. **24**, 316, 381 (1906).
20. CREMER, E. und R. MÜLLER, Mikrochim. Acta **36/37**, 553 (1951).

21. CREMER, E. und F. PRIOR, Z. Elektrochem. **55**, 66 (1951).
22. CREMER, E. und R. MÜLLER, Z. Elektrochem. **55**, 217 (1951).
23. CREMER, E. und L. ROSELIUS, Angew. Chem. **70**, 42 (1958).
24. BAYER, E. und H. G. WITSCH, Z. analyt. Chem. **170**, 278 (1959).
25. HAASE, R., Z. Elektrochem. **55**, 29 (1951).
26. WILSON, J. N., J. Amer. Chem. Soc. **62**, 1583 (1940).
27. DE VAULT, D., J. Amer. Chem. Soc. **65**, 532 (1943).
28. KEULEMANS, A. I. und A. KWANTES, Vapour Phase Chromatography, hrsg. von D. H. DESTY (London, 1957), S. 15.
29. VAN DEEMTER, J. J., ZUIDERWEG, F. J. und A. KLINKENBERG, Chem. Eng. Sci. **5**, 271 (1956).
30. GLUECKAUF, E., Trans. Faraday Soc. **51**, 34 (1955).
31. JOST, W., Diffusion (New York, 1952), S. 17.
32. PIERROTTI, G. J., DEAL, C. H., DERR, E. L. und P. E. PORTER, J. Amer. Chem. Soc. **78**, 2989 (1956).
33. PORTER, P. E., DEAL, C. H. und F. H. STROSS, J. Amer. Chem. Soc. **78**, 2999 (1956.)
34. RÖCK, H., Chem-. Ing.-Techn. **28**, 489 (1956).
35. POLLARD, F. H. und C. H. HARDY, Vapour Phase Chromatography, hrsg. von D. H. DESTY (London, 1957).
36. LITTLEWOOD, A. B., PHILLIPS, C. S. G. und D. T. PRICE, J. Chem. Soc. **1955**, 1480.
37. HOARE, M. R. und J. H. PURNELL, Res. Correspondence 8 (1955).
38. PURNELL, J. H. und M. R. HOARE, Trans. Faraday Soc. **52**, 222 (1956).
39. PURNELL, J. H., Vapour Phase Chromatography, hrsg. von D. H. DESTY (London, 1957).
40. WIRTH, M. M., wie Zitat 39.
41. CVETANOVIC, R. J. und K. O. KUTSCHKE, wie Zitat 39.
42. HERINGTON, E. F. G., wie Zitat 39.
43. BOSANQUET, C. H. und G. O. MORGAN, wie Zitat 39.
44. JAMES, A. T. und A. J. P. MARTIN, Brit. Med. Bull. **10**, 170 (1954).
45. JANAK, J., Collect. czechoslov. chem. Commun. **20**, 343, 348, 923, 1199, 1241 (1955).
46. JANAK, J., Vapour Phase Chromatography, hrsg. von D. H. DESTY (London, 1957), S. 247.
47. RAY, N. H., J. Appl. Chem. (London) **4**, 21 (1954).
48. RAY, N. H., J. Appl. Chem. (London) **4**, 82 (1954).
49. CROPPER, F. R. und A. HEYWOOD, Nature **172**, 1101 (1953).
50. GREEN, S. W., Vapour Phase Chromatography, hersg. von D. H. DESTY (London, 1957).
51. CROPPER, F. R. und A. HEYWOOD, wie Zitat 50.
52. CROPPER, F. R. und A. HEYWOOD, Nature **174**, 1063 (1954).
53. EVANS, D. E. M. und J. C. TATLOW, Vapour Phase Chromatography, hrsg. von D. H. DESTY (London, 1957).
54. ADLARD, E. R., wie Zitat 53.
55. JANAK, J., Erdöl u. Kohle **10**, 442 (1957).
56. EGGERTSEN, F. T. und H. S. KNIGHT, Anal. Chem. **30**, 15 (1958).
57. HAWKES, J. C., Vapour Phase Chromatography, hrsg. von D. H. DESTY (London, 1957).
58. ZAWIDZKI, J. v., Z. Physikal. Chem. **35**, 129 (1900).
59. PURNELL, J. H. und M. S. SPENCER, Nature **175**, 988 (1955).
60. TENNEY, H. M., Anal. Chem. **30**, 2 (1958).
61. BAYER, E., Gas-Chromatographie (Berlin-Göttingen-Heidelberg, 1962).
62. KAISER, R., Chromatographie in der Gasphase, III Tabellen; Reihe: Hochschultaschenbücher (Mannheim, 1962).

63. KAISER, R., Gas-Chromatographie (Leipzig, 1960).
64. AMBROSE, D. und R. R. COLLERSON, J. Sci. Instr. **32**, 323 (1955).
65. BECK, A., Rev. Sci. Instr. **33**, 16 (1956).
66. OGILVIE, J. L., SIMMONS, M. C. und G. P. HINDS, Anal. Chem. **30**, 25 (1958).
67. HARVEY, D. und G. O. MORGAN, Vapour Phase Chromatography, hrsg. von D. H. DESTY (London, 1957).
68. BOHEMEN, J. und J. H. PURNELL, Chem. Ind. (London) **1957**, 815.
69. PIETSCH, H., Erdöl u. Kohle **11**, 702 (1959).
70. MELLOR, N., Vapour Phase Chromatography, hrsg. von D. H. DESTY (London, 1957).
71. KEPPLER, J. G., DIJKSTRA, G. und J. A. SCHOLS, wie Zitat 70.
72. HARRISON, G. F., wie Zitat 70.
73. KAISER, R., Chromatographie in der Gasphase, I Gas-Chromatographie; Reihe: Hochschultaschenbücher (Mannheim, 1960).
74. MARTIN, A. J. P. und A. T. JAMES, Biochem. J. **63**, 138 (1956).
75. MUNDAY, C. W. und G. R. PRIMAVESI, Vapour Phase Chromatography, hrsg. von D. H. DESTY (London, 1957).
76. LIBERTI, A., CONTI, L. und V. CRESCENZI, Nature **178**, 1067 (1956).
77. BOER, H., Vapour Phase Chromatography, hrsg. von D. H. DESTY (London, 1957).
78. LOVELOCK, J. E., J. Chromatogr. **1**, 35 (1958).
79. JESSE, W. P. und J. SADUSKIS, Phys. Rev. **100**, 1755 (1955).
80. LOVELOCK, J. E., Gas Chromatography, hrsg. von R. P. W. SCOTT (London, 1960).
81. EVANS, R. S., DECHEMA-Monographien, Bd. 43, S. 211 (Weinheim/Bergstraße, 1962).
82. LOVELOCK, J. E., Nature **188**, 401 (1960).
83. RYCE, S. A. und W. A. BRYCE, Nature **179**, 541 (1957).
84. HARLEY, J. und V. PRETORIUS, Nature **178**, 1244 (1956).
85. KARMEN, A. und R. L. BOWMAN, I. S. A. Proceedings, Internat. Gas Chromatography Symp. 1961, S. 129.
86. PITKETHLY, R. C., Anal. Chem. **30**, 1309 (1958).
87. RILEY, B., Gas Chromatography, hrsg. von R. P. W. SCOTT (London, 1960), S. 81.
88. STERNBERG, J. C. und R. E. POULSON, J. Chromatog. **3**, 406 (1960).
89. GRIFFITHS, J., JAMES, D. H. und C. S. G. PHILLIPS, Analyst **77**, 897 (1952).
90. PHILLIPS, C. S. G., J. Sci. Instr., **28**, 342 (1951).
91. KNIAZUK, M. und F. R. PREDIGER, I. S. A. Proceedings **11** (1955).
92. ZHUKHOVITZKII, A. A., ZOLOTAREVA, O. V., SOKOLOV, V. A. und N. M. TURKEL'TAUB, Dokl. Akad. Nauk S.S.S.R. **77**, 435 (1951).
93. HENNEBERG, D., Gas Chromatography, hrsg. von R. P. W. SCOTT (London, 1960), S. 129.
94. LINDEMAN, L. P. und J. L. ANNIS, Anal. Chem. **32**, 1742 (1960).
95. HAAHTI, E. O. A. und H. M. FALES, Chem. Ind. (London) (1961), 507.
96. SCOTT, R. P. W., Nature **176**, 793 (1955).
97. SCOTT, R. P. W., Vapour Phase Chromatography, hrsg. von D. H. DESTY (London, 1957), S. 131.
98. GRANT, D. W., Gas Chromatography, hrsg. von D. H. DESTY (London, 1958), S. 25.
99. GRANT, D. W. und G. A. VAUGHAN, Vapour Phase Chromatography, hrsg. von D. H. DESTY (London, 1957), S. 413.
100. HARLEY, J., NEL, W. und V. PRETORIUS, Nature **181**, 177 (1958).
101. McWILLIAM, I. G. und R. A. DEWAR, Gas Chromatography, hrsg. von D. H. DESTY (London, 1958), S. 74.
102. MARTIN, A. E. und J. SMART, Nature **175**, 422 (1955).

103. KAISER, R., Chromatographie in der Gasphase, II Kapillar-Chromatographie; Reihe: Hochschultaschenbücher (Mannheim, 1961).
104. JANAK, J., Chem. Techn. **8**, 125 (1956).
105. JANAK, J. Mikrochim. Acta **1956**, 1038.
106. LEIBNITZ, E., HRAPIA, H. und H. G. KÖNNECKE, Brennstoff-Chem. **38**, 14 (1957).
107. KASSNER, B., Erdöl und Kohle **13**, 776 (1960).
108. CRAATS, F., VAN DE, Anal. Chim. Acta **14**, 136 (1956).
109. KINKEL, J. F., Proc. Instr. Soc. Amer. **7**, 188 (1952).
110. JAMES, A. T. und E. A. PIPER, J. Chromatogr. **5**, 265 (1961).
111. KOKES, R. J., TOBIN, H. und P. H. EMMET, J. Amer. Chem. Soc. **77**, 5860 (1955).
112. WINTERINGHAM, F. P. W., HARRISON, A. und R. G. BRIDGES, Nucleonics **10**, 52 (1952).
113. BEHRENDT, ST., Z. Physikal. Chem., N.F. **20**, 367 (1959).
114. BOER, H., Proc. 4th World Petroleum Congr. Rome 1955.
115. MARTIN, A. J. P., JAMES, A. T. und G. H. SMITH, Biochem. J. **52**, 238 (1952).
116. JAMES, A. T., Biochem. J. **52**, 242 (1952).
117. McINNES, A. G., Vapour Phase Chromatography, hrsg. von D. H. DESTY (London, 1957), S. 304.
118. BLOM, L. und L. EDELHAUSEN, Anal. Chim. Acta **15**, 559 (1956).
119. BAYER, E. und F. ANDERS, Naturwiss. **46**, 380 (1959).
120. ANDERS, F. und E. BAYER, Biol. Zbl. **78**, 584 (1959).
121. SCHNEIDER, D., Z. vergl. Physiol. **40**, 8 (1957).
122. WHITHAM, B. T., Vapour Phase Chromatography, hrsg. von D. H. DESTY (London, 1957), S. 395.
123. ROSIE, D. M. und R. L. GROB, Anal. Chem. **29**, 1263 (1957).
124. BROWNING, L. C. und J. O. WATTS, Anal. Chem. **29**, 24 (1957).
125. NUNEZ, L. J., ARMSTRONG, W. H. und H. W. COGSWELL, Anal. Chem. **29**, 1164 (1957).
126. GREEN, S. W., Vapour Phase Chromatography, hrsg. von D. H. DESTY (London, 1957), S. 388.
127. CHERONIS, N. D., Micro and semi-micro methods (New York, 1954).
128. CHERONIS, N. D., Handbuch der mikrochem. Methoden, Bd. 1, Teil 1, S. 78 (Wien, 1954).
129. DAVISON, W. H. T., SLANEY, S. und A. L. WRAGG, Chem. Ind. (London) C **44**, 1356 (1954).
130. DREW, C. M. und J. R. McNESBY, Vapour Phase Chromatography, hrsg. von D. H. DESTY (London, 1957), S. 213.
131. DREW, C. M., McNESBY, J. R., SMITH, S. R. und A. S. GORDON, Anal. Chem. **28**, 979 (1956).
132. TENNEY, H. M. und R. J. HARRIS, Anal. Chem. **29**, 317 (1957).
133. POLLARD, F. H. und C. J. HARDY, Chem. Ind. (London) **1955**, 1145.
134. JAMES, D. H. und C. S. G. PHILLIPS, J. Sci. Instr. **29**, 362 (1952).
135. BAYER, E., WAHL, G. und H. G. WITSCH, Z. Anal. Chem. **181**, 384 (1961).
136. BAYER, E., HUPE, K. P. und H. G. WITSCH, Angew. Chem. **73**, 525 (1961).
137. EVANS, D. E. M. und J. C. TATLOW, J. Chem. Soc. (1955), 1184.
138. EVANS, D. E. M., MASSINGHAM, W. E., STACEY, M. und J. C. TATLOW, Nature **182**, 591 (1958).
139. CARLE, D. W. und T. JOHNS, ISA Proceedings; Nat. Symposium on Instrumental Analysis, May 1958.
140. GOLAY, M. J. E., ISA Proc. Anal. Instr. Div., 2nd Int. Gas Chromatogr. Symposium, June 1959, Preprints 2, 5—11.
141. HUYTEN, F. H., VAN BEERSUM, W. und G. W. A. RIJNDERS, Gas Chromatography, hrsg. von R. P. W. SCOTT (London, 1960), S. 224.

142. HAARHOFF, P. C., VAN BERGE, P. C. und V. PRETORIUS, Trans. Faraday Soc. **57**, 1838 (1961).
143. WHITHAM, B. T., Vapour Phase Chromatography, hrsg. von D. H. DESTY (London, 1957), S. 194.
144. WEHRLI, A. und E. KOVATS, J. Chromatogr. **3**, 313 (1960).
145. AMBROSE, D. und R. R. COLLERSON, Nature **177**, 84 (1956).
146. ATKINSON, A. P. und G. A. P. TUEY, Gas Chromtography, hrsg. von D. H. DESTY (London, 1958), S. 194.
147. HEILBRONNER, E., KOVATS, E. und W. SIMON, Helv. Chim. Acta **40**, 2410 (1957).
148. BARKER, P. E. und D. CRITCHER, Chem. Eng. Sci. **13**, 82 (1960).
149. JANAK, J., Vapour Phase Chromatography, hrsg. von D. H. DESTY (London, 1957), S. 235
150. TURKEL'TAUB, N. M. und Mitarb., Zhur. fiz. Chim. **27**, 170 (1955).
151. GREENE, S. A. und H. PUST, J. Phys. Chem. **62**, 55 (1958).
152. GREENE, S. A. und H. PUST, Anal. Chem. **29**, 1055 (1957).
153. GREENE, S. A. und H. E. ROY, Anal. Chem. **29**, 569 (1957).
154. PATTON, H. W., LEWIS, J. S. und W. J. KAY, Anal. Chem. **27**, 170 (1955).
155. WENCKE, K., Chem. Techn. **8**, 728 (1956); **9**, 404 (1957).
156. LICHTENFELS, D. H., FLECK, S. A. und F. H. BUROW, Anal. Chem. **27**, 1510 (1955).
157. GREENE, S. A., MOBERG, M. L. und E. M. WILSON, Anal. Chem. **28**, 1369 (1956).
158. RYCE, S. A. und W. A. BRYCE, Anal. Chem. **33**, 654 (1961).
159. CAREW, J. R., Anal. Chem. **33**, 156 (1961).
160. SCOTT, R. P. W., Gas Chromatography, hrsg. von D. H. DESTY (London, 1958), S. 36.
161. JAMES, A. T., Research (London) **8**, 8 (1955).
162. SMITH, E. D., Anal. Chem. **33**, 1625 (1961).
163. STRUPPE, H. G., Diplomarbeit, Univ. Leipzig, Math.-Nat. Fakultät, 1958.
164. LOVELOCK, J. E., Anal. Chem. **33**, 162 (1961).
165. LOVELOCK, J. E. und S. R. LIPSKY, J. Amer. Chem. Soc. **82**, 431 (1960).
166. DINELLI, D., POLEZZO, S. und M. TARAMASSO, J. Chromatogr. **7**, 477 (1962).
167. MARTIN, A. J. P., Discuss. Faraday Soc. **7**, 332 (1949).
168. GIDDINGS, J. C., Anal. Chem. **34**, 37 (1962).
169. POLEZZO, S. und M. TARAMASSO, J. Chromatogr. **11**, 19 (1963).
170. GOLAY, M. J. E., Anal. Chem. **29**, 928 (1957).
171. SMITH, V. N. und E. J. MERRITT, Anal. Chem. **34**, 1476 (1962).
172. LOVELOCK, J. E. und L. GREGORY, Gas Chromatography, hrsg. von N. BRENNER, J. E. CALLEN, M. D. WEISS (New York, 1962), S. 219.
173. HUDSON, B. E. jr., KING, W. H. jr. und W. W. BRANDT, wie Zitat 172, S. 207.
174. WIESNER, L., SCHMIDT-KUSTER, W. J. und G. R. SCHULTZE, Radioisotopes Phys. Sci. Ind., Proc. Conf. Use, Copenhagen **2**, 225 (1960).
175. SEIYAMA, T., KATO, A., FUJIISHI, K. und M. NAGATANI, Anal. Chem. **34**, 1502 (1962).
176. KÖGLER, H., Dissertation, Univ. Leipzig (1955).
177. MARTIN, A. J. P., Vapour Phase Chromatography, hrsg. von D. H. DESTY (London, 1957), S. 2–3.
178. JOHANSSON, G., Anal. Chem. **34**, 914 (1962).
179. VARADI, P. F., Gas Chromatography, hrsg. von N. BRENNER, J. E. CALLEN, M. D. WEISS (New York, 1962), S. 195.
180. MIDDLEHURST, J. und B. KENNETT, J. Chromatogr. **10**, 294 (1963).
181. SUROVY, J., Chem. Listy **54**, 263 (1960).
182. KARMEN, A. und H. R. TRITCH, Nature **186**, 150 (1960).
183. LOWE, A. E. und D. MOORE, Nature **182**, 133 (1958).

184. BLYHOLDER, G., Anal. Chem. **32**, 572 (1960).
185. BÜRGER, Farbwerke Hoechst AG., D. P. 1032004 (12. 6. 1958).
186. PIRINGER, O. und M. PASCALAU, J. Chromatogr. **8**, 410 (1962).
187. WALSH, J. T. und C. MERRITT jr., Anal. Chem. **32**, 1379 (1960).
188. LIBERTI, A., Anal. chim. Acta **17**, 247 (1957).
189. COULSON, D. M., CAVANAGH, L. A., DE VRIES, J. E. und B. WALTHER, J. Agricult. and Food Chem. **8**, 399 (1960).
190. CASU, B. und L. CAVALLOTTI, Anal. Chem. **34**, 1514 (1962).
191. CONDON, R. D., Anal. Chem. **31**, 1717 (1959).
192. McCREADIE, S. W. S. und A. F. WILLIAMS, J. appl. Chem. **7**, 47 (1957).
193. DUBSKY, E. H. und J. JANAK, J. Chromatogr. **4**, 1 (1960).
194. KUHN, W., NARTEN, A. und M. THÜRKAUF, Helv. Chim. Acta **41**, 2135 (1958).
195. HANNEMAN, W. W., SPENCER, C. F. und J. F. JOHNSON, Anal. Chem. **32**, 1386 (1960).
196. BEHRENDT, S., Z. physikal. Chem., N.F. **30**, 357 (1961).
197. BEHRENDT, S., Z. physikal. Chem., N.F. **21**, 240 (1959).
198. JANAK, J., Ann. N. Y. Acad. Sci. **72**, 606 (1959).
199. SCOTT, C. G., Gas Chromatography Symposium, Hamburg 1962, hrsg. von M. VAN SWAAY (London, 1962), S. 7.
200. PICHLER, H. und H. SCHULZ, Brennstoff-Chem. **39**, 148 (1958).
201. WITGERT, H., Dissertation, T. H. Aachen, 1933.
202. v. ELBE, G. und B. B. SCOTT, Ind. Eng. Chem. Analyt. Ed. **10**, 284 (1938).
203. BERG, C., Trans. Amer. Inst. Chem. Eng. **42**, 665 (1946).
204. ZHUKHOVITSKII, A. A. und N. M. TURKEL'TAUB, Geol. Nefti **1**, 54 (1957).
205. OHLINE, R. W. und D. D. DEFORD, Anal. Chem. **35**, 227 (1963).
206. BEHRENS, M. und A. FISCHER, Naturwiss. **41**, 13 (1954).
207. SVENSSON, H., AGRELL, C. E., DEHLÉN, S. O. und L. HAGDAHL, Science Tools **2**, 17 (1955).
208. VOIGT, J., Kunststoffe **51**, 18, 314 (1961); **54**, 2 (1964).
209. BRAUN, D., Farbe u. Lack **69**, 820 (1963).
210. BEROZA, M. und R. SARMIENTO, Anal. Chem. **35**, 1353 (1963).
211. KOVATS, E., Helv. chim. Acta **41**, 1915 (1958).
212. KOVATS, E., Z. analyt. Chem. **181**, 351 (1961).
213. WEHRLI, A. und E. KOVATS, Helv. chim. Acta **42**, 2709 (1959).

5. Thermodiffusion in flüssiger Phase

5.1 Abkürzungen

D Diffusionskoeffizient (S. 177).

D_T Thermodiffusionskoeffizient (S. 177).

α Thermodiffusionskonstante (S. 177).

s SORET-Koeffizient (S. 178).

k_T Thermodiffusionsverhältnis (S. 178).

x_i Molenbruch der Komponente i.

c_i Volumenkonzentration der Komponente i

ξ Längenkoordinate

q_1 Trennfaktor in einer Thermodiffusionsstufe (S. 178).

q_K Trennfaktor der Kolonne (S. 182).

L Länge des Spaltes = Länge der Kolonne (S. 180)

ω Breite des Spaltes (S. 180).

d mittlerer Durchmesser des Spaltes (S. 180).

β mittlerer Ausdehnungskoeffizient der Flüssigkeit

ϱ mittlere Dichte der Flüssigkeit

η mittlere Zähigkeit der Flüssigkeit

g Erdbeschleunigung

5.2 Allgemeines

Die Erscheinungen der Thermodiffusion in flüssiger Phase wurden bereits 1856 von LUDWIG (1) beschrieben. 1879 beobachtete unabhängig von LUDWIG auch SORET (2) das Phänomen. Die Anwendung des LUDWIG-SORET-Effektes zur Trennung von Flüssigkeitsgemischen in ihre Komponenten erfolgte aber erst 1939, nachdem CLUSIUS und DICKEL (3; 4) ihr Trennrohr-Verfahren zur Vervielfältigung des Thermodiffusions-Einzeleffektes in der Gasphase entwickelt hatten. CLUSIUS und DICKEL (5) dehnten 1939 das Trennrohrverfahren auf Flüssigkeiten aus, und zwar auf eine 0,1 n-NaCl-Lösung, ein H_2O/CH_3COCH_3-Gemisch und auf H_2O/D_2O. Im gleichen Jahre beschrieben KORSCHING und WIRTZ (6) die Trennung von Flüssigkeitsgemischen mittels kombinierter Thermodiffusion und Thermosiphonwirkung. Sie führten Trennversuche mit den binären Mischungen n-C_6H_{14}/CCl_4, n-C_6H_8/CCl_4 und C_6H_6/C_6H_5Cl aus. In der Folgezeit ist eine große Zahl von Arbeiten über Trennrohrversuche mit flüssigen Gemischen veröffentlicht worden; ein Teil davon wird in Abschnitt 5.6 referiert.

Das Ziel der folgenden Abschnitte ist es, das Prinzip der Thermodiffusion in seiner Anwendung auf die Trennung flüssiger Gemische zu erläutern. Elektrolytlösungen sollen als Spezialfall nicht näher betrachtet werden.

Das Trennverfahren kann als präparative Reinigungsmethode und als Methode zur Reinheitskontrolle verwendet werden. Wenn eine Flüssigkeit in einer Thermodiffusionskolonne in Fraktionen mit verschiedenen Eigenschaften zerlegt werden kann, ist sie kein reiner Stoff. Umgekehrt ist eine Flüssigkeit natürlich nicht unbedingt ein reiner Stoff, wenn sie in der Thermodiffusionskolonne nicht in Fraktionen mit verschiedenen Eigenschaften zerlegt werden kann. Es gibt Gemische, die nach den bisherigen Erfahrungen mit dieser Methode nicht zu trennen sind [vgl. (8)].

Vom Standpunkt des Energieverbrauchs ist die Thermodiffusionskolonne ein sehr unwirtschaftlicher Trennapparat [vgl. (7)]. Bei einer industriellen Verwendung müßte vor allem dies Problem geschickt gelöst werden. In allen übrigen Punkten ist das Verfahren in seinem Anwendungsbereich anderen Trennverfahren bei sinnvoller Kolonnenkonstruktion durchaus ebenbürtig und oft sogar überlegen. Man kann z. B. Schmieröle (47) und andere hochsiedende

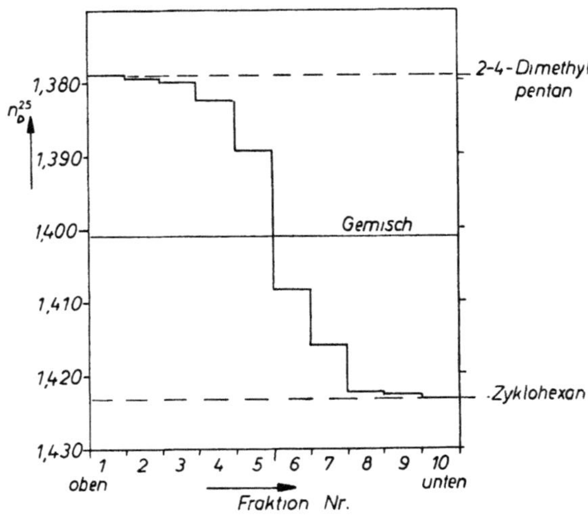

Abb. 132. Trennung des Gemisches 2,4-Dimethylpentan/Zyklohexan durch Thermodiffusion (8); Siedepunktsunterschied: 0,24 °C.

Flüssigkeiten (46) durch Thermodiffusion in sehr verschiedenartige Fraktionen zerlegen. Hier trennt das Verfahren in schonender Weise, während ja bei der Destillation von hochsiedenden Ölen eine gewisse Zersetzung nie zu vermeiden ist. Eine andere günstige Verwendungsmöglichkeit ist die Fraktionierung von Gemischen hochpolymerer Substanzen (36; 37).

Ein außerordentlicher Vorteil des Thermodiffusionsverfahrens gegenüber anderen Trennverfahren besteht darin, daß eine dauernde Beaufsichtigung durch geübtes Bedienungspersonal [wie z. B. bei der Adsorptionschromatographie, vgl. (44)] nicht nötig ist. Der Aufbau einer Thermodiffusionskolonne ist sehr viel einfacher als der einer wirksamen Destillationskolonne.

Ein interessantes Beispiel einer durch Destillation oder Adsorptionschromatographie kaum möglichen Stofftrennung bietet das binäre Gemisch 2,4-Dimethylpentan/Zyklohexan; die Siedepunkte sind 80,50 °C und 80,74 °C. In Abb. 132 ist die Fraktionierung einer 50 Vol.-%-Ausgangsmischung nach

Experimenten von JONES und MILBERGER (8) dargestellt; die Daten der Kolonne sind in Tab. 27 angegeben. Die Komponente mit der höheren Molmasse wird am oberen Ende angereichert. Dies ist ein deutlicher Hinweis auf die Tatsache, daß Massenunterschiede für die Trennung durch Thermodiffusion in flüssiger Phase nicht ausschlaggebend sind. Hier kommt es hauptsächlich auf Unterschiede im molekularen Aufbau an, welche die Transportvorgänge bestimmen.

Eine Übersicht über die Theorie und Anwendung der Thermodiffussion zur Trennung von Stoffgemischen gibt DICKEL (51).

5.3 Beschreibung der Gleichgewichtsverhältnisse

Man betrachte ein Gefäß nach Abb. 133, in dem an zwei gegenüberliegenden Seitenflächen die Temperaturen T_1 und T_2 ($T_2 > T_1$) aufrecht erhalten werden und kein Stoffaustausch durch Konvektion stattfindet. Das Gefäß ist mit einem binären Flüssigkeitsgemisch gefüllt; x_1 sei der Molenbruch der einen Komponente. Unter dem Einfluß des Temperaturgradienten ändern sich die Konzentrationen der beiden Komponenten durch die Wirkung der Thermodiffusion. An der heißen Wand wird z. B. die Komponente 1, an der kalten Wand die Komponente 2 relativ zur Ausgangskonzentration angereichert. Dieser Anreicherung wirkt die normale Diffusion entgegen. Nach genügend langer Zeit stellt sich ein stationärer Zustand ein, in dem die Wirkungen der Thermodiffusion und der Diffusion einander kompensieren. Der Diffusionsstrom J_1 der Komponente 1 in Richtung des Temperaturgradienten ist

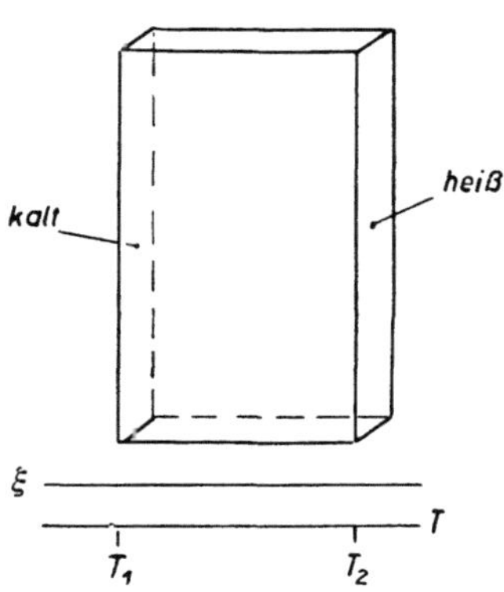

Abb. 133. Schema einer Thermodiffusionszelle.

$$\frac{J_1}{c_1 + c_2} = - D \frac{\partial x_1}{\partial \xi} \,.$$

In analoger Weise definiert man einen Thermodiffusionsstrom J_{1T}:

$$\frac{J_{1T}}{c_1 + c_2} = \frac{D_T}{T} \frac{\partial T}{\partial \xi} \,.$$

Im Gleichgewicht ist die Summe beider Ströme gleich Null; es findet dann kein Stofftransport mehr statt [vgl. JONES und FURRY (20) sowie JOST (21)]:

$$\frac{D_T}{T} \frac{\partial T}{\partial \xi} - D \frac{\partial x_1}{\partial \xi} = 0 \,. \qquad [5,1]$$

D_T ist der Thermodiffusionskoeffizient, D der normale Diffusionskoeffizient. D ist in 1. Näherung unabhängig von x_1, dagegen ist D_T nur für kleine Konzentrationsbereiche konstant, während allgemein gilt

$$D_T = D \alpha x_1 x_2 \qquad [5,2]$$

mit der Thermodiffusionskonstanten α.

Aus den Gln. [5,1] und [5,2] ergibt sich der Ausdruck

$$\frac{1}{x_1 x_2}\frac{\mathrm{d}x_1}{\mathrm{d}T} = \frac{\alpha}{T} = \frac{D_T}{D}\frac{1}{T x_1 x_2} \equiv -s. \qquad [5,3]$$

s wird als SORET-Koeffizient und $D_T/D = k_T$ als Thermodiffusionsverhältnis bezeichnet. Aus Gl. [5,3] erhält man

$$\frac{\mathrm{d}x_1}{x_1 x_2} = \alpha\,\mathrm{d}\ln T,$$

was mit $x_1 + x_2 = 1$ und

$$\frac{x_1 + x_2}{x_1 \cdot x_2}\,\mathrm{d}x_1 = \frac{\mathrm{d}x_1}{x_1} - \frac{\mathrm{d}x_2}{x_2} = \mathrm{d}\ln\frac{x_1}{x_2}$$

leicht integriert werden kann, wobei α unabhängig von x_1 und T sein soll. Durch Integration der umgeformten Gleichung

$$\mathrm{d}\ln\frac{x_1}{x_2} = \alpha\,\mathrm{d}\ln T$$

zwischen den Grenzen T_2 (heiße Wand) und T_1 (kalte Wand) erhält man

$$q_1 = \frac{\left(\dfrac{x_1}{x_2}\right)_{T_2}}{\left(\dfrac{x_1}{x_2}\right)_{T_1}} = \left(\frac{T_2}{T_1}\right)^{\alpha}, \qquad [5,4]$$

wobei der Trennfaktor q_1 in einer Stufe wie üblich (s. Abschnitt 1.21) definiert ist. Führt man eine mittlere Temperatur $\bar{T}$ und die Temperaturdifferenz $T_2 - T_1 = \varDelta T$ ein, so ist $T_2 = \bar{T} + 1/2\varDelta T$, $T_1 = \bar{T} - 1/2\varDelta T$, und Gl. [5,4] kann für genügend kleines $\varDelta T/T$ vereinfacht werden zu

$$q_1 = 1 + \alpha\,\frac{\varDelta T}{\bar{T}}. \qquad [5,4\,\mathrm{a}]$$

Der Trennfaktor in einer Thermodiffusionsstufe ist eine Funktion der mittleren Temperatur, der Temperaturdifferenz und der Thermodiffusionskonstanten. In Tab. 25 sind Meßwerte von TREVOY und DRICKAMER (9) für einige Kohlenwasserstoffsysteme angegeben. Ein positiver α-Wert bedeutet, daß die zuerst genannte Komponente 1 an der heißen Wand angereichert wird. Für konstantes α und $\bar{T}$ ist der Trennfaktor q_1 als Funktion von $\varDelta T$ in Tab. 26 berechnet worden.

Die Betrachtung der Tab. 25 läßt erkennen, daß der für die Thermodiffusion in der Gasphase ausschlaggebende Massenunterschied der Komponenten bei der Thermodiffusion in der flüssigen Phase von sekundärer Bedeutung ist. Die Thermodiffusionskonstante wird im wesentlichen durch die Unterschiede der molekularen Struktur der Komponenten bestimmt. In Ermangelung einer allgemeingültigen Theorie über die Struktur von Flüssigkeiten kann die Thermodiffusionskonstante nicht vorausberechnet werden. Die Größe von α bzw. die Möglichkeit einer Trennung durch Thermodiffusion muß von Fall zu

Fall experimentell geprüft werden. Für Spezialfälle kann mit Hilfe einer kinetischen Theorie der Effekt berechnet werden [vgl. die Arbeiten von WIRTZ und Mitarb. (10 bis 14), PRIGOGINE und Mitarb. (15) sowie DRICKAMER und Mitarb. (16 bis 18)]. KRAMERS und BROEDER (19) haben aus dem experimentellen Material einige Regeln für die Trennbarkeit abgeleitet.

Tab. 25. Experimentell bestimmte Thermodiffusionskonstanten, vgl. (9). Die Meßmethodik wird auf S. 179, unten, erläutert.

Stoffpaar	$\bar{T}$	α
$C_6H_6/n\text{-}C_7H_{16}$	305	$-1,10$
$C_6H_6/n\text{-}C_{10}H_{22}$	305	$-0,45$
$C_6H_6/n\text{-}C_{12}H_{26}$	305	$-0,31$
$C_6H_6/n\text{-}C_{16}H_{34}$	305	$-0,001$
$C_6H_6/n\text{-}C_{18}H_{38}$	305	$+0,07$
$C_6H_6/i\text{-}C_7H_{14}$	305	$-0,59$
$n\text{-}C_7H_{16}/n\text{-}C_{12}H_{26}$	295	$+0,57$
$n\text{-}C_7H_{16}/n\text{-}C_{12}H_{26}$	305	$+0,61$
$n\text{-}C_7H_{16}/n\text{-}C_{12}H_{26}$	320	$+0,54$
$n\text{-}C_7H_{16}/n\text{-}C_{12}H_{26}$	335	$+0,56$
$n\text{-}C_7H_{16}/n\text{-}C_{14}H_{30}$	305	$+0,90$
$n\text{-}C_7H_{16}/n\text{-}C_{18}H_{38}$	305	$+0,95$
$i\text{-}C_7H_{16}/n\text{-}C_{12}H_{26}$	305	$+0,43$
$i\text{-}C_7H_{16}/n\text{-}C_{16}H_{34}$	305	$+0,22$

Tab. 26. q_1 für verschiedene ΔT bei $\bar{T} = 300\,°C$, $\alpha = 0{,}5$; nach Gl. [5,4a] berechnet

ΔT	3°	15°	30°	90°
q_1	1,005	1,015	1,05	1,15

Ein bekanntes binäres Gemisch mit $\alpha = 0$ ist Zyklohexan/Benzol (8). Ähnlich wie bei der extraktiven oder azeotropen Destillation kann man auch hier durch Zusatz einer dritten Komponente erreichen, daß $\alpha \neq 0$ und damit eine Trennung ermöglicht wird (22) (vgl Abb. 145).

Für das System Zyklohexan/Benzol ist für alle Konzentrationen $\alpha = 0$ (8). Das System Oktadekan/Benzol hat für Volumenbrüche $\varphi_1 > 0,7$ einen endlichen positiven α-Wert, während für $\varphi_1 > 0,7$ nach Experimenten von JONES und MILBERGER (8) $\alpha = 0$ ist. Dieses Ergebnis zeigt, daß die Thermodiffusions-„Konstante" im allgemeinen als konzentrationsabhängig betrachtet werden muß.

Die Thermodiffusionskonstante kann aus Experimenten mit Thermodiffusionskolonnen ermittelt werden. TREVOY und DRICKAMER (9) benutzten eine Kolonne mit extrem weitem Spalt, der eine schnelle Gleichgewichtseinstellung (bei schlechter Trennung) und damit die Anwendbarkeit der Gl. [5,5] ermöglicht, vgl. S. 182.

Für den entgegengesetzten Fall der Nicht-Einstellung des Kolonnengleichge-wichts haben RUPPEL und COULL (52) eine Gleichung aus der allgemeinen Theorie der Thermodiffusionskolonne abgeleitet. Sie gilt für eine Kolonne ohne Reservoire, für diskontinuierlichen Betrieb, und für das Anlaufstadium:

$$\alpha = \frac{45\,\overline{T}\,\omega\,\Delta x}{4\,x_1\,x_2\,\Delta T}\sqrt{\frac{2\pi}{2835\,Dt}}$$

Zu beachten sind hierbei die Gültigkeitsgrenzen

$$t \leq \frac{6\,\overline{T}}{\omega\Delta T}\left|\sqrt{\frac{\eta\,L}{g\,\beta'\,\alpha}}\right|$$

für das „Anlaufstadium".

5.4 Theorie der Thermodiffusionskolonne

Der Zweck einer Thermodiffusionskolonne ist, den geringfügigen Einzel-effekt q_1 der Trennung in einer Stufe zu vervielfältigen. Das zu trennende binäre Flüssigkeitsgemisch wird in den ringförmigen, engen Spalt zwischen einem geheizten und einem gekühlten, zylindrischen, vertikalen Rohr gebracht, vgl. Abb. 134. Die Spaltbreite ist ω, die Länge des Spaltes ist L. Die Flüssig-keit befindet sich innerhalb des Spaltes in einem horizontalen Temperatur-gradienten

$$\frac{T_2 - T_1}{\omega} = \frac{\Delta T}{\omega}.$$

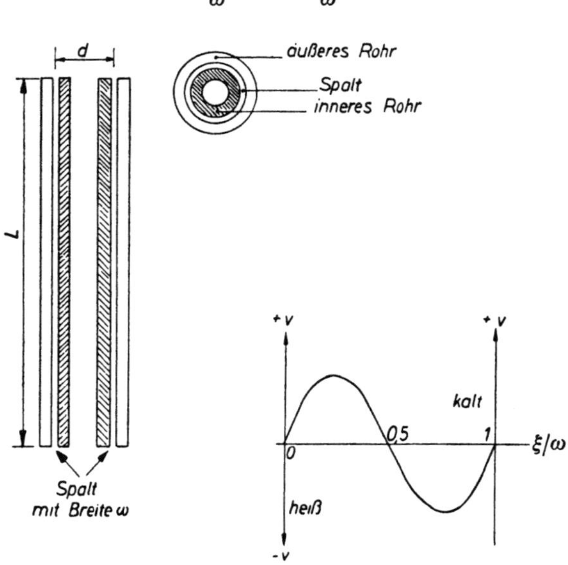

Abb. 134. Schematische Zeichnung einer Kolonne und die Geschwindigkeits-verteilung als Funktion der relativen Spaltweite.

Infolge des erzwungenen Dichtegradienten bildet sich eine Konvektionsströmung aus. An der heißen Wand steigt Flüssigkeit nach oben und an der kalten Wand strömt sie nach unten. Die Geschwindigkeit v dieser vertikalen Strömung wird beschrieben durch [vgl. DEBYE (23)]

$$v = - \frac{\beta g \varrho \, \Delta T \, \omega^2}{12 \eta} \left[\frac{\xi}{\omega} - 3 \left(\frac{\xi}{\omega} \right)^2 + 2 \left(\frac{\xi}{\omega} \right)^3 \right],$$

wobei ξ/ω die relative Spaltbreite, β der Ausdehnungskoeffizient, ϱ die Dichte und η die Zähigkeit der Flüssigkeit bei der mittleren Temperatur $\bar{T}$ ist [Berücksichtigung der Temperaturabhängigkeit von η und D, vgl. EMERY (28)]. g ist die Erdbeschleunigung.

Diese Konvektionsströmung bewirkt den zur Vervielfältigung des Einzeleffektes q_1 nötigen Gegenstrom. Die Analogie zur Destillation ist hier nicht vollkommen vorhanden, da die Ströme bei der Destillation aus zwei verschiedenen Phasen gleicher Temperatur bestehen, während hier die Ströme aus der gleichen, aber verschieden temperierten flüssigen Phase gebildet werden. Gemeinsam haben beide Verfahren das Merkmal des vertikalen Gegenstroms (wenigstens in den üblichen Anordnungen, wo die Schwerkraft die Ursache der Flüssigkeitsströmung ist) und des horizontalen Stoffaustausches zwischen beiden Strömen.

Infolge der Thermodiffusion wird bei $\alpha > 0$ die Komponente 1 an der heißen Wand angereichert und nach oben transportiert, während die Komponente 2

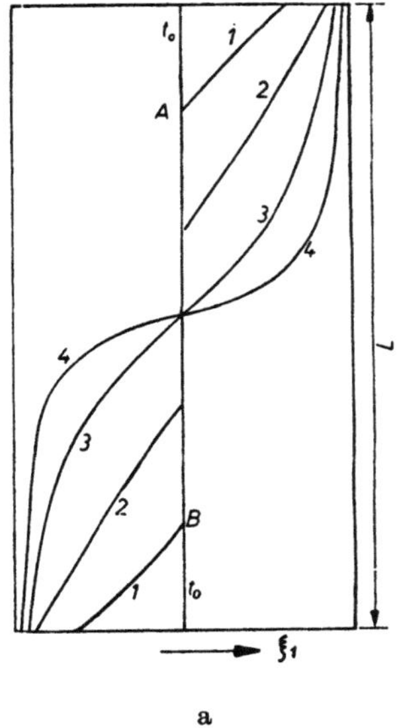

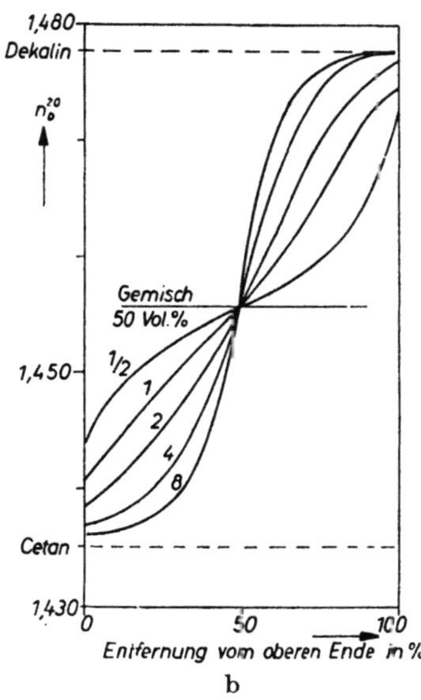

Abb. 135. Zeitlicher Verlauf der Trennung in einer Thermodiffusionskolonne. a) schematisch, b) nach Messungen an Cetan/Dekalin von BEGEMANN und CRAMER (22), $L = 150$ cm, $\omega = 0,37$ mm, $d = 1,25$ cm, $T = 97$ °C, Ausgangskonzentration: 50 Vol.-%. Die Zahlen an den Kurven geben die Zeit in Stunden an.

an der kalten Wand angereichert und nach unten transportiert wird. An den
Enden der Kolonne kehren die Flüssigkeitsströmungen um.

Der zeitliche Verlauf des Trennprozesses in einer Thermodiffusionskolonne
ähnelt weitgehend dem Vorgang in einer Destillationskolonne (mit verschwindend kleiner Blase) bzw. einer Adsorptionskolonne nach ROSSINI (vgl. S. 74).
Am Anfang des Experiments beschränken sich hier wie dort die Konzentrationsänderungen auf die beiden Enden der Kolonne, und in der Mitte befindet
sich Flüssigkeit der Ausgangszusammensetzung. Dieser Zustand zur Zeit t_1
wird durch Kurve 1 in Abb. 135a charakterisiert. Zu den Zeiten $t_2 < t_3 < t_4$
usw. wird die Konzentrationsverteilung durch die Kurven 2, 3, 4 usw. gekennzeichnet. Die Zeiten für die endgültige Gleichgewichtseinstellung in der Kolonne
sind sehr lang; sie liegen für die üblichen Anordnungen in der Größenordnung
von einer Woche bis zu einem Monat. Abb. 135a läßt es verständlich erscheinen,
daß für die Trennwirkung einer Kolonne im Anlaufstadium (z. B. bei t_1) die
Länge keine Rolle spielt. Die Strecke $\overline{AB}$ kann beliebig lang, also auch sehr
klein sein, und es treten an den Enden der Kolonne dieselben Konzentrationsverschiebungen auf [vgl. DEBYE (23), KORSCHING, WIRTZ und MASCH (24)
sowie KORSCHING und WIRTZ (25)]. Wenn der Kolonnenprozeß schon über das
Anfangsstadium hinausgekommen ist, bewirkt eine größere Länge eine bessere
Trennung. Dieser Sachverhalt wird bestätigt durch die Messungen der Zeit-
abhängigkeit der Trennung von BEGEMANN und CRAMER (22) am System
Cetan/Dekalin, die in Abb. 135b dargestellt sind.

FURRY, JONES und ONSAGER (26) haben eine Theorie für Thermodiffusionskolonnen angegeben, die sich in einem stationären oder quasi-stationären Zustand befinden, also für Kolonnen mit großen Vorratsvolumina. Die Reservoire
befinden sich an beiden Enden des Spaltes, ihr Volumen ist so groß, daß das
Volumen der Flüssigkeit im Spalt demgegenüber zu vernachlässigen ist. Wenn
der endgültige stationäre Zustand erreicht ist, gilt

$$\ln q_K = \frac{1008 \alpha D \eta L}{2 \overline{T} \beta' g \omega^4} \cdot \frac{1}{1 + 5670 \left(\dfrac{8 \eta D}{g \omega^3 \beta' \Delta T}\right)^2}. \qquad [5,5]$$

Hier ist q_K der Trenneffekt der Kolonne

$$q_K = \frac{\left(\dfrac{x_1}{x_2}\right)_{\text{oben}}}{\left(\dfrac{x_1}{x_2}\right)_{\text{unten}}}, \qquad [5,5a]$$

D ist der Diffusionskoeffizient, η die Zähigkeit, $\beta' = - d\varrho/dT$ der negative
Temperaturkoeffizient der Dichte der Flüssigkeit.

Für den stationären Endzustand der Kolonne ist die Existenz der Reservoire
natürlich belanglos. Gl. [5,5] gilt dann also auch für die üblichen Anordnungen,
die dadurch gekennzeichnet sind, daß sich das gesamte zu trennende Flüssigkeitsgemisch im Spalt befindet.

Bei der phänomenologischen Beschreibung der Trennoperationen pflegt man $\ln q_K$ als Vielfaches n des Einzeleffektes $\ln q_1$ anzugeben. n ist dann die Zahl der theoretischen Trennstufen und $L/n = \text{HETP}$ (height equivalent to a theoretical plate) die Höhe einer theoretischen Stufe.

$$\ln q_K = n \ln q_1 = \frac{L}{\text{HETP}} \cdot \ln q_1$$

$$\text{HETP} = \frac{\ln q_1}{\ln q_K} \cdot L. \qquad [5,6]$$

Ersetzt man in Gl. [5,6] $\ln q_1$ nach Gl. [5,4] und $\ln q_K$ nach Gl. [5,5], so erhält man zur Berechnung der HETP-Werte

$$\text{HETP} = \frac{2 \bar{T} \beta' g \omega^4}{1008\, D} \cdot \left(\ln \frac{T_2}{T_1} \right) \cdot \left[1 + 5670 \left(\frac{8 \eta D}{g \beta' \varDelta T \omega^3} \right)^2 \right]. \qquad [5,6\,\text{a}]$$

Für den Spezialfall, daß $x_1 x_2 \approx$ konst. ist, haben JONES und FURRY (20) eine Formel angegeben, die den zeitlichen Verlauf der Trennung zu berechnen gestattet. Wenn $\varDelta x_{1G}$ den Wert der Konzentrationsdifferenz bei eingestelltem Gleichgewicht, d. h. für $t = \infty$ ist, so gilt für die Konzentrationsdifferenz $\varDelta x_1$ zur Zeit t

$$\frac{\varDelta x_1}{\varDelta x_{1G}} = 1 - e^{-\frac{t}{t_r}} ; \quad \varDelta x = x_{\text{oben}} - x_{\text{unten}}. \qquad [5,7]$$

Die Relaxationszeit t_r ermittelt man aus

$$t_r = \frac{V L}{\dfrac{\omega^7 g^2 \beta'^2 \pi \mathrm{d} (\varDelta T)^2}{1{,}815 \cdot 10^5 \eta^2 D} + 2 \omega D \mathrm{d} \pi} . \qquad [5,7\,\text{a}]$$

Hier ist V das Volumen eines Reservoirs und d der mittlere Durchmesser des Spaltes.

TREVOY und DRICKAMER (9) haben die Bestimmung der in Tab. 25 angeführten α-Werte unter Verwendung einer geeignet dimensionierten Apparatur nach Gl. [5,5] und Gl. [5,7] vorgenommen. Um eine schnelle Gleichgewichtseinstellung zu erreichen, wählten sie $\omega = 2$ mm, also einen extrem weiten Spalt, der eine schlechte Trennung bewirkt: t_r ist proportional zu ω^{-7} (das Glied $2 \omega D \mathrm{d} \pi$ kann vernachlässigt werden) und HETP $\sim \omega^4$.

Die Gl. [5,5] beschreibt den stationären Zustand und gilt somit auch für Kolonnen ohne Vorratsbehälter. Gl. [5,7] wird für solche Kolonnen nur näherungsweise gelten. Immerhin können auch aus Gl. [5,7] einige qualitative Folgerungen (2 bis 4, 1 aus Gl. 5,5]) gezogen werden:

1. HETP ist direkt proportional zur mittleren Temperatur $\bar{T}$ und ω^4, falls der 2. Term in der Klammer der Gl. (5,6a) vernachlässigt werden kann.

2. Die Relaxationszeit t_r ist proportional zu $1/(\varDelta T)^2$; je größer die Temperaturdifferenz ist, desto schneller erfolgt die Gleichgewichtseinstellung. Die in Abb. 136 dargestellten Experimente [Messungen von BEGEMANN und CRAMER (22)] bestätigen diesen Schluß.

3. Die Relaxationszeit t_r ist proportional zu $D\eta^2$. Nimmt man $D\eta$ als temperaturunabhängig an, so wird t_r mit steigender mittlerer Temperatur wegen der rasch kleiner werdenden Viskosität immer geringer.
4. Die Relaxationszeit t_r ist proportional zu L, was bei einem Vergleich langer und kurzer Kolonnen berücksichtigt werden muß.

Die Kurve für $\Delta T = 97\ °C$ in Abb. 136 zeigt etwas ungünstigere Endkonzentrationen als die Kurve für $\Delta T = 47\ °C$. Die Autoren (22) bringen dies mit dem Umkehren der Flüssigkeitsströmung an den Enden des Spaltes in Zusammenhang. JONES und MILBERGER (8) haben ebenfalls die Abhängigkeit der Trennung von der Zeit am System Cetan/Dekalin untersucht; sie stellten fest, daß nach 168 Stunden noch kein stationärer Zustand erreicht wurde. Die wichtigsten Daten ihrer Versuche waren $L = 150\ \mathrm{cm}$, $\omega = 0,3\ \mathrm{mm}$, $d = 1,6\ \mathrm{cm}$.

Der zeitliche Verlauf der Trennung in einer Thermodiffusionskolonne läßt sich nach FURRY, JONES und ONSAGER (26) nur unter der Annahme der Quasistationarität, d.h. nur für Kolonnen mit großen Reservoiren, und für den Spezialfall $x_1 x_2 \approx$ konst [vgl. JONES und FURRY (20)] berechnen. Das liegt daran,

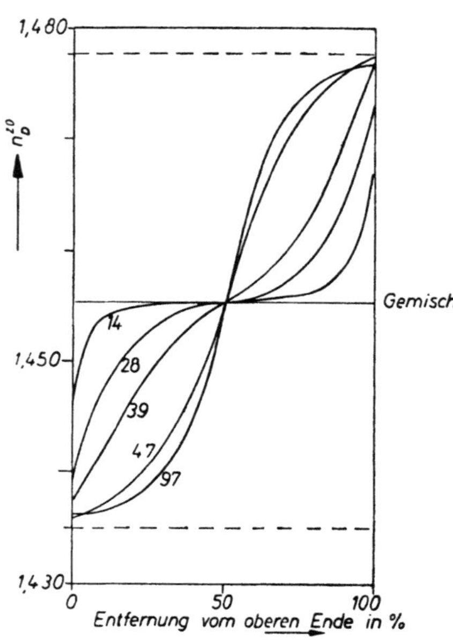

Abb. 136. Einfluß der Temperaturdifferenz auf die Trennung von Cetan/Dekalin nach BEGEMANN und CRAMER (22). $L = 150\ \mathrm{cm}$, $\omega = 0,37\ \mathrm{mm}$, $d = 1,25\ \mathrm{cm}$, Zeit: 17 h, Ausgangskonzentration: 50 Vol.-%. Die Zahlen an den Kurven geben die Temperaturdifferenz in °C an.

daß eine analytische Lösung der von den Autoren (26) aufgestellten Gleichung für den Transport der Einzelkomponenten in der Kolonne für ganz allgemeine Bedingungen nicht möglich ist. Für Kolonnen ohne Vorratsbehälter hat POWERS (27) eine solche Lösung numerisch mit Hilfe einer elektronischen Rechenmaschine ausgeführt und Diagramme angegeben, in denen $\Delta x_1 / \Delta x_{1\,G}$ in Abhängigkeit von der Zeit t und von der Kolonnenhöhe $\xi\,(-\,L/2 \leqslant \xi \leqslant +\,L/2)$ und einer vom System abhängigen Konstante A als Parameter aufgetragen ist. Die Berechnung beschränkte sich auf die Ausgangszusammensetzung $x^0 = 0,5$; sie ist für jede beliebige Ausgangskonzentration ausführbar. Für die Konzentrationsverteilung $x_1(\xi)$ im stationären Zustand gilt

$$\ln\left(\frac{x_1(\xi)}{1 - x_1(\xi)}\right)_G \cdot \left(\frac{1 - x_1^0}{x_1^0}\right) = A \cdot \xi. \qquad [5,8]$$

Aus Messungen des Konzentrationsverlaufes im Gleichgewichtszustand kann die Konstante A nach Gl. [5,8] bestimmt werden; die Auftragung von

$$\ln x_1(\xi)/[1 - x_1(\xi)] \quad \text{gegen} \quad \xi(\xi = 0 \text{ für } x_i = x_i^0)$$

ergibt eine Gerade mit der Steigung A und dem Ordinatenabschnitt $\ln (1-x_1^0)/x_1^0$. Mit Hilfe der stationären Verteilung Δx_{1G} und des A-Wertes kann den von POWERS (27) angegebenen Diagrammen ($A = 0$ bis 1500) x_1 in Abhängigkeit von der Zeit für beliebige Kolonnenhöhen ξ entnommen werden.

POWERS (27) hat am System n-Heptan/Benzol, 50 Mol-% Ausgangskonzentration, die Ergebnisse seiner Berechnung mit experimentellen Daten über das Anlaufverhalten in drei Thermodiffusionskolonnen verglichen. Die 1,83 m langen

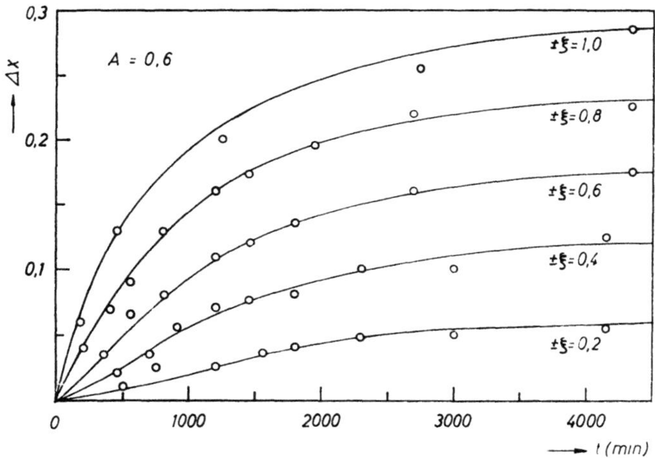

Abb. 137. Zeitlicher Ablauf der Trennung von n-Heptan/Benzol in einer Thermo-diffusionskolonne (27). $A = 0,6$. Die ausgezogenen Kurven sind nach der Methode von POWERS (27) berechnet. $\Delta x = x(\xi) - x(-\xi)$ [symmetrischer Kurvenverlauf um $\xi = 0$; $-L/2 \leqslant \xi \leqslant +L/2$].

Kolonnen sind wie bei JONES und MILBERGER (8) konstruiert und haben Spaltweiten von 0,31, 0,75 und 1,14 mm. Längs der Kolonnen befinden sich insgesamt 10 Zapfstellen. Durch Probenahme zu verschiedenen Zeiten konnte die Konzentrationsänderung während des Anlaufvorgangs und die stationäre Verteilung untersucht werden. Die Abb. 137 zeigt die Ergebnisse für $A = 0,60$.

Bei der Ableitung der Gln. [5,5] und [5,7] blieb ein Effekt unberücksichtigt, den man nun, wenn er bei der Trennung eines Gemisches auftritt, als „forgotten effect" bezeichnet. Es war bisher vorausgesetzt worden, daß der Dichtegradient zwischen heißer und kalter Wand allein durch den Temperaturgradienten bedingt wird; die Stoffwerte in den Gln. [5,6a] und [5,7a] sollten geeignete Mittelwerte sein. Nun wird aber auch immer nach Anlaufen des Trennprozesses ein Dichtegradient bestehen, der durch die Konzentrationsdifferenz zwischen heißer und kalter Wand verursacht wird. Dieser Konzentrationsdichtegradient kann dasselbe oder das entgegengesetzte Vorzeichen wie der Temperaturdichtegradient besitzen. Im letzteren Fall, wenn die Effekte gegeneinander arbeiten, kann die Geschwindigkeitsverteilung nach Abb. 134 erheblich gestört werden. Die Trennung wird schlechter, ja es kann sogar die Komponente, die an der heißen Wand angereichert wird, nach unten transportiert werden. Diese Erscheinung, von PRIGOGINE und Mitarb. (29) sowie DE GROOT (30; 31) diskutiert, ist es, die als „forgotten effect" bezeichnet wird. JONES und MILBERGER (8) zeigten an dem „forgotten effect-System" Zyklohexan/Toluol, wie sich dieser Effekt bei einem Kolonnenversuch auswirkt. Sie bestimmten die Konzentration als Funktion der Zeit am oberen und unteren Ende der Kolonne. Zu Anfang (bis etwa 90 min) reicherte sich Toluol am oberen Ende an, dann Zyklohexan. Nach 60 Stunden war Zyklohexan oben, Toluol unten angereichert; die Trennung war aber nur gering. In den Tabellen im Abschnitt 5.6 wird darauf hingewiesen, wenn bei einem System der forgotten effect auftritt.

5.5 Aufbau und Betrieb von Thermodiffusionskolonnen

Im folgenden werden Apparaturen der üblichen Bauart beschrieben, nämlich solche aus zwei vertikalen, ineinandergestellten Rohren, von denen z. B. das innere gekühlt und das äußere geheizt wird. In dem Spaltvolumen zwischen beiden Rohren befindet sich das zu trennende Flüssigkeitsgemisch. Kolonnen mit Vorratsvolumina werden nicht betrachtet, da es für den Zweck der Substanztrennung darauf ankommt, die gesamte Flüssigkeit dem Temperatur-gradienten auszusetzen und in möglichst kurzer Zeit (die aber immer länger als das Anlaufstadium sein soll) eine möglichst gute Trennung zu erzielen. Die Diskussion beschränkt sich auf folgende Typen:

1. Kolonnen mit leerem, engem Spalt,
2. Kolonnen mit gefülltem, weitem Spalt,
3. Kolonnen mit rotierendem Innenrohr.

Die Kolonnen sind sowohl für absatzweisen als auch für kontinuierlichen Betrieb geeignet. Zum Zwecke der Substanzreinigung und der Reinheitskontrolle im chemischen Laboratorium wird man hauptsächlich den absatzweisen Betrieb wählen. Daher werden die kontinuierlichen Methoden hier nicht behandelt [Kaskadenschaltung, vgl. (49; 7)].

5.51 *Kolonnen mit leerem, engem Spalt*

Als Konstruktionsmaterial verwendet man z. B. Glas, Messing oder Edelstahl, je nach der Korrosionsbeanspruchung und Verarbeitungsmöglichkeit. Im allgemeinen beträgt die Länge der Kolonnen 1 bis 3 m, was aber weder die untere noch die obere Grenze darstellt. Die Spaltdurchmesser (d. i. der Mittelwert der Durchmesser der den Ringspalt begrenzenden Kreise, s. Abb. 134) der in der Literatur beschriebenen Kolonnen liegen zwischen 1 und 5 cm. Das

Produkt $\pi d \omega L$ bestimmt das Spaltvolumen; je nach der Menge des Gemisches, je nach Thermodiffusionskonstante und den übrigen Stoffkonstanten und je nach den räumlichen Gegebenheiten wird man durch geeignete Wahl von d, ω und L ein Optimum der Trennung erzielen können. Die Spaltweite variiert zwischen 0,2 und etwa 1 mm. Kleinere Spaltweiten sind mit gewöhnlichen Mitteln nicht leicht realisierbar, bei größeren Spaltweiten wird die erzielbare Trennung sehr klein. Damit der Abstand zwischen heißer und kalter Wand auch eingehalten wird, wenn die Rohre sich mechanisch oder infolge der Wärmeausdehnung verziehen, werden auf das innere Rohr in Entfernungen von etwa einem halben Meter Abstandshalter gesetzt, z. B. Ringe mit rechteckigem Querschnitt, die in einer entsprechenden Vertiefung des Innenrohres sitzen und auf ihrer mit dem Rohr in gleicher Höhe liegenden Oberfläche drei oder vier eingelötete, 1 mm starke Drähte tragen. Diese Drähte werden soweit abgearbeitet, daß ihre herausragende Länge der Spaltweite entspricht.

Die Heizung erfolgt am bequemsten elektrisch. Dann trägt das äußere Rohr eine Heizwicklung, die im Hinblick auf den großen Energieverbrauch geeignet dimensioniert werden muß (Größenordnung: 2 bis 5 kW bei 1,50 m Rohrlänge). Das innere Rohr wird mit Leitungswasser gekühlt. Die Temperaturen der heißen und kalten Wand mißt man mit Thermoelementen, die entweder in der

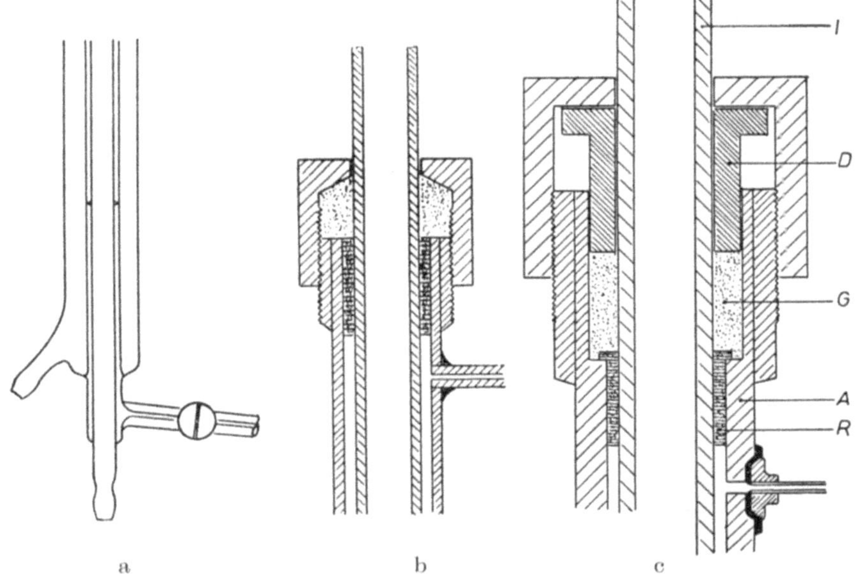

Abb. 138. Verschiedene Verschlüsse.

a) Unterer Teil einer Glaskolonne, vgl. (46)

b) Oberer Teil einer Metallkolonne, vgl. (8; 38)

c) Oberer Teil einer Metallkolonne;

I Innenrohr, A Außenrohr, D Druckstück, G Graphitasbest-Dichtung, R Ring zur Abstandshalterung.

Wand liegen oder auf ihr in gutem Wärmekontakt befestigt sind. Eine vereinfachte Methode zur Bestimmung der Temperatur der kalten Wand besteht darin, mit gewöhnlichen Thermometern die Temperaturen des eintretenden und austretenden Kühlwassers zu messen. Daraus ergibt sich durch Mittelung unter Berücksichtigung des Wärmeübergangs die Wandtemperatur.

Zur guten Ausnutzung des Kühlwassers muß dieses eine hohe Strömungsgeschwindigkeit haben, wodurch ein guter Wärmeübergang gesichert ist. Das läßt sich auch bei Innenrohren mit großem Durchmesser erreichen, wenn ein an beiden Enden geschlossenes Rohr koaxial in das Innenrohr eingesetzt und damit der angeströmte Querschnitt verringert wird.

Wo billiger Heizdampf zur Verfügung steht, kann man natürlich diesen zur Heizung (des Innen- oder Außenrohres) verwenden. Eine beliebige Temperatur der kalten Wand läßt sich auch leicht mit einem Siedethermostaten einstellen.

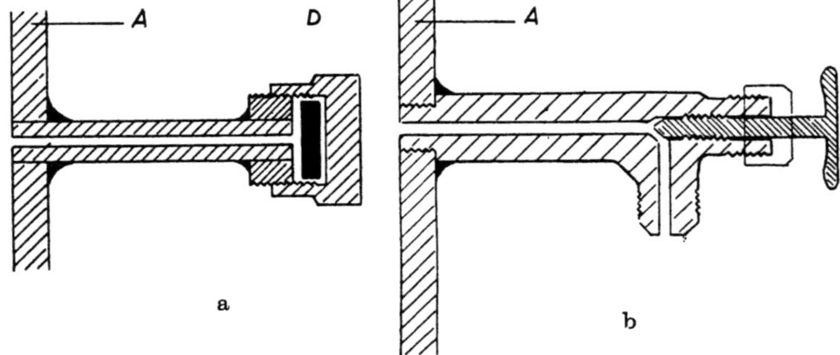

Abb. 139. Entnahmevorrichtungen. – a) Einfacher Verschluß, vgl. (8); A Außenrohr, D Dichtungsscheibe. – b) Kegelventil.

Am oberen und unteren Ende wird der Ringspalt der Kolonne verschlossen; einige Ausführungsformen von Dichtungen sind in Abb. 138 dargestellt. Bei Glaskolonnen kann man die Rohre direkt verschmelzen, wenn der Abstand dabei gewahrt bleibt. Auch für Metallkolonnen empfiehlt es sich, den unteren Abschluß durch Verlöten herzustellen; z. B. wird ein passender Ring in den unteren Teil des Ringspaltes eingelötet. Die obere Dichtung wird dann nach Abb. 138b oder c angefertigt. Wenn die Rohre infolge der Erwärmung oder Abkühlung ihre Länge ändern, können sie in der oberen Dichtung gleiten [vgl. Abb. 1 in (8)].

Die Probenahme und Füllung der Kolonne erfolgt über Ventile am oberen und unteren Ende, gegebenenfalls auch mit Ventilen, die äquidistant über die gesamte Länge verteilt sind. Es muß darauf geachtet werden, daß das tote Volumen im Ventil genügend klein ist verglichen mit dem Spaltvolumen. Bei Glaskolonnen werden Kapillarhähne an das Außenrohr angeschmolzen. Für Metallkolonnen ist die Anordnung prinzipiell ähnlich; statt einer Hahnkonstruktion empfiehlt sich aber ein kleines Nadelventil. Die Abb. 139 zeigt zwei Verschlüsse, die an Thermodiffusionskolonnen verwendet wurden.

In Tab. 27 wird eine Zusammenstellung der Konstruktionsdaten einiger in der Literatur beschriebener Kolonnen gegeben.

Die Kolonnen des hier beschriebenen Typs können bei Bedarf leicht in Kolonnen mit oberem Vorratsvolumen abgewandelt werden. Nach MELPOLDER und Mitarb. (48) werden die beiden obersten Entnahmestellen über ein äußeres Vorratsvolumen verbunden, wobei mit einer Pumpe [vgl. Zusammenstellung über geeignete Förderpumpen von LANGERS (32)] für den Umlauf der Flüssigkeit gesorgt wird. In ähnlicher Weise kann auch ein unteres Vorratsvolumen angebracht werden.

Nach Beendigung des Versuchs muß die Entnahme der Fraktionen mit einiger Vorsicht erfolgen. Entweder läßt man den gesamten Flüssigkeitsinhalt der Kolonne genügend langsam durch das unterste Ventil herausfließen und unterteilt den Abfluß in Fraktionen, oder man entnimmt je nach Anzahl der über die Länge der Kolonne verteilten Ventile mehrere Fraktionen, wobei mit der obersten begonnen wird. Eine Rückmischung während der Entnahme soll tunlichst vermieden werden.

Tab. 27. Konstruktionsdaten von Thermodiffusionskolonnen

Nr.	Länge L m	Spalt-weite ω mm	Spalt-durchm. d mm	Material	Art der Heizung	Spalt-volumen cm³	Lite-ratur
1	1,50	0,37	12,5	Edelstahl	elektrisch	22	(22)
2	3,00	0,8	25	Edelstahl	Dampf	190	(22)
3	3,30	0,8	50	Edelstahl	Dampf	415	(22)
4	2,40	0,8	16	Pyrex-Glas	heißes Wasser	97	(22)
5	1,50	0,3	16	Metall	elektrisch	15	(8)
6	2,30	1	14	Pyrex-Glas	heißes Wasser	100	(46)
7	0,10	2	20	Metall	heißes Wasser	mit Reservoir	(9)
8	1,80	0,3	12,5	Edelstahl	elektrisch	30	(44)
9	1,50	0,4	—	Glas	Dampf	mit 5 Vorrats-behältern	(50)
10	2,40	0,3	16	Edelstahl	elektrisch	36	(48)
11	0,10	0,25	115	Messing	elektrisch	mit Reservoir	(24)

Bei kontinuierlicher Betriebsweise einer Thermodiffusionskolonne muß der Zulauf des Gemisches über den gesamten Umfang verteilt werden. Versuche von WHITE und FELLOWS (33) zeigen, daß die lokale Zuführung an nur einer Stelle des Umfangs einen schlechten Wirkungsgrad ergibt, weil sich der Zulauf nicht mit dem Kolonneninhalt mischt und nur ein Bruchteil des trennwirksamen Kolonnenquerschnitts ausgenutzt wird. Der Rest der Kolonne befindet sich im stationären Zustand; der Wärmefluß durch diesen unwirksamen Kolonnenteil bedeutet einen erhöhten Energieverbrauch.

Die gewünschte Ausnutzung des gesamten Kolonnenquerschnitts kann erreicht werden, wenn das Flüssigkeitsgemisch durch Anordnungen nach WHITE und FELLOWS (34) zugeführt wird, wie sie in Abb. 140 schematisch dargestellt sind. In einer Anordnung nach Typ a tritt der Zulauf durch einen ringförmigen, porösen Metallblock in die Kolonne ein, nach Typ b durch einen feinen Spalt längs des Kolonnenumfangs. Ebenso sollen die Abnahmevorrichtungen an den Enden der Kolonne konstruiert sein. WHITE und FELLOWS (35) haben Kolonnen mit Zu- und Ablaufvorrichtungen nach Typ b betrieben und an technischen Petroleumfraktionen Trennwirkungen erzielt, welche die durch die thermodynamischen Bedingungen gesetzten Grenzen erreichen.

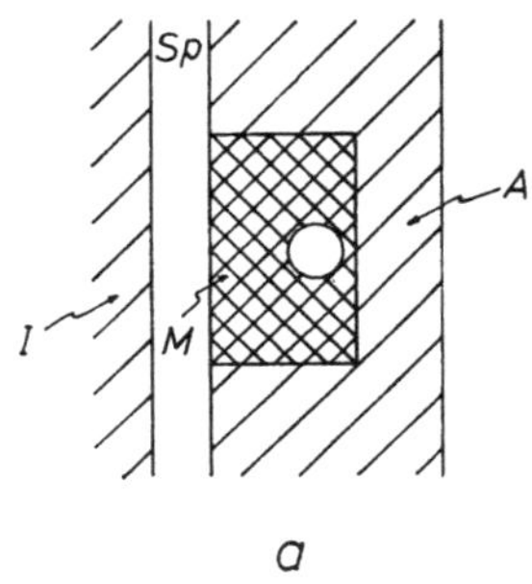

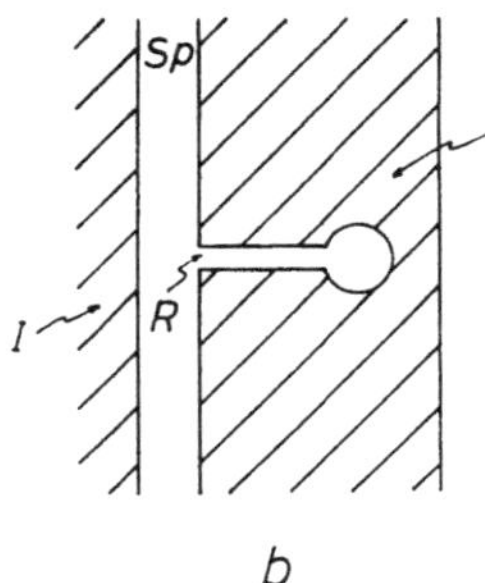

Abb. 140. Zu- und Ablaufvorrichtungen nach WHITE und FELLOWS (34); A Außenwand der Kolonne, I Innenwand, Sp Spalt; a) poröser, ringförmiger Metallblock M als Zu- oder Ablauf; b) Ringspalt R längs der Kolonne.

5.52 Kolonnen mit gefülltem, weitem Spalt

Die Trennung größerer Flüssigkeitsmengen muß in Kolonnen mit entsprechendem Spaltvolumen vorgenommen werden. Wenn Spaltdurchmesser und Kolonnenhöhe nicht sehr groß werden sollen, muß trotz stark verringerter Trennwirkung die Spaltweite vergrößert werden. Die Trennwirkung eines großen Spaltes kann aber durch Füllung mit geeigneten Materialien wesentlich verbessert werden. DEBYE (36; 37) hat als erster Thermodiffusionskolonnen mit Füllung angegeben und nachgewiesen, daß die Trennung gegenüber einer Kolonne mit ungefülltem Spalt gleicher Weite größer ist. SULLIVAN, RUPPEL und WILLINGHAM (38) haben systematische Trennversuche mit verschiedenen Füllmaterialien ausgeführt; ihre Ergebnisse sind in Tab. 28 enthalten. Die Kolonne war aus Edelstahl gefertigt, Spaltvolumen: 200 cm³. Sie wurde mit einer dreifach unterteilten Heizwicklung elektrisch geheizt. Entlang der Kolonne waren sechs Entnahmestellen angebracht; zwischen den Hähnen befanden sich jeweils 40 cm³ des Spaltvolumens. Mit Ausnahme der Stahl-Helices ließen sich die in Tab. 28 angegebenen Füllmaterialien gut und gleichmäßig in die Kolonne einführen. Die Glaswolle (offenbar ein Glaswolle-Vlies, wie es in Deutschland die Fa. Schuller, Wertheim, herstellt) wurde mit Duco-Zement (UHU-Kleber) auf das innere Rohr in einer oder mehreren Schichten aufgeklebt und dann das Innenrohr vorsichtig in das Außenrohr geschoben. Der obere und untere

Kolonnenverschluß entsprach Abb. 138b. Nach dem Zusammenbau wurden der Klebstoff und das Bindemittel für das Vlies mit einem Lösungsmittel (Methanol) herausgelöst. Die Kolonne arbeitet erheblich schlechter, wenn sich noch Luftblasen in dem Füllmaterial befinden. Dies läßt sich vermeiden, wenn das entgaste, zu trennende Flüssigkeitsgemisch durch die unterste Öffnung in die (je nach Dichtigkeit) evakuierte Kolonne angesaugt wird. Bei den in Tab. 28

Tab. 28. Trennleistung einer Thermodiffusionskolonne mit Füllung; $L = 1,50$ m, $\omega = 1,5$ mm, $d = 31$ mm, $\Delta T = 80$ °C, Betriebszeit: 100 h, Gemisch: Cetan/Dekalin

Füllmaterial	PS; %
Leere Kolonne	3
Stahl-helices $^3/_{16}$ inch	3
2 Lagen Kupferdrahtnetz, 0,44 mm, Masche	13
1 Lage Stahlwolle, mittleres Gewicht	30
2 Lagen Stahlwolle, mittleres Gewicht	25
1 Lage Glaswolle, Corning Catalog Nr. 800	28
2 Lagen Glaswolle, Corning Catalog Nr. 800	92
3 Lagen Glaswolle, Corning Catalog Nr. 800	88

referierten Versuchen betrug die Temperaturdifferenz zwischen heißer und kalter Wand 80 °C, die Betriebszeit war 100 Stunden. Die Autoren (38) benutzen zur Charakterisierung der Konzentrationsverschiebung die sogenannte „prozentuale Trennung" PS (percentage separation)

$$PS = \frac{n^{20}_{D\text{ oben}} - n^{20}_{D\text{ unten}}}{n^{20}_{D\,2} - n^{20}_{D\,1}} \cdot 100,$$

wobei $n^{20}_{D\,1}$ und $n^{20}_{D\,2}$ die Brechungsindizes der reinen Komponenten 1 und 2 sind. Es wurde ein Gemisch von Cetan und Dekalin mit einer Ausgangskonzentration von 50 Vol.-% verwendet. Die Autoren (38) führen die Verbesserung der Trennleistung durch Füllung des Kolonnenspaltes auf die veränderte Konvektionsströmung zurück (vgl. Abb. 134 mit Abb. 141); die Möglichkeit der Rückmischung ist kleiner.

Die Angaben der Autoren (38) konnten durch eigene Versuche an einer Kolonne mit den gleichen Dimensionen bestätigt werden.

In Tab. 29 sind Versuchsergebnisse zusammengestellt, die sich auf eine Spaltfüllung mit einer dreifachen Lage des Glaswollegewebes Nr. 201 der Fa. P. W. Krommes, Wülfrath bei Wuppertal, beziehen. Das Glasgewebe wurde auf das

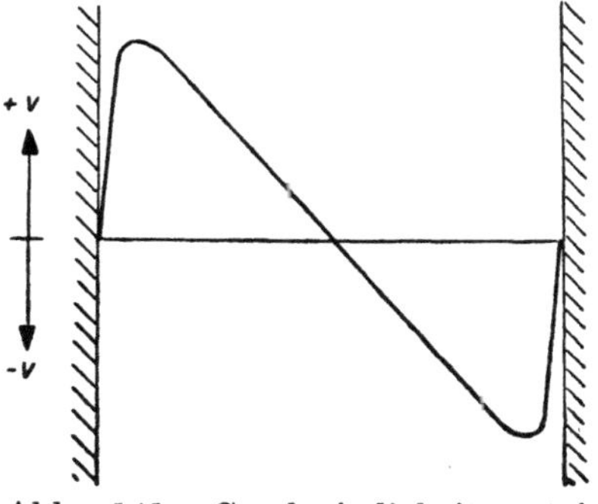

Abb. 141. Geschwindigkeitsverteilung im gefüllten Spalt, vgl. (38).

Tab. 29. Glasgewebe als Füllung; $L = 1,50\,\mathrm{m}$, $\omega = 1,5\,\mathrm{mm}$, $d = 31\,\mathrm{mm}$ (vgl. auch Abb. 142b), Testgemisch: n-Dekan/trans-Dekalin

Nr.	Versuchsdauer Stunden	ΔT °C	PS %	q_K
1	25	53	38	4,95
2	50	53	57	13,7
3	100	53	77	63,7
4	25	80	58	14,5
5	50	80	80	90
6	75	80	89	801
8	9,2	152	52	9,82
9	21	152	73	37,2
10	50	27	32	3,85

Innenrohr aufgewickelt und mit Uhu festgeklebt. Das Innenrohr ließ sich dann sehr gut und gleichmäßig in das Außenrohr einschieben. Testgemisch war n-Dekan/trans-Dekalin, Ausgangskonzentration: etwa 50 Mol.-%. Der Trennfaktor q_K ist durch Gl. [5,5a] definiert.

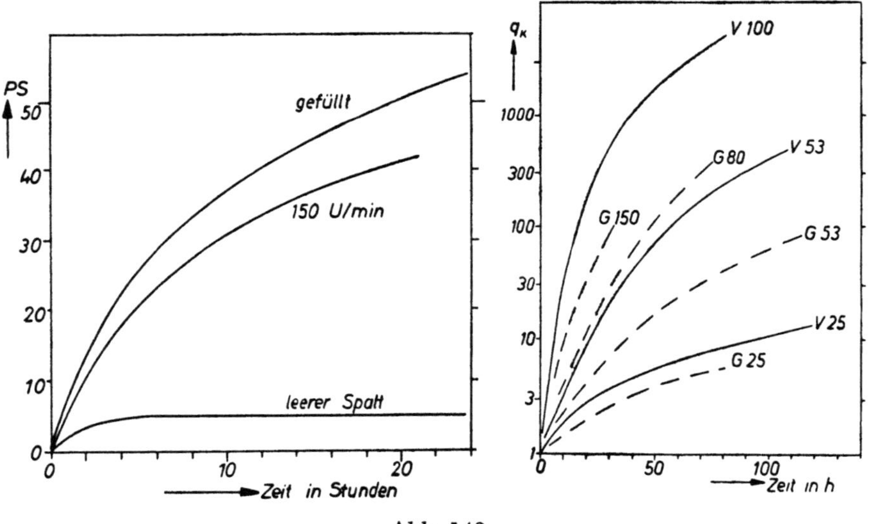

Abb. 142.

a) Vergleich einer Kolonne mit leerem Spalt, gefülltem Spalt und mit rotierendem Innenzylinder, vgl. (38);

b) Vergleich zweier verschiedener Füllmaterialien, vgl. Tab. 29 und 30, *G* Glasgewebe, *V* Glasvlies.

Die Zahlen geben die Temperaturdifferenz in °C an. $L = 150\,\mathrm{cm}$, $\omega = 1,5\,\mathrm{mm}$, $d = 31\,\mathrm{mm}$.

In analoger Weise wurde ein zweites Füllmaterial getestet: 2 Lagen Glaswollevlies PE 4/C 1, 1 mm dick, der Fa. Glaswerk Schuller GmbH., Wertheim/Main. Die Ergebnisse dieser Füllung sind in Tab. 30 zusammengestellt. Der Vergleich der beiden Tab. 29 und 30 läßt erkennen, daß das zweite Füllmaterial (Glasvlies) bei großem ΔT eine erheblich bessere Trennleistung bei sonst gleichen Bedingungen ergibt, siehe Abb. 142 b.

Tab. 30. Glasvlies als Füllung; $L = 1,50$ m, $\omega = 1,5$ mm, $d = 31$ mm (vgl. auch Abb. 142 b), Testgemisch: n-Dekan/trans-Dekalin

Nr.	Versuchsdauer Stunden	ΔT °C	PS %	q_K
1	10	27	15,5	1,89
2	20	27	25,6	2,83
3	50	27	38,3	5,17
4	90	27	50,4	9,71
5	10	53	34,6	3,03
6	20	53	51,0	9,43
7	50	53	79,7	70,5
8	5	100	46,7	7,71
9	10	100	71,0	33,4
10	20	100	86,6	178
11	35	100	92,7	706

In einer weiteren Arbeit untersuchten SULLIVAN, RUPPEL und WILLINGHAM (39) den Einfluß der Packungsdichte des Glaswollevlieses und der Spaltweite auf die Trennung. Bei dichterer Packung läßt sich eine bessere Trennung erzielen, man braucht aber eine längere Zeit bis zur Einstellung des stationären Zustandes. Für 1,5 mm Spaltweite ist die optimale Packungsdichte etwa 0,12 g/cm³.

WASHALL und MELPOLDER (40) führten in den Spalt zweier Thermodiffusionskolonnen verschiedene Drahtwendel ein und untersuchten am System cis-Dekalin/trans-Dekalin den Einfluß des Drahtdurchmessers und der Windungsweite der Wendel auf die Trennleistung. Eine der Kolonnen war aus Messing mit den Daten $L = 90$ cm, $d = 31$ mm, $\omega = 0,3$ mm, die andere aus Edelstahl mit $L = 180$ cm, $d = 17,5$ mm und der gleichen Spaltweite. Zum Einbringen einer Wendel wurden die Kolonnen in horizontale Stellungen gebracht, das Innenrohr wurde herausgezogen, die gewünschte Windungsweite darauf markiert und Edelstahldraht aufgespult. Stückweise ließ sich das bewickelte Innenrohr wieder einschieben, wobei etwas cis-/trans-Dekalin-Ausgangsmischung als Gleitmittel diente. Bei beiden Kolonnen betrugen die Wandtemperaturen $T_2 = 100$ °C und $T_1 = 27$ °C (mittlere Temperatur der kalten Wand), $\Delta T = 83$ °C.

Die Untersuchungen der Autoren (40) ergaben, daß sowohl der Drahtdurchmesser δ als auch die Windungsweite w der Wendel einen starken Einfluß auf die Trennleistung haben, vgl. Abbn. 143 und 144. Die Abb. 143 zeigt die Abhängigkeit des Trennfaktors der Kolonne (hier nicht als Gleichgewichtswert definiert) von der Drahtstärke. Der Trennfaktor steigt mit größer werdendem Drahtdurchmesser und erreicht seinen höchsten Wert dann, wenn $\delta = \omega$ wird. In diesem Fall sorgt die Wendel gleichzeitig für eine gute Führung des Innenrohres und somit für eine gleichmäßige Spaltweite, ohne daß zusätzliche Abstandshalter eingebaut werden müssen.

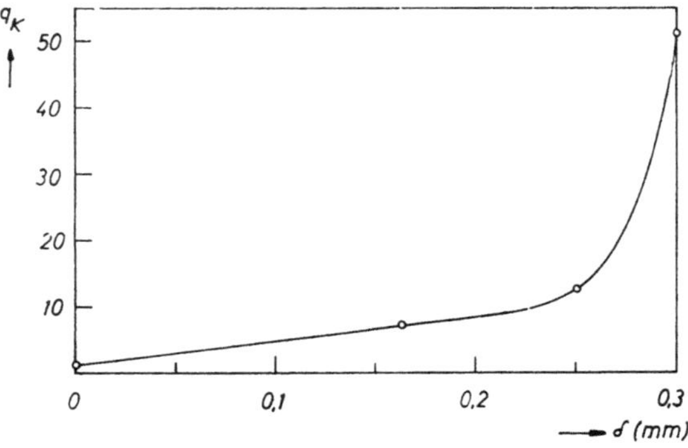

Abb. 143. Abhängigkeit des Trennfaktors vom Drahtdurchmesser δ der Wendel (40). Gemisch: cis-Dekalin/trans-Dekalin, $\Delta T = 83\,°\mathrm{C}$, $L = 90\,\mathrm{cm}$, $w = 7{,}6\,\mathrm{cm}$, $\omega = 0{,}3\,\mathrm{mm}$, Laufzeit: 48 h.

In Abb. 144 ist die Abhängigkeit des Trennfaktors der Kolonne von der Windungsweite dargestellt. Der Drahtdurchmesser ist gleich der Spaltweite $\omega = 0{,}3\,\mathrm{mm}$ gewählt worden. Mit enger werdendem Windungsabstand steigt der Trennfaktor zunächst stark an; für beide Kolonnen durchläuft die Kurve ein Maximum, das für die 90 cm-Kolonne bei $w = 7{,}6\,\mathrm{cm}$, für die 1,80 m-Kolonne bei $w = 10{,}2\,\mathrm{cm}$ liegt. Diese Werte gelten nicht für den stationären Zustand; gemessen wurden die Konzentrationen an den Enden der Kolonne nach jeweils 48 Stunden Betriebszeit. Auch die Erhöhung des Trennfaktors durch Einführung einer Wendel in den Kolonnenspalt läßt sich nur auf Kosten der Betriebszeit verwirklichen.

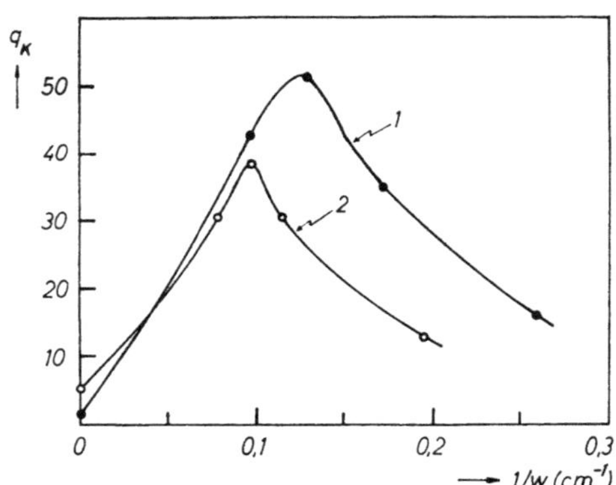

Abb. 144. Abhängigkeit des Trennfaktors von der Windungsweite w der Wendel (40); Gemisch: cis-Dekalin/trans-Dekalin, $\Delta T = 83\,°\mathrm{C}$, Laufzeit: 48 h, Kurve 1 für 90 cm-Kolonne, Kurve 2 für 1,80 m-Kolonne.

Die Autoren (40) erklären die Verbesserung der Trennleistung durch eine Veränderung der Strömungsverhältnisse im Spalt. Je mehr sich der Drahtdurchmesser der Wendel dem Wert ω nähert, desto stärker wird die vertikale Konvektionsströmung in horizontaler Richtung abgelenkt. In einer Kolonne mit leerem oder homogen gefülltem Spalt bewegen sich die Flüssigkeitsströme in vertikaler Richtung nach oben (an der heißen Wand) und nach unten (an der kalten Wand). Die den Spalt ausfüllende Wendel zwingt den Strömen eine horizontale Geschwindigkeitskomponente auf: Es resultiert für beide Ströme nunmehr ein schraubenförmiger Weg mit verlängerter Kontaktzeit bei verringerter Strömungsgeschwindigkeit. Beide Flüssigkeitsströme werden auf einem längeren Weg aneinander vorbeigeführt, d. h. die effektive Spaltlänge wird erhöht. Ein solcher Kolonnenspalt ist vergleichbar mit einem flachen, bandförmigen leeren Spalt, der als Wendel auf ein Rohr aufgewickelt ist.

Kolonnenversuche mit Füllung bei kleinen Spaltweiten dürften von großem Interesse sein, ebenso das Verhalten gefüllter Kolonnen bei der Thermodiffusion in der Gasphase.

Einen Vergleich von gefüllten und ungefüllten Kolonnen bezüglich ihrer Wirtschaftlichkeit geben LORENZ und EMERY (41). Im Labormaßstab haben Kolonnen mit Spaltfüllung ihre Vorteile, nicht jedoch im technischen Maßstab beim Vergleich der Gesamtkosten.

5.53 *Kolonnen mit rotierendem Innenrohr*

SULLIVAN, RUPPEL und WILLINGHAM (38) haben Experimente mit Thermodiffusionskolonnen angestellt, bei denen das innere Rohr mit verschiedenen Geschwindigkeiten um seine Längsachse rotiert. Ihr Ziel war auch hier, mit einem weiten Spalt gute Trennungen zu erhalten; ihre Versuchsergebnisse sind in Abb. 142a dargestellt. Eine 75 cm lange Kolonne mit einem 1,2 mm weiten Spalt wurde ohne Füllung, mit einer Glaswolle-Füllung und als Kolonne mit rotierendem Innenzylinder betrieben. Testgemisch war Cetan/Dekalin mit einer Ausgangskonzentraion von 50 Vol.-%, die Temperaturdifferenz betrug 80 °C.

Die Autoren (38) bringen die verbesserte Trennleistung der Kolonne mit rotierendem Innenzylinder mit den eigenartigen hydrodynamischen Strömungen in Zusammenhang, die sich in einer solchen Anordnung ausbilden [Wirbelringe, vgl. TAYLOR (42) und FAGE (43)].

Ein Vergleich der in Abb. 142a dargestellten Kurven (150 U/min war die optimale Geschwindigkeit) zeigt, daß die Kolonne mit gefülltem Spalt die beste Trennung ergibt. Damit verdient die Kolonne mit gefülltem Spalt unbedingt den Vorzug gegenüber einer mit rotierendem Innenrohr, ganz abgesehen von dem einfacheren Aufbau und der einfacheren Betriebsweise der Kolonne mit gefülltem Spalt.

5.6 Ergebnisse von Trennversuchen

Schon 1940 haben KORSCHING, WIRTZ und MASCH (24) darauf hingewiesen, daß die Thermodiffusion in flüssiger Phase ein wichtiges Hilfsmittel des Chemikers bei der Trennung von Substanzgemischen sein kann. Sie isolierten in einem mehrstufigen Verfahren reines n-Hexan aus einem technischen Hexan, entfernten Wasser aus einem 95%igen Äthanol (Endwert: 99,8% Äthanol) und befreiten Benzol von spurenweise vorhandenem Thiophen. In Tab. 37 sind weitere Ergebnisse der Autoren (24) an binären Gemischen enthalten. JONES und MILBERGER (8) haben Gemische verschiedener Stoffklassen bezüglich ihrer Trennbarkeit durch Thermodiffusion untersucht (vgl. Tab. 31 bis 34). In Tab. 35 sind Angaben über Trennversuche von BEGEMANN und CRAMER (22) enthalten, wobei auf das Auftreten des „forgotten effect" hingewiesen wird. Die Tab. 36 wurde einer Arbeit von THOMPSON, COLEMAN, RALL und SMITH (44) entnommen; diese Autoren untersuchten die Abtrennung und Reindarstellung der im Erdöl enthaltenen Schwefelverbindungen. Neben den Methoden der Destillation und Adsorption verwendeten sie die Thermodiffusion. Ein Vergleich der Adsorptionsmethode und der Thermodiffusion ergab, daß je nach dem zu trennenden System die eine oder andere Methode besser zum Ziel führt.

In Abb. 145 ist dargestellt, wie sich die Trennung Zyklohexan/Benzol durch Zusätze ermöglichen läßt. Das Volumenverhältnis der drei Komponenten in der

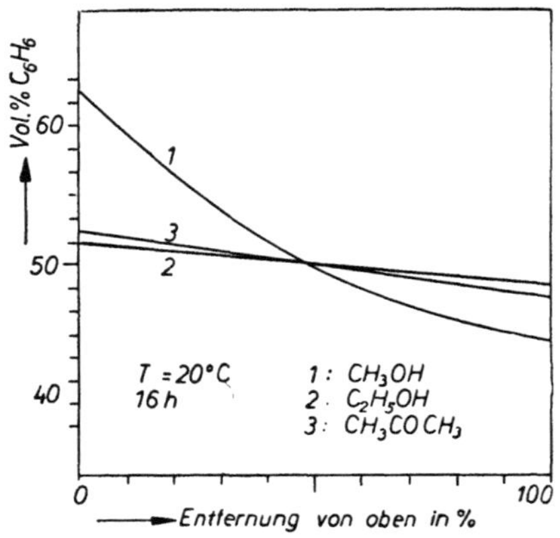

Abb. 145. Trennung Zyklohexan/Benzol mit Zusätzen.

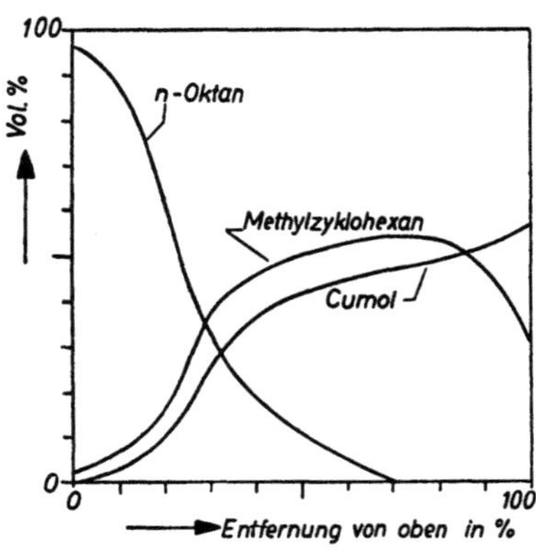

Abb. 146. Trennung eines ternären Gemisches Paraffin/Naphthen/Aromat.

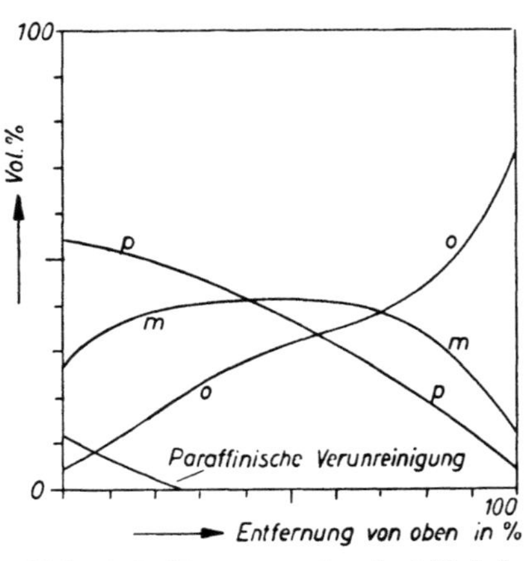

Abb. 147. Trennung der drei Xylole.

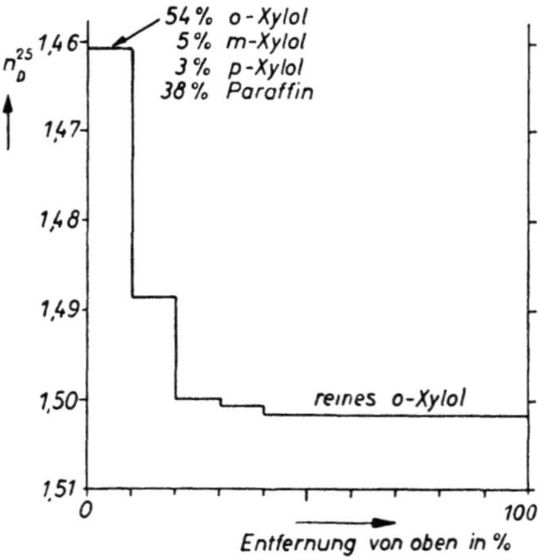

Abb. 148. Reinigung von o-Xylol durch Thermodiffusion.

Ausgangsmischung war 1:1:1. Dargestellt ist die Konzentrationsverteilung nach Entfernung der zugesetzten Komponente durch Ausschütteln mit Wasser. Die Kurven in Abb. 145 entsprechen nicht einem stationären Zustand; dieser kann dadurch charakterisiert sein, daß an einem Ende das Kohlenwasserstoffgemisch, am anderen Ende die Zusatzkomponente angereichert wird, wobei das Gemisch Zyklohexan/Benzol wieder in seiner Ausgangskonzentration vorliegt. Die Abb. 145 gäbe dann nur Auskunft über die verschieden schnelle „Sedimentation" der einzelnen Komponenten. In ähnlicher Weise kann eine Anreicherung erreicht werden, wenn eine Lösung mehrerer, verschieden schnell „sedimentierender" Substanzen in eine Thermodiffusionskolonne gebracht wird; vgl. hierzu die Trennversuche von KORSCHING, WIRTZ und MASCH (24) an Cholestatrienon-dibromid/Cholestenon in benzolischer Lösung sowie von KORSCHING (45) an Phenanthren/9-Bromphenanthren in benzolischer Lösung.

Die Trennung ternärer Gemische (8) wird in Abb. 146 und Abb. 147 dargestellt. In einem Gemisch aus Aromat, Naphthen und Paraffin reicherte sich das Paraffin oben, der Aromat unten und der naphthenische Kohlenwasserstoff in der Mitte an.

Die Abb. 148 zeigt ein Beispiel für die Verwendung der Thermodiffusion zur Reinigung von Substanzen (8).

Tab. 31. Geometrische Isomere, vgl. (8)

Gemisch	Vol.%	Mol. Gew.	Dichte g/cm³ 20 °C	Endkonzentration oben Vol.%	unten	PS
n-Heptan 50		100	0,6837	95	10	75,0
Triptan 50		100	0,6900	5	90	
Iso-Oktan 50		114	0,6919	53	40	11,4
n-Oktan 50		114	0,7029	42	60	
2-Methylnaphthalin 50		142	0,9905	55,5	42,5	13,1
1-Methylnaphthalin 50		142	1,0163	44,5	57,5	
trans-1-2-Dimethyl-zyklohexan 60		112	0,7756	100	0	100
cis-1-2-Dimethyl-zyklohexan 40		112	0,7963	0	100	
p-Xylol 50		106	0,8609	92	0	92
o-Xylol 50		106	0,8799	8	100	
m-Xylol 50		106	0,8639	100	19	80
o-Xylol 50		106	0,8799	0	81	
p-Xylol 50		106	0,8609	50	50	0
m-Xylol 50		106	0,8639	50	50	

Kolonnendaten siehe Tab. 27, Nr. 5; $\Delta T = 30$ °C, 48 Stunden.

Tab. 32. Komponenten mit gleichem molekularem Bau (8)

Gemisch	Vol.%	Mol. Gew.	Dichte g/cm³ 20 °C	Endkonzentration oben Vol.%	unten	PS
n-Oktan 50	50	114	0,7029	60	27,5	30,5
n-Dekan 50	50	142,3	0,7299	40	72,5	
n-Heptan 50	50	100,2	0,6837	74,0	22,0	52,5
Cetan 50	50	226	0,7734	26,0	78,0	
Toluol 50	50	92	0,8652	65,0	38,0	23,2
Chlorbenzol. 50	50	112,6	1,070	35,0	62,0	

Kolonnendaten vgl. Tab. 31.

Tab. 33. Paraffine, Zykloparaffine, Aromaten (8)

Gemisch	Vol.%	Mol. Gew.	Dichte g/cm³ 20 °C	Endkonzentration oben Vol.%	unten	PS
Cetan 50	50	226	0,7734	72,4	37,5	35
Benzol. 50	50	78	0,8789	27,6	62,5	
Cetan 50	50	226	0,7734	60,0	44,5	14,5
Toluol 50	50	92	0,8652	40,0	58,0	
Cetan 50	50	226	0,7734	61,0	35,8	24,9
Mesitylen 50	50	120	0,8653	39,0	64,2	
n-Heptan 50	50	100,2	0,6837	95,0	3,0	84,0
Benzol. 50	50	78	0,8789	5,0	97,0	
n-Heptan 50	50	100,2	0,6837	94,5	9,0	85,4
Methylzyklohexan 50	50	98	0,7689	5,5	91,0	
Methylzyklohexan. 50	50	98	0,7689	53,2	27,5	19,3
Benzol 50	50	78	0,8789	46,8	72,5	
Methylzyklohexan 50	50	98	0,7689	50	50	0
Toluol 50	50	92	0,8652	50	50	
Zyklohexan. 50	50	84	0,7783	50	50	0
Benzol 50	50	78	0,8789	50	50	
Cetan 50	50	226	0,7734	50	50	0
Zyklohexan. 50	50	84	0,7783	50	50	
Iso-Oktan 50	50	114	0,6919	52,8	37,5	14,9
Methylzyklohexan 50	50	98	0,7689	47,2	62,5	

Kolonnendaten vgl. Tab. 31.

Tab. 34. Verschiedene Stoffe (8)

Gemisch	Vol.%	Mol. Gew.	Dichte g/cm³ 20 °C	Endkonzentration oben	unten Vol.%	PS
Cumol	50	120	0,8633	66,0	31,0	34,9
Methylnaphthalin	50	142	1,010	34,0	69,0	
Benzol	50	78	0,8789	90,0	2,0	88
CCl₄	50	154	1,595	10,0	98,0	
Cetan	50	226	0,7734	100	0	100
CCl₄	50	154	1,595	0	100	
Benzylalkohol	44	108	1,040	59,0	30,3	29
Glykol	56	62	1,113	41,0	69,7	

Kolonnendaten vgl. Tab. 31.

Tab. 35. Verschiedene Stoffe (22); *) Gemische mit „forgotten effect"

Gemisch	Vol.%	Dichte g/cm³ 20 °C	ΔT °C	Zeit h	Endkonzentration oben	unten Vol.%
Toluol	50	0,8669	53	18	*) 52,5	45,7
Methylzyklohexan	50	0,7984			47,5	52,5
n-Oktan	50	0,7025	67	16	*) 67	38,5
2-2-4-Trimethylpentan . . .	50	0,6919			33	61,5
n-Heptan	50	0,6838	61	18	*) 64	37
2-2-Dimethylpentan	50	0,6738			36	63
Zyklohexan	50	0,7786	53	20	43	58
2-2-3-Trimethylbutan . . .	50	0,6901			57	42
2-2-Dimethylpentan	50	0,6738	22	20	*) 50,7	49,3
3-3Dimethylbutan	50	0,6492			49,3	50,7
2-2-Dimethylpentan	50	0,6738	50	20	62	30
3-3Dimethylpentan	50	0,6933			38	70
2-2-3-Trimethylbutan . . .	50	0,6901	44	16	*) 48,5	51,8
Äthanol	50	0,7893			51,5	48,2
Äthylbenzol	50	0,8670	72	16	85	16
2-Äthoxyäthanol	50	0,9311			15	84
1-Propanol	50	0,8035	75	18	> 99	50
Wasser	40	0,9982			< 1	50

Kolonnendaten siehe Tab. 27, Nr. 1.

Tab 36. Gemische mit Thio-Kohlenwasserstoffen (44)

Komponenten	Ausgangskonz. Vol.%	Kp. °C	ϱ_{20} g/cm³	M	Zeit h	$\varDelta T$ °C	Konzentration			
							Fr. 1	Fr. 2	Fr. 9	Fr. 10
4-Thiaheptan	50	142,8	0,8377	118	114	56	98,9	99,1		
Thiazyklohexan	50	141,8	0,8956	102					99,4	98,9
2-8-Dimethyl-5-thianonan	50	216	0,833	174	170		98,7	97,4		
Thiazyklohexan	50	141,8	0,9856	102					98,1	99,1
4-Thiaheptan	50	142,8	0,8377	118	167		57,1	56,7		
2-Thiaheptan	50	145	0,8431	118					63,9	69,6
6-Thiaundekan	50	229	0,839	174	250		50	keine Trennung		
2-8-Dimethyl5-5thianonan	50	216	0,833	174			50			
Iso-Oktan	95	99,2	0,6919	114	108		keine Trennung			
1-Butanthiol	5	98,5	0,8416	90						
n-Oktan	90	125,7	0,7025	114	141		97,1			
1-Butanthiol	10	98,5	0,8416	90						38,7
Iso-Oktan	90	99,2	0,6919	114	108		98,9	98,9		
2-3-Dithiabutan	10	109,6	1,0625	94					20	51
Äthylbenzol	50	138,2	0,8670	106	144	27	99,3	99,3		
Thiazyklohexan	50	141,8	0,9856	102					98,1	99,4
Iso-Oktan	95	99,2	0,6919	114	115			99,2	98,1	
Thiazyklohexan	5	141,8	0,9856	102						40,8
Benzol	50	80,1	0,8790	78	149		76			25
Thiophen	50	84,2	1,0649	84			24			75
1-Pentanthiol	50	126,6	0,8421	104	144		99,5	99,5	1,1	0,7
Thiazyklohexan	50	141,8	0,9856	102			0,5	0,5	98,9	99,3

Kolonnendaten siehe Tab. 27. 4-Thiaheptan ist Di-n-propyl-thioäther.

Tab. 37. Binäre Flüssigkeitsgemische (24)

Komponenten	Ausgangskonz. Vol.%	Zeit h	ΔT °C	Konzentration, Vol.% oben	unten
H_2O	70 Gew.%	48	60	71,1 Gew.%	68,4
D_2O	30 Gew.%				
H_2O	50	22	35		
CH_3OH	50			55	45
H_2O	50 Gew.%	24	50		
C_2H_5OH	50 Gew.%			61 Gew.%	33
H_2O	10	28	60	95,3	
Butylalkohol	90				
Benzol	50	26	55	72	28
Thiophen	50				
Zyklohexan	80	20	45	100	66
CCl_4	20				
Zyklohexan	80	20	40		
n-Hexan	20			52	4
Zyklohexan	95	21	50	99	91
o-Dichlorbenzol . . .	5				
Chlorbenzol	20	20	50		
Toluol	80			97,6	60,3
n-Hexan	56	17	50	77	23
n-Oktan	55				
-nHexan	50	24	45	98,2	4,5
CCl_4	50				

Keine Trennung bei Benzol/Zyklohexan; Methanol/Äthanol und 1-Brompropan/
2-Brompropan.
Kolonnendaten siehe Tab. 27, Nr. 11 und Literaturstelle (24).

Die Verwendung kontinuierlich bzw. quasi-kontinuierlich arbeitender Ther-
modiffusionskolonnen wird von JONES und FOREMAN (46), JONES (47), BEGE-
MANN und CRAMER (22) und von MELPOLDER und Mitarb. (48) beschrieben.
Mit dieser Methode konnten Schmieröle in Fraktionen mit verschiedenen
Eigenschaften zerlegt werden; für eine Beurteilung verschiedener Schmieröle
und Aufklärung der Abhängigkeit ihrer physikalischen Eigenschaften von der
Art der enthaltenen Stoffe ist die Thermodiffusion ein gutes Hilfsmittel.

Tab. 38. Verschiedene Gemische; eigene Versuche; Kolonne nach Tab. 27, Nr. 5

Komponenten	Ausgangs-konz. Vol.%	ΔT °C	Zeit h	Konz. Komp. 1 oben	unten Vol.%	Dichte g/cm³ 20 °C
n-Heptan.	58	45	28	98,6	3,1	0,6835
Methylzyklohexan .						0,7690
n-Dekan	57,4	45	25	88,8	4,6	0,7299
Benzol						0,8790
n-Dekan	51,5	45	25	85,3	7,7	0,7299
Toluol						0,8670
α-Terpinen	50,0	53	35	85,7	13,5	0,8371
Butylglykol.						0,901
Azeton	52,0	30	22	84,7	22,0	0,7960[15]
Chloroform						1,4985[15]
Iso-Propylalkohol . .	50	45	50	50	50	0,7876[15]
n-Butylazetat						0,879[20]

5.7 Literatur zu Abschnitt 5

1. LUDWIG, C., Sitzber. Akad. Wiss. Wien, Math.-Naturwiss. Kl. **20**, 539 (1856).
2. SORET, CH., Auh. Sci. Phys. Nat., Genève (3) **2**, 48 (1879); Ann. Chim. Phys. (5) **22**, 239 (1881).
3. CLUSIUS, K. und G. DICKEL, Naturwiss. **26**, 546 (1938).
4. CLUSIUS, K. und G. DICKEL, Z. Physik. Chem. B **44**, 397 (1939).
5. CLUSIUS, K. und G. DICKEL, Naturwiss. **27**, 148 (1939).
6. KORSCHING, H. und K. WIRTZ, Naturwiss. **27**, 110 (1939).
7. BENEDICT, M., Trans. Am. Inst. Chem. Eng. **43**, 41 (1947).
8. JONES, A. L. und E. C. MILBERGER, Ind. Eng. Chem. **45**, 2689 (1953).
9. TREVOY, D. J. und H. G. DRICKAMER, J. Chem. Phys. **17**, 1120 (1949).
10. HIBY, J. W. und K. WIRTZ, Phys. Z. **41**, 77 (1940).
11. WIRTZ, K., Ann. Physik **36**, 295 (1939).
12. WIRTZ, K., Naturwiss. **27**, 369 (1939).
13. WIRTZ, K., Phys. Z. **44**, 221 (1943).
14. WIRTZ, K., Z. Physik **124**, 482 (1948).
15. PRIGOGINE, J., DE BROUCKÈRE, L. und R. AMAND, Physica **16**, 851 (1951).
16. DRICKAMER, H. G. und W. M. RUTHERFORD, J. Chem. Phys. **22**, 1157 (1954).
17. DRICKAMER, H. G. und E. L. DOUGHERTY jr., J. Chem. Phys. **23**, 285 (1955).
18. DRICKAMER, H. G. und E. L. DOUGHERTY jr., J. Phys. Chem. **59**, 443 (1955).
19. KRAMERS, H. und J. J. BROEDER, Anal. Chim. Acta **2**, 687 (1848).
20. JONES, R. C. und W. H. FURRY, Rev. Mod. Phys. **18**, 151 (1946).
21. JOST, W., Diffusion in Solids, Liquids, Gases (New York, 1960).
22. BEGEMANN, C. R. und P. L. CRAMER, Ind. Eng. Chem. **47**, 202 (1955).
23. DEBYE, P., Ann. Physik **36**, 284 (1939).
24. KORSCHING, H., WIRTZ, K. und L. W. MASCH, Ber. **73**, 249 (1940).
25. KORSCHING, H. und K. WIRTZ, Naturwiss. **27**, 367 (1939).

26. FURRY, W. H., JONES, R. C. und L. ONSAGER, Phys. Rev. **55**, 1083 (1939).
27. POWERS, J. E., Ind. Eng. Chem. **53**, 577 (1961).
28. EMERY, A. H., Ind. Eng. Chem. **51**, 651 (1959).
29. PRIGOGINE, J., DE BROUCKÈRE, L. und R. AMAND, Physica **16**, 577 (1950).
30. DE GROOT, S. R., L'effet Soret (Amsterdam, 1945).
31. DE GROOT, S. R., Physica **9**, 801, 923 (1942).
32. RÖCK, H., Destillation im Laboratorium (Fortschr. Phys. Chem. Bd. 5), (Darmstadt, 1960), S. 141—146.
33. WHITE, J. R. und A. T. FELLOWS, Ind. Eng. Chem. **52**, 389 (1960).
34. FELLOWS, A. T. und J. R. WHITE, U. S. Patent 2834464 (13. 5. 1958).
35. WHITE, J. R. und A. T. FELLOWS, Ind. Eng. Chem. **49**, 1409 (1957).
36. DEBYE, P., U. S. Patent 2567765 (April 1946).
37. DEBYE, P. und A. M. BUCCHE, High Polymer Physics (Brooklyn, N. Y., 1948), S. 532.
38. SULLIVAN, L. J., RUPPEL, T. C. und C. B. WILLINGHAM, Ind. Eng. Chem. **47**, 208 (1955).
39. SULLIVAN, L. J., RUPPEL, T. C. und C. B. WILLINGHAM, Ind. Eng. Chem. **49**, 110 (1957).
40. WASHALL, T. A. und F. W. MELPOLDER, Ind. Eng. Chem., Fundamentals **1**, 26 (1962).
41. LORENZ, M. und A. H. EMERY jr., Chem. Eng. Sci. **11**, 16 (1959).
42. TAYLOR, G. J., Phil. Trans. Roy. Soc. London A **223**, 289 (1922).
43. FAGE, A., Proc. Roy. Soc. London **165**, 501 (1938).
44. THOMPSON, C. J., COLEMAN, H. J., RALL, H. T. und H. M. SMITH, Anal. Chem. **27**, 175 (1955).
45. KORSCHING, H., Z. Naturforsch. **7b**, 187 (1952).
46. JONES, A. L. und R. W. FOREMAN, Ind. Eng. Chem. **44**, 2249 (1952).
47. JONES, A. L., Ind. Eng. Chem. **47**, 212 (1955).
48. MELPOLDER, F. W., BROWN, R. A., WASHALL, T. A., DCHERTY, W. und W. S. YOUNG, Anal. Chem. **26**, 1904 (1954).
49. KRASNY-ERGEN, W., Phys. Rev. **58**, 1078 (1940).
50. DONNEL, G. O., Anal. Chem. **23**, 894 (1951).
51. DICKEL, G., „Separation of gases and liquids by thermal diffusion" in Bd. 4 des Handbuchs „Physical Methods in Chemical Analysis" (New York, 1961).
52. RUPPEL, T. C. und J. COULL, Ind. Eng. Chem., Fundamentals **3**, 368 (1964).

Namenverzeichnis

Sachverzeichnis

FORTSCHRITTE DER PHYSIKALISCHEN CHEMIE

Herausgegeben von Prof. Dr. W. Jost (Göttingen)

If you have any concerns about our products,
you can contact us on
ProductSafety@springernature.com

In case Publisher is established outside the EU,
the EU authorized representative is:
Springer Nature Customer Service Center GmbH
Europaplatz 3, 69115 Heidelberg, Germany

Printed by Libri Plureos GmbH
in Hamburg, Germany